智能制造专业群"十三五"规划教材

智能制造导论

主　编　张小红　秦　威
副主编　杨　帅　孙炳孝

上海交通大学出版社
SHANGHAI JIAO TONG UNIVERSITY PRESS

内容简介

　　本书主要讨论了制造系统的概念与发展、智能制造系统的概念与内涵、制造系统的数字化和自动化以及制造系统智能化的智能装备、智能服务、智能决策,最后介绍了智能制造系统的支撑技术及典型应用等。

　　本书内容精练、语言通顺、概念性强,可作为高校智能制造专业的教材使用,也可为有志于从事智能制造工作的读者提供理论参考。

图书在版编目(CIP)数据

智能制造导论／ 张小红,秦威主编. —上海：上
海交通大学出版社，2019 (2021重印)
ISBN 978 - 7 - 313 - 21360 - 0

Ⅰ.①智… Ⅱ.①张… ②秦… Ⅲ.①智能制造系统
－高等学校－教材 Ⅳ.①TH166

中国版本图书馆 CIP 数据核字(2019)第 105371 号

智能制造导论

主　　编：张小红　秦　威
出版发行：上海交通大学出版社　　　　　　地　　址：上海市番禺路 951 号
邮政编码：200030　　　　　　　　　　　　电　　话：021 - 64071208
印　　制：上海新艺印刷有限公司　　　　　经　　销：全国新华书店
开　　本：787 mm×1092 mm　1/ 16
字　　数：319 千字
版　　次：2019 年 7 月第 1 版　　　　　　　印　　次：2021 年 1 月第 2 次印刷
书　　号：ISBN 978 - 7 - 313 - 21360 - 0
定　　价：42.00 元

印　　张：14

智能制造专业群"十三五"规划教材 编委会名单

委 员（按姓氏首写字母排序）

蔡金堂　上海新南洋教育科技有限公司

常韶伟　上海新南洋股份有限公司

陈永平　上海电子信息职业技术学院

成建生　淮安信息职业技术学院

崔建国　上海智能制造功能平台

高功臣　河南工业职业技术学院

郭　琼　无锡职业技术学院

黄　麟　无锡职业技术学院

江可万　上海东海职业技术学院

蒋庆斌　常州机电职业技术学院

孟庆战　上海新南洋合鸣教育科技有限公司

那　莉　上海交大教育集团

秦　威　上海交通大学机械与动力工程学院

邵　瑛　上海电子信息职业技术学院

王维理　上海交大教育集团

徐智江　上海豪洋智能科技有限公司

薛苏云　常州信息职业技术学院

杨　萍　上海东海职业技术学院

杨　帅　淮安信息职业技术学院

杨晓光　上海新南洋合鸣教育科技有限公司

张季萌　河南工业职业技术学院

赵海峰　南京信息职业技术学院

前言 perface

　　智能制造(intelligent manufacturing，IM)是由智能机器和人类专家共同组成的人机一体化智能系统，它在制造过程中能进行智能活动，诸如分析、推理、判断、构思和决策等。通过人与智能机器的合作共事，扩大、延伸和部分地取代人类专家在制造过程中的脑力劳动。它把制造自动化的概念更新，扩展到柔性化、智能化和高度集成化。

　　2015 年 9 月 10 日，工业和信息化部公布 2015 年智能制造试点示范项目名单，46 个项目入围。46 个试点示范项目覆盖了 38 个行业，分布在 21 个省，涉及流程制造、离散制造、智能装备和产品、智能制造新业态新模式、智能化管理、智能服务 6 个类别，体现了行业、区域覆盖面和较强的示范性。智能制造日益成为未来制造业发展的重大趋势和核心内容，是加快发展方式转变，促进工业向中高端迈进，建设制造强国的重要举措，也是新常态下打造新的国际竞争优势的必然选择。

　　本书以智能制造为重点进行讲解，主要包含 10 章内容。第 1 章主要介绍了制造系统的基本概念，使读者对制造系统有基本了解。第 2 章主要介绍了制造系统的发展历程。由前两章进行铺垫引出第 3 章，介绍了智能制造系统的概念与内涵。第 4 章和第 5 章详细介绍了智能制造系统的两大特征：自动化和数字化，让读者对智能制造有比较全面的认识。第 6 章至第 10 章主要介绍了智能制造系统的典型应用以及支撑技术，包含智能装备、智能决策和智能服务三大应用以及制造系统智能化的主要支撑技术：物联网、云计算、大数据和人工智能技术，最后介绍了当今社会智能制造系统的典型应用案例。

　　本书由江苏淮安信息职业技术学院张小红、上海交通大学秦威共同担任主编，具体编写分工如下：第 1 章至第 4 章由江苏淮安信息职业技术学院张小红老师编写；第 5 章至第 8 章由江苏淮安信息职业技术学院孙炳孝老师编写；第 9 章至第 10 章由江苏淮安信息职业技术学院杨帅老师编写；由上海交通大学秦威副教授指导与统稿。本书的编写得到了 ABB、上海新时达、北京华航唯实等企业支持与帮助，在此一并表示衷心的感谢。

　　由于编者水平有限，书中可能存在不足和缺陷，敬请专家、广大读者批评指正。

编者
2019 年 5 月

中英文术语缩略形式对照表

名　　称	英　文　名　称	简　写
并行工程	concurrent engineering	CE
产品结构/配置管理	product configuration management	PCM
产品全生命周期管理	product overall lifecycle management	PLM
产品数据管理	product data management	PDM
产品数据交换	product data exchange	PDE
成组技术	group technology	GT
处理时间最长	longest processing time	LPT
处理时间最短	shortest processing time	SPT
传统统计制程控制	statistical process control	SPC
单位剩余工序数的松弛时间最小	least ratio of slack to operation	SLOPN
电子数据互换	electronic data interchange	EDI
分布式控制系统	distributed control system	DCS
分布式数字控制	distributed numerical control	DNC
刚性自动线	demand automation line	DAL
工业计算机	industrial personal computer	IPC
供需链管理	supply chain management	SCM
管理信息系统	management information system	MIS
光学字符识别	optical character recognition	OCR
活动循环图	activity cycle diagram	ACD
机床控制器	machine control unit	MCU
计算机辅助工程	computer aided engineering	CAE
计算机辅助工艺过程设计	computer aided process planning	CAPP
计算机辅助设计	computer aided design	CAD
计算机辅助生产管理	computer aided production management	CAPM
计算机辅助制造	computer aided manufacturing	CAM
计算机辅助质量控制	computer aided quality planning	CAQC
计算机辅助作业计划	computer aided operation planning	CAP
计算机集成制造	computer integrate manufacturing	CIM
计算机集成制造系统	computer integrate manufacturing system	CIMS
计算机视觉	computer vision	CV

（续表）

名　　称	英　文　名　称	简　写
计算机数字控制机床	computerized numerical control machine	CNC
加工中心	machining center	MC
交付期最早	earliest due date	EDD
精益生产	lean production	LP
可编程逻辑控制器	programmable logic controller	PLC
客户关系管理	customer relationship management	CRM
面向检验设计	design for testing	DFT
面向制造设计	design for manufacturing	DFM
面向质量设计	design for quality	DFQ
面向装配设计	design for assembly	DFA
能力需求计划	capacity requirements planning	CRP
企业资源计划	enterprise resource planning	ERP
人工智能	artificial intelligence	AI
人机接口	human machine interface	HMI
柔性加工线	flexible manufacturing line	FML
柔性生产线	flexible transfer line	FTL
柔性制造单元	flexible manufacturing cell	FMC
柔性制造系统	flexible manufacturing system	FMS
柔性装配线	flexible assembly line	FAL
软件即服务	software as a service	SAAS
射频识别技术	radio frequency identification	RFID
剩余工序加工时间最长	longest remaining processing time	LR
剩余工序加工时间最短	shortest remaining processing time	SR
剩余工序数最多	most operation remaining	MOPNR
剩余工序数最小	fewest operation remaining	FOPNR
剩余松弛时间	slack time remained	STR
实时定位技术	real time location system	RTLS
数据库	date base	DB
数字控制	numerical control	NC
松弛量最小	least amount of slack	SLACK

（续表）

名　　称	英　文　名　称	简　写
无线传感器网络	wireless sensor network	WSN
物料清单	bill of materials	BOM
物料需求计划	material requirement planning	MRP
下道工序加工时间最长	longest subsequent operation	LSOPN
先进先出	first in first out	FIFO
先进制造技术	advanced manufacturing technology	AMT
先进制造系统	advanced manufacturing system	AMS
信息管理系统	information management system	IMS
信息物理系统	cyber physical system	CPS
有轨小车	rail guide vehicle	RGV
制造执行系统	manufacturing execution system	MES
制造资源计划	many facturing resource planning	MRP
智能数字控制系统	intelligent numerical control system	INCS
智能制造	intelligent manufacturing	IM
智能制造技术	intelligent manufacturing technology	IMT
智能制造系统	intelligent manufacturing system	IMS
准时制生产	just in time	JIT
自动编程工具	automatically programmed tool	APT
自动导向小车	automatic guide vehicle	AGV
作业平均通过时间	mean flow time	MFT
作业平均延误时间	mean lateness	ML

目录 contents

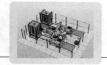

1

制造系统的基本概念

在日常生活和工业生产中人们广泛使用工业产品,如飞机、汽车、手机等。这些产品虽然结构、性能各有不同,但是都包含机械和电子元件,紧紧依托着制造这一重要环节。

1.1 制造

制造的英文为 manufacturing。该词起源于拉丁文词根 manu(手)和 facere(做)。这说明几百年来人们把制造理解为用手来做。随着自动化技术、信息技术、先进制造和管理技术的进步以及生产力的发展,人们对制造过程的定义和内涵的理解发生了较大的变化,逐渐形成了"小"制造概念下的制造过程和"大"制造概念下的制造过程。

1.1.1 "小"制造

"小"制造即狭义制造或传统机械制造,主要是指产品的制作过程。或者说,制造是原材料(农产品和采掘业的产品)在物理性质和化学性质上发生变化而转化为产品的过程。

传统上把制造理解为产品的机械工艺过程或机械加工与装配过程。例如,"机械制造基础"主要是介绍热加工和冷加工;"机械制造工艺学"主要是介绍机械零件加工技术和产品装配技术。英文词典对制造(manufacturing)解释为"通过体力劳动或机器制作物品,特别是适用于大批量(making of articles by physical labor or machinery, especially on a large scale)"。

"小"制造指的是通过机器和工具将原材料转变为有用产品的过程,重点强调的是工艺过程。

1.1.2 "大"制造

"大"制造,即广义制造或现代制造系统,主要是指在产品的全寿命周期过程中,从供应市场到需求市场的整条供应链,其所包含的各类活动,涉及产品设计、物料选择、加工、装配、销售和服务、报废和再制造等一系列的相关活动和工作。

广义制造包含 4 个过程:概念过程(产品设计、工艺设计、生产计划等);物理过程(加工、装配等);物质(原材料、毛坯和产品等)的转移过程;产品报废与再制造过程。广义制造还有 3 个特点:

(1)全过程。从产品生命看,不仅包括毛坯到成品的加工制造过程,还包括产品的市场信息分析,产品的决策,产品的设计、加工和制造过程,产品销售和售后服务,报废产品的处理和回收,以及产品生命周期的设计、制造和管理。

（2）大范围。从产品类别来看,不只是机械产品的制造,还有光机电产品的制造、工业流程制造和材料制备等。

（3）高技术。从技术方法来看,不仅包括机械加工技术,而且包括高能束加工技术、微纳米加工技术、电化学加工技术、生物制造技术等,还包括现代信息技术特别是计算机技术与网络技术等。现代制造与高新技术是"你中有我,我中有你"的关系。

从词义上来看,制造概念的内涵目前在过程、范围和层次3个方面拓展。从本质特征上认识,制造是一种将原有资源(如物料、能量、资金、人员、信息等)按照社会需求转变为具有更高实用价值的新资源(如有形的产品和无形的软件、服务)的过程。

1.1.3　制造过程

无论是"小"制造过程还是"大"制造过程,都是一个把制造资源转变为可用产品的过程(见图1-1),它由信息处理过程和物质转化过程组成。物质转化过程包含原材料或零部件的采购、产品加工、装配、检验或销售等。其中,由产品的加工和装配过程组成了产品的基本制造过程,属于狭义制造概念。信息处理是关于制造信息采集、分析、处理、存储、应用的过程,包括自上而下的生产指令和自下而上的反馈信息。

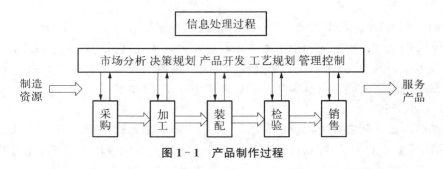

图1-1　产品制作过程

根据生产的工艺流程不同,将制造型生产过程分为离散型制造过程和流程型制造过程。

离散型制造过程:分别在不同时间、地点生产出零部件,再按一定的设计要求装配成成品的生产制造过程。

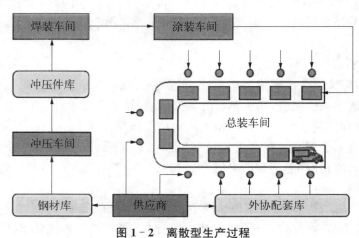

图1-2　离散型生产过程

特点：离散型生产的协作关系复杂,协调任务关系复杂,协调任务繁重,生产管理也更复杂。离散性生产过程,如图1-2所示。

流程型制造过程：在生产过程中,物料按一定工艺顺序连续地通过生产各环节,在过程中不断改变形态和性能,最后形成产品的生产过程。图1-3为属于流程型制造过程的塑料生产线。

特点：流程型生产协调和协作任务少,但一旦发生故障就会影响全局。

图1-3 属于流程型制造过程的塑料生产线

1.2 系统

1.2.1 系统的定义

系统(system)是目前各个领域中广泛应用的概念。系统的定义是"由若干相互联系的要素组成的一个具有特定功能的整体"。比如一台机器、一个部门、一个车间、一座工厂、一条公交线路、一条高速客运专线、一项计划、一个研究项目、一种组织、一套制度都可以看成一个系统;机床、夹具、刀具、工件和操作人员组成的一个机械加工系统,其功能是改变工件形状和尺寸。因此,系统的概念蕴含多方面的含义：系统是由输入要素、转化过程、输出要素组成的有机整体;各要素具有特定的属性;各要素之间具有特定的关联性,并在系统内部形成特定的系统结构;系统具有边界,边界确定了系统的范围,也将系统与周围环境区别开来,系统与环境之间存在物质、能量和信息的交流;系统具有特定的功能,系统功能受到系统结构和环境的影响。

根据系统状态随时间的变化,可以将系统分为连续系统和离散事件系统。连续系统指系统状态随时间发生连续变化,诸如电力系统、石油冶炼、自来水生产等;离散事件系统是指只有当在某个时间点上有事件发生时,系统状态才会发生变化,诸如机械零件加工车间、汽车装配线、交通路口通行流量、车站/机场/码头的客流、电信网络的电话流量、理发店/商店/餐厅等的服务系统。

1.2.2 系统的特征

每个系统都具有如下特征：

（1）集合性。系统由两个或两个以上的要素（组成部分）构成。例如，将一台机床看作一个子系统，它可分解为许多部件、组件和零件等。系统的要素既可以是物理实体，也可以是非物理的抽象事物。例如，管理信息系统是一个抽象的系统。

（2）层次性。一个系统总是由若干个子系统组成的，该系统本身又可看作是更大的系统的一个子系统，这就构成了系统的层次性。不同层次上的系统运动有其特殊性。在研究复杂系统时要从较大的系统出发，考虑到系统所处的上下左右关系。

（3）有界性。系统具有与外界联系的边界，是一个可辨别的研究对象。通过这种边界，系统与外界环境产生联系，外界环境对系统施加影响。系统与环境的边界是随研究目的的变化而变化的。例如，对于工厂系统的订货问题，既可将其视为外界环境对生产产生的影响，也可将销售纳入系统作为系统内的活动研究。

（4）相关性。系统内部各部分之间是按一定的关系互相联系和制约。它不是一些杂乱无章的事物的集合。系统中任何一个元素发生变化，其他部分也会随之变化，以保持系统的整体最优化。因此，集合性确定了系统的组成要素，而相关性说明了这些组成要素之间的关系。例如，机械加工系统就是通过机床、夹具、刀具、工件和操作人员按工艺规程的要求相互发生作用，才能实现零件的加工。

（5）整体性。系统内的各个部分是不能缺省的。系统不是要素功能的线性叠加，整体大于部分的总和。系统的要素各自具有自身的特性和内在规律，但其彼此之间是有机地结合在一起，由此形成一个整体，对外体现综合性的整体功能。系统的各要素组成一个整体，如果系统的整体性受到破坏，将不再成为系统。例如，计算机的各要素（中央处理器、存储器、显示器、键盘、鼠标、软件程序等）通过配置而彼此联系，当构成协调运行的整体时，方能显示计算机系统的整体功能。而将计算机拆为分散零件后，就不再成为一个计算机系统。

（6）目的性。功能是系统存在的目的。系统内的要素组织在一起是为了完成某些确定的功能，并且在运行过程中总是力求使某些性能指标更优。如果把工厂看成是一个系统的话，它就是通过将生产要素（人、财、物和信息等）有效地转变成财富（产品），以达到使原材料增加价值而创造高效益的目的。

（7）环境适应性。任何一个系统都存在于一定的环境之中。有序与无序是系统的两种基本状态。系统的发展过程就是在这两种状态中交替、转变。环境适应性反映了系统的动态性。系统为了维护有序性，必须与环境发生物质的、能量的和信息的交换，进行新陈代谢，以适应环境的变化。

（8）生物性。任何一个系统都有从孕育、出生和成长，经过成熟和衰老，直到死亡的生命周期。虽然系统的生命周期是不可逆的，但是它可以实现生命周期的循环。例如，产品可以更新换代；报废的产品可以再生或"再制造"。

理解系统的上述特性，有助于把握系统定义的内涵。系统研究主要是为了处理各部分之间的相互关系。系统观念强调局部之间的联系与协调，使人们全面地分析与综合各种事物。

1.2.3 系统的功能

不同的系统所拥有的具体功能是不一样的。然而，从一般意义上分析，系统的功能可表示为图1-4的功能结构，即系统接受外界的输入，通过内部的处理和转换，向外界输出结果。

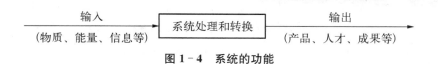

图 1-4 系统的功能

系统的输入是系统所需的物质、能量和信息等原材料,系统的输出是经过系统处理和转换的结果,如产品、人才、成果、服务等。所以,系统可以理解为是一种处理和转换的机构,它将输入转变为人们所需要的输出。

系统工程的宗旨是提高系统的功能,特别是提高系统处理和转换的效率,即在输入一定的条件下使得系统输出尽可能的好、多、快,或者说,在一定的输出要求下使得系统输入尽可能少和省。

系统功能的实现关键在于系统要素之间的关系和系统的结构。建立起合理的系统结构,调整好各要素之间的关系,就能提高和增加系统的功能。

1.3 制造系统

1.3.1 制造系统的定义

国际生产工程学会于 1960 年公布的制造系统的定义是:制造系统是制造业中形成制造生产(简称生产)的有机整体。英国著名学者帕纳比(Pamaby)1989 年给出制造系统的定义为:制造系统是工艺、机器系统、人、组织结构、信息流、控制系统和计算机的集成组合,其目的在于取得产品制造经济性和产品性能的国际竞争性。美国麻省理工学院于 1992 年描述的制造系统为:由人、机器和装备以及物料流和信息流构成的一个组合体。在机电工程产业中,制造系统具有设计、生产、发运和销售的一体化功能。概括而言,制造系统是按照一定的制造模式将制造过程所涉及的人力资源、加工设备、物流设备、原材料、能源和其他辅助装置,以及设计方法、加工工艺、管理规范和制造信息等要素整合而成的有机整体,它具有将制造资源转变为有用产品的特定功能,蕴含着 3 个方面的含义。

(1) 制造系统的结构定义。制造系统是制造过程所涉及的硬件(包括人员、设备、物料流等)及其相关软件所组成的一个统一整体。

(2) 制造系统的功能定义。制造系统是一个将制造资源(原材料、能源等)转变为产品或半成品的输入输出系统。

(3) 制造系统的过程定义。制造可看成是制造生产的运行过程,包括市场分析、产品设计、工艺规划、制造实施、检验出厂、产品销售等各个环节的制造全过程。

综合上述的几种定义,可将制造系统定义如下:制造系统是制造过程及其所涉及的硬件、软件和人员所组成的一个将制造资源转变为产品或半成品的输入/输出系统,它涉及产品生命周期(包括市场分析、产品设计、工艺规划、加工过程、装配、运输、产品销售、售后服务及回收处理等)的全过程或部分环节。其中,硬件包括厂房、生产设备、工具、刀具、计算机及网络等;软件包括制造理论、制造技术(制造工艺和制造方法等)、管理方法、制造信息及其有关的软件系统等;制造资源包括狭义制造资源和广义制造资源,狭义制造资源主要是指物能资源,包括原材料、坯件、半成品、能源等,广义制造资源还包括硬件、软件、人员等。

依据制造系统的定义,机械制造系统是一种典型的制造系统,它由可实现物质转化、信息传递或转换的机床、夹具、刀具、被加工工件、操作人员等组成,是具有制造功能的有机整体。诸如工业、电子、石油、化工、仪器仪表、建筑、印刷、纺织、矿冶、农业、交通、食品、医疗、家电、通信、航空航天、船舶、电力等部门的机械制造都属于这一范畴。机械制造系统所涉及的领域和生产构成如图1-5所示。

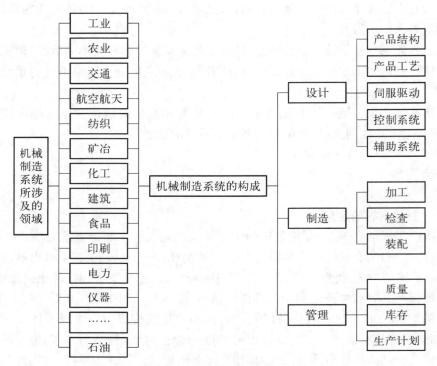

图1-5 机械制造系统所涉及的领域和生产构成

一般情况下,机械制造系统是复杂的离散事件动态系统,它输入制造资源,经过机械加工过程输出零件或者产品,这个过程就是制造资源向零件或产品的转变过程。图1-6表示了离散制造系统的典型结构。

现代制造系统是指在时间、质量、成本、服务和环境诸方面,能够很好地满足市场需求,采用先进制造技术和先进制造模式,协调运行,获取系统资源投入的最大增值,具有良好社会效益,达到整体最优的制造系统。

现代制造系统是包含了多项现代制造技术和多种现代制造模式的一个整体概念。有的文献把现代制造模式称为制造系统集成技术,或整体制造技术,这表明没有把"模式"从"技术"的概念中分离出来。当代信息技术和自动化技术为企业提供了改变常规制造模式的机遇,只有打破常规制造模式的框框而产生现代制造模式,才能发挥现代制造技术的作用,从而形成现代制造系统,真正提高企业的综合竞争力。

1.3.2 制造系统的特征

系统结构从其结构、功能到过程考查,均涉及诸多要素,是诸要素相互作用、相互依赖、相互关联的一个有机整体,具备系统科学中"系统"的全部特征。① 集合性。一个实际的制

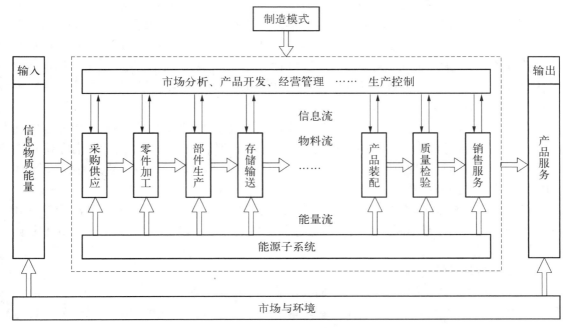

图 1-6 离散制造系统的典型结构

造系统,具有独立功能的系统要素,要素之间的相互作用需要符合逻辑统一性原则,和谐共存于整个系统之中,任何一个要素脱离整体就失去了原来的机能和要素间的相互作用。② 层次性。制造系统可以分解为一系列的子系统,并存在一定的层次结构,这种层次结构表述了不同层次子系统之间的从属关系或相互作用关系。③ 相关性。制造系统内各要素是相互联系的。④ 整体性。作为一个由相互作用的诸要素构成的、具有特殊制造功能的有机整体。⑤ 目的性。制造系统的目的就是要把制造资源转变成财富或产品。为实现这个目的,制造系统必须具有控制、调节和管理的功能,管理过程就是实现制造系统有序化的过程,并使之进入与系统目的相适应的状态。⑥ 环境适应性。一个具体的制造系统,必须具有对周围环境变化的适应性。外部环境与系统是互相影响的,两者之间必然要进行物质、能量或信息交换。如果系统能进行自我控制,即使外部环境发生了变化,也能始终保持最优状态,这种系统称为自适应系统,该系统的动态适应性表现为以最少的时间延迟去适应变化的环境,使系统接近理想状态。现在的自适应控制机制,就是典型的自适应性系统。

制造系统除具有上述一般系统的普遍特征外,还具有自身鲜明的特点。

(1)制造模式对制造系统具有指导作用。不同的制造模式会形成不同的制造系统,如单一产品的大量制造模式形成了刚性制造系统,多品种小批量制造模式形成了柔性制造系统。

(2)制造系统总是一个动态系统。制造系统的动态特性主要表现在:制造系统总是处于生产要素(原材料、能量、信息等)的不断输入和有形财富即产品的不断输出这样一个动态过程中;制造系统内部的全部硬件和软件也是处于不断的动态变化之中;制造系统为适应生存的环境,特别是在激烈的市场竞争中总是处于不断发展、不断更新、不断完善的运动中。

（3）制造系统在运行过程中无时无刻不伴随着物料流、信息流和能量流的运动。例如，在一个典型的机械制造系统中，其制造过程的基本活动包括加工与装配、物料搬运与存储、检验与测试、生产管理与控制。其中，加工与装配改变工件的几何尺寸、外观或特性，增加产品的附加值；物料搬运实现物料在制造过程内的流动，包括装卸工件以及不同工作场地之间的工件输送，存储则将工件或产品存放在一定的空间内，以解决工序之间生产能力或者需要之间的平衡问题。

（4）在制造系统中包括决策子系统。从制造系统管理的角度看，制造系统内除包括物料流、能量流和信息流构成的物料子系统、能量子系统和信息子系统外，还包括若干决策点构成的制造系统运行管理决策子系统。因此，物料、能量、信息和决策点四要素有机结合，才构成了一个完整的制造系统。

（5）制造系统具有反馈特性。制造系统在运行过程中，其输出状态如产品质量信息和制造资源利用状况总是不断地反馈给制造过程的各个环节中，从而实现制造过程的不断调节、改善和优化。

1.3.3　制造系统的"4 种流"

对于各种不同层次的制造系统，人们提出了关于制造系统的运动流不同的理论。不同层次的制造系统，由运动流构成的子系统功能也不同。下面将以企业级制造系统的 4 种运动流为例进行介绍。

在制造系统的全部运行过程中包含 4 种运动流：物料流、信息流、资金流和劳务流。

1）物料流

物料流（material flow）简称为物流，有广义和狭义之分。广义物流指的是社会物流。狭义物流是制造系统内部的物料流，通常是指原材料、工件、工具、水电、燃料等物质的流动。这里仅讨论狭义物流。与三要素流比较，企业级制造系统的物料流包含了单元级制造系统的物料流和能量流。

物料流是一个输入制造资源通过制造过程而输出产品并同时产生废弃物的动态过程，还可能造成环境污染。企业级物料流如图 1-7 所示。企业从环境取得原材料、坯件和配套供应的零件、器件、组件和部件，经过制造活动把其转换为产品、切屑等，再送回环境中。产品以商品的形式销售给客户并提供售后服务。物料从供方开始，沿着各个环节向需方移动。

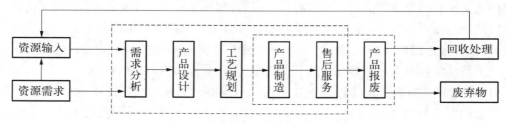

图 1-7　企业级制造系统的物料流

2）信息流

信息流（information flow）是指制造系统与环境和系统内部各单元间传递与交换各种数据、情报和知识的运动过程。它不像物料流那样直观，但是制造过程中的信息流仍是随处可见。例如，工厂的经营活动离不开对市场信息的把握，生产计划调度离不开对车间生产状态信息的准确了解,零件的加工和装配离不开图样中的信息。物料和资金都是以信息的形式向人们反映。

按类型将信息分为需求信息和供给信息。需求信息从需方向供方流动,这时还没有物料流动,但它引发物流。而供给信息同物料一起从供给方向需方流动。信息流说明了制造过程中的信息采集、特征提取、信息组织、交换、传递等特性。企业中有些职能部门的主要目的就是为了产生、转换和传递信息。例如,设计部门根据市场信息产生产品的工程信息,生产计划部门根据产品信息、市场信息以及生产状态信息产生指导车间生产的计划信息。

3) 资金流

制造系统的经济学本质是资金的不断消耗或物化,并创造附加价值的过程。这种附加价值和消耗资金的过程称为资金流(bankroll flow)。它以货币形态存在于制造系统之中。物料是有价值的,物料的流动引发资金的流动,如图 1-8 所示。制造系统的各项业务活动都会因消耗资源而导致资金流出。只有当消耗资源生产出产品并出售给客户后,资金才会重新流回制造系统,并产生利润。一个商品的经营生产周期,是以接到客户订单开始到真正收回货款为止。为合理使用资金,加快资金周转,必须通过企业的财务成本控制系统来控制各个环节的各项经营生产活动;通过资金的流动来控制物料的流动,通过资金周转率的快慢来体现企业系统的经营效益。

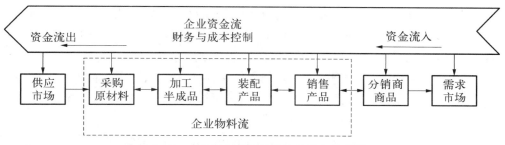

图 1-8　企业级制造系统的资金流与物料流

4) 劳务流

劳务流(labor flow)又称为工作流,是指制造系统中有关人员的安排、技术的组织与分布等业务活动。信息、物料、资金都不会自己流动。劳务流决定了各种流的流速和流量,制造系统的体制组织必须保证劳务流畅通,对瞬息万变的环境做出响应,加快各种流的流速(生产率),在此基础上增加流量(产量),为企业系统谋求更大的效益。

"大"制造概念下信息对制造过程的重要作用。制造过程不仅包含了物质的转化,而且还包含了信息向物质的转化,即信息的物化。实现智能制造的核心在于信息物理融合,制造的智能化必须通过基于信息的管理和控制来实现。现代制造过程实质上是一个使原材料的熵降低、使产品的信息含量增高的过程。

1.3.4　制造系统的要素

制造系统的基本要素主要包含输入、输出、转换、机制、约束和反馈,基本模型如图 1-9 所示。

(1) 输出。输出是制造系统存在的前提条件。制造系统对社会环境的输出包含如下

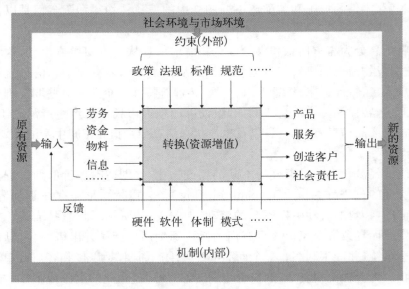

图 1-9　企业级制造系统的基本模型

4 种类型：① 产品。产品包括硬件产品、软件产品和无形产品(如决策咨询、战略规划)等。② 服务。服务是指从一般的售前售后服务到高级的技术输出、人员培训、咨询服务等。③ 创造客户。拥有客户是企业生存的基础。如何留住老客户、创造新客户，是制造系统的一项基本任务，也是它的重要业绩。④ 社会责任。制造系统的发展受所在社区环境的支撑，必须对社区和整个社会承担责任，如环境保护、公共建设、人文环境等。

(2) 输入。输入是实现转换功能的前提条件。输入的资源包括物质(如材料、设备、能源、资金等)和信息(如智力、技术和市场需求等)。

(3) 转换。先进制造系统(advanced manufacturing system，AMS)的总功能是实现资源增值转换。总功能由一系列分功能所组成。每一分功能又由企业中的不同资源通过不同形式的联系和相互作用来实现。例如，设计功能是通过设计者和计算机交互作用而实现；加工功能是通过操作者、机床和零件的联系来实现；决策功能是管理者以会议的形式联系和相互作用而实现。目前实现加工功能的方法主要依据物理的或化学的原理，未来有可能依据生物学的原理。

衡量转换优劣的指标是时间短、质量优、成本低、服务好、环境清洁。为此，AMS 必须在管理体制、运行机制、产品结构、技术结构、组织结构等方面进行不断创新。

(4) 机制。机制是 AMS 实现资源转换的内部运行条件与运行原理。包括生产设施、设计系统、试验系统、信息网络基础设施、计算机软件、生产模式、规章制度、经营目标与策略、知识管理系统、企业文化建设等。

(5) 约束。约束是指 AMS 的外部约束，如政策、法律法规、规范标准、资源、时间、成本、质量、环境保护和社区规定等方面的要求。

(6) 反馈。AMS 在整个运行过程中，其输出状态(如制造资源利用状况、产品质量反馈和顾客反馈)的信息总是不断反馈到制造过程的各个环节中，从而实现产品全生命周期中的不断调节、改进和优化(见图 1-10 和图 1-11)。

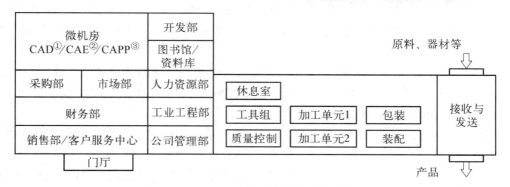

图 1‑10　一个制造系统的基础资源布局

注：① CAD：计算机辅助设计。② CAE：计算机辅助工程。③ CAPP：计算机辅助工艺过程设计

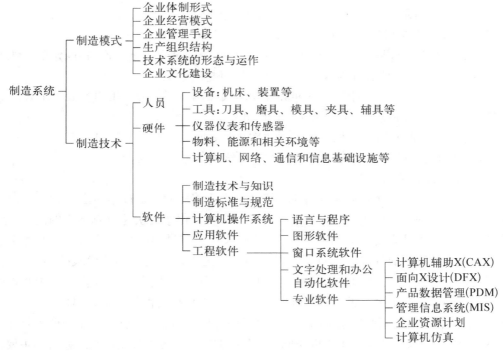

图 1‑11　制造系统的结构

1.3.5　制造系统的目标(性能指标)

现代制造系统的性能描述可分为 3 种情况：① 定性表示，是指用词语描述，如易操作性、易维修性等；② 直接定量表示，如在制品数、生产率等；③ 经过分析或评价可定量表示，如柔性、可靠性、集成度等。下面将从产品、设备、复杂性和制造能力等方面介绍制造系统的一些性能指标。

1) 与产品相关的性能指标

(1) 生产率。这是指单位时间内制造系统生产的产品数量。生产率既可以表示某一台设备生产某种产品的情况，也可用于描述一个车间或工厂生产某些产品的情况。经济学上狭义生产率是指产出与投入之比，主要包括：劳动生产率，即单位工时的产品数量；原材料生产率，即单位材料消耗的产品数量；能源生产率，即单位能耗的产品数量。广义生产率是指系统对资源有效利用的程度。

（2）通过时间。这是指零件从进入系统直到加工处理完毕离开系统所需要的时间。一般是指一个零件在某个加工系统中的平均通过时间，如一个零件在柔性制造系统（flexible manufacturing system，FMS）内的平均通过时间。

（3）等待队长。这是指某一时刻在进入某加工系统进行加工之前等待加工的工件数。通常它是一个随机变量，需要求得平均等待队长。

（4）等待时间。这是指工件在等待接受加工服务的队列中所逗留的时间。通常它也是一个随机变量，也需要求得平均等待时间。

（5）在制品数。这是指投放车间进行生产但尚未完成的零件数。在制品数多时，不仅增加了存储费用及输送费用，而且增加了磕碰损坏的可能性，给生产管理带来了困难，因此通常希望压缩在制品数。

2）与设备相关的性能指标

（1）生产能力。这是指在计划期内，企业参与生产的全部固定资产，在既定的组织技术条件下，所能生产的产品数量，或者能够处理的原材料的数量。

（2）设备利用率。这是指设备的实际开动时间占制度工作时间的百分比。制度工作时间是指在规定的工作制度下，设备可工作的时间数。

（3）平均故障间隔时间。机器在出现两次故障之间运行的平均时间间隔。

（4）平均修复时间。机器修复并恢复运行所需要的平均时间。

3）与复杂性相关的性能指标

（1）柔性。这是指制造系统适应环境和过程改变的能力。柔性本质上是和变化及不确定性联系在一起的。企业级制造系统的柔性是对市场变化做出快速有效响应的能力。它有内外之分。外部柔性来自市场的要求，内部柔性来自工艺过程的技术革新。人们曾把柔性作为制造系统的决策属性之一进行了大量的研究。随着许多先进制造模式的出现，人们已经认识到，以设备柔性为目标的内部柔性受限于传统的制造技术，而敏捷制造、快速重构制造等模式能够解决制造系统的外部柔性问题。因此，不再把柔性作为决策属性。

（2）可靠性。这是指制造系统随时间变化保持自身工作能力的性能。工作能力是在保证给定参数处于技术文件规定范围以内完成规定功能的能力。可靠性是产品或系统的主要质量特性，它是与寿命或工作时间联系在一起的。设备的可靠性与其设计、制造或使用均有关系。

（3）集成度。这是指制造系统的子系统之间的功能交互、信息共享及数据传递畅通的程度。集成的主要对象是信息。目前人们大多以定性的语义去表述集成的程度，对系统集成度的判断本质上是模糊的，需要用一个量化的指标去描述集成的程度。

（4）生产均衡性。这是指制造系统各子系统所承担任务的松紧程度。它要求制造系统的投料、生产及产出都能有计划、有节奏地进行。生产均衡性体现在三方面：① 时间方面。要求在合理的时间间隔内完成相应的生产任务。② 空间方面。要求产品的各种零件的投料、生产应均衡。③ 设备方面。要求任务分派也应该均衡。生产均衡是衡量制造系统生产管理水平的重要标志，目前还无量化指标。

1.4 制造模式

1.4.1 制造模式的定义

制造模式是指企业体制、经营、管理、生产组织和技术系统的形态结构与运作模式。从广义的角度看,制造模式就是有关制造过程和制造系统建立及运行的哲理和指导思想,是制造系统实现生产的典型组织方式,是制造企业经营管理方法的模型,是提供给制造系统通用的全局样板,是众多同类系统模仿的典范。因此,制造过程的运行、制造系统的体系结构以及制造系统的优化管理与控制等均受到制造模式的制约,必须遵循由制造模式所确定的规律。

1.4.2 制造模式的演化与影响因素

1)制造模式的演化

图1-12描述了制造模式的发展过程中产品制造模式的演变趋势。在手工生产阶段,产品设计、加工、装配和检验基本上都是由手工完成,称为手工作坊式制造模式,这种制造模式柔性好,但效率低、成本高,难以完成大批量产品的生产。到19世纪中叶及20世纪中叶,产品制造过程的专业化分工和互换性技术的发展,使得刚性流水生产线成了制造产品的基本组织方式,大量生产模式在制造业中开始占据主导地位,提高了劳动生产率,降低了产品成本,有力地推动了制造业的发展和社会进步。

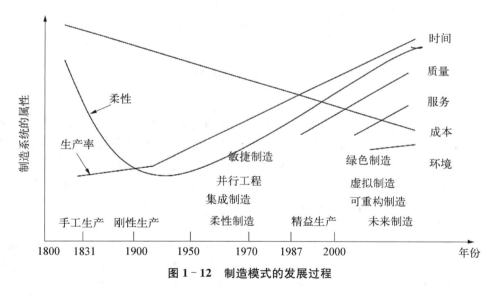

图1-12 制造模式的发展过程

20世纪后半叶以来,单一产品的大量生产已经不适合市场多变性和用户需求多样化的要求,迫使产品生产朝多品种、变批量、短生产周期方向演变,传统的刚性生产方式渐渐被先进的柔性生产模式所替代,出现了与此相适应的先进制造系统,诸如柔性制造、计算机集成制造、敏捷制造、精益生产、可重构制造、虚拟制造、绿色制造、智能制造和网络化制造等。这些先进的制造系统使得现代企业在面对一个多变的、以消费者需求为导向的市场竞争时,能以更短的产品上市时间(time)、更优的产品质量(quality)、更低的产品成本(cost)、更好的服务(service)和更高的环境适应性(environment)(这五点简称TQCSE)赢得更多的顾客和更大的市场份额。

  制造企业面临的这一发展趋势,首先,意味着 TQCSE 将会成为未来制造系统的最基本的目标,需要对产品制造过程进行精确化规划、设计和控制,使企业尽可能寻求制造过程的增值空间,形成以制造资源及其工作能力服务为特点的服务型制造模式,如图 1-13 所示;其次,资源消耗的低成本和制作过程的绿色化要求将成为未来制造系统的必然特征,与此适应的绿色评价、绿色设计、绿色管理和绿色信息支撑等理论和技术也必将得到充分的发展。因此,精确化、服务化和绿色化必将是未来制造系统的根本属性。

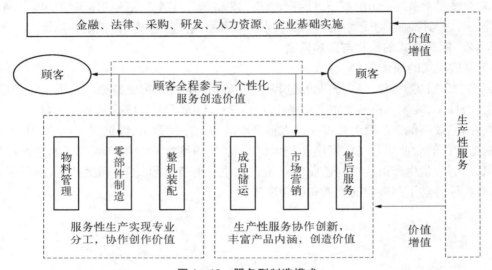

图 1-13　服务型制造模式

  2) 制造模式的影响因素

  (1) 社会生产力的水平。制造系统采取和发展何种制造模式,很大程度上取决于社会生产力的水平,包括社会的经济水平、科学文化水平、技术应用的整体水平等。新的制造模式的出现实际上是生产力发展的产物。例如,网络化信息时代的到来产生了敏捷制造模式;传感器技术和人体工程学的发展使虚拟制造模式成为可能。发达国家和发展中国家所采取的制造模式不能完全相同,必须根据生产力的实际水平采取合理的制造模式,不能看到某种制造模式在某地产生了很高的效益就盲目照搬。

  (2) 先进制造技术(advanced manufacturing technology, AMT)的应用。制造技术常常是为了解决制造系统中出现的技术需求而产生的。而 AMT 的应用则必须在与之相适应的制造模式下才能收到实效,因此导致了制造模式的变化。例如,制造自动化单元技术的产生并发展到一定阶段后,导致计算机集成制造(computer integrate manufacturing, CIM)哲理和系统的出现,即单元自动化技术必须在信息集成的环境中才能发挥更大效益。

  (3) 市场需求的变化。市场需求是制造模式变化的一个主要原因。市场需求包括顾客对产品的种类需求、质量需求、价格需求、时间需求和服务需求等。不同时期市场需求是不同的,由此产生了不同的制造模式。例如,20 世纪中期的大量生产模式主要是满足顾客对产品的质量和价格需求;当市场需求从大批量向多品种、小批量转变时,出现了计算机集成制造、先进制造模式,可以满足顾客对产品多样性的需求。

（4）社会需求的变化。除市场需求外，制造模式的变化也要受到社会需求变化的影响。社会需求包括对人类生存环境的需求、国家的发展计划、就业政策、人们的意识观念和素质、世界范围的社会发展潮流等因素。例如，绿色制造模式就是为了满足社会对人类生存环境保护的需求而产生的。根据 240 多年的工业化历程，制造模式发展的因素也可以归纳为两项：技术推动和市场拉动。

1.4.3 典型的现代制造模式

20 世纪末，以微电子、信息、新材料、系统科学等为代表的新一代科学与技术的迅猛发展及其在控制领域中的广泛渗透、应用和衍生，极大拓展了制造活动的深度和广度，急剧地改变了现代制造业的产品设计方法、产品结构、生产方式、生产工艺和设备以及生产组织结构，产生一大批新的制造技术和制造模式（见图 1-14）。现代制造业已成为发展速度快、技术创新能力强、技术密集和知识密集的部门。

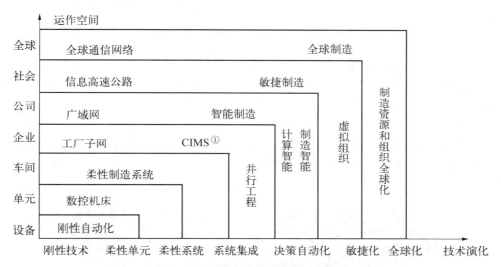

图 1-14　制造自动化发展模式及趋势

注：① CIMS：计算机集成制造系统

1）分类角度：制造过程可变性

制造模式按制造过程可变性分为 3 种：① 刚性制造模式。其几乎没有过程可变性。② 柔性制造模式。其过程可变性为中等。③ 快速重组制造模式。其过程可变性为最大。

（1）刚性制造模式。采用流水线或自动生产线进行生产的一种方式，适合大批量、少品种产品。生产线中加工设备和物流设备的功能以及加工工艺都相对固定。

在刚性自动线上，被加工零件以一定的生产节拍、顺序通过各个工作岗位，自动完成零件预定的全部加工过程和部分检测过程。追求高生产率是选择自动生产线最主要的依据。图 1-15 为汽车后桥齿轮箱加工自动线。

优点：生产率高（任务完成的工序多），设备固定，设备的利用率高，每一产品的成本很低（有效缩短生产周期，取消半成品的中间库存，缩短物料流程，减少生产面积）。

缺点：对市场和用户需求的应变能力较低（系统调整周期长，更换产品不方便）。当加工工件变化时，需要停机、停线并对机床、夹具、刀具等工装设备进行调整或更换（如更换主

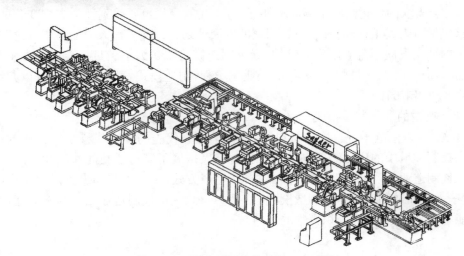

图 1-15　汽车后桥齿轮箱加工自动线

轴箱、刀具、夹具等），通常调整工作量大，停产时间较长。

（2）柔性制造模式。柔性制造模式的特征是工序相对集中，没有固定的节拍，物料的非顺序输送；将高效率和高柔性融于一体，生产成本低；具有较强的灵活性和适应性。柔性制造模式可分为如下两种情况。

① 单机柔性（见图 1-16）。灵活性体现在不同产品的转换过程中，不需要对设备硬件进行改动，只需要把内置的零件加工程序和刀具、夹具改变即可。适用于小批量、多品种产品的生产。

图 1-16　单机柔性

② 系统柔性。综合了刚性和单机柔性的优点，适用于中等批量和中等品种的生产情况。在金属制品加工工业中，中等批量、中等品种的情况约占 75％。可见，解决这类生产情

况问题是制造模式的关键。柔性自动化制造模式原理,如图1－17所示。图1－18为柔性制造单元;图1－19为柔性制造系统。

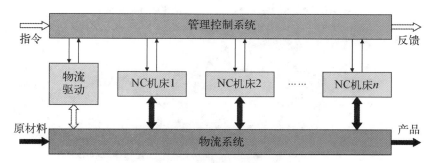

图1－17　柔性自动化制造模式原理

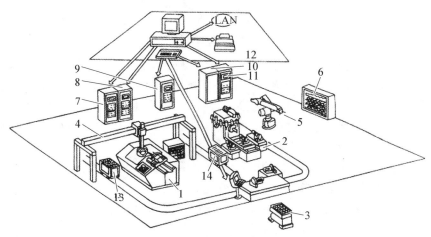

图1－18　柔性制造单元

1—数控车床;2—加工中心;3—装卸工位;4—龙门式机械手;5—机器人;6—刀库;7—车床数控装置;8—龙门式机械手控制器;9—小车控制器;10—加工中心控制器;11—机器人控制器;12—单元控制器;13和14—运输小车

（3）快速重组制造模式（又称为可重构制造模式）。其基本思想是将制造系统及其子系统按功能划分为若干功能模块,并对模块进行标准化,根据不同的生产对象,从这些标准化后的模块中挑选若干功能模块进行组合,形成适合不同产品和用户要求的制造系统。其优点是可以有效地提高制造系统的适应能力及对市场的响应速度,缩短系统的设计、建造和调试周期,降低成本,有利于提高企业的市场竞争力。

2）分类角度:制造过程利用资源的范围

制造模式按制造过程利用资源的范围可分为3种:① 集成制造模式,其强调的是企业内部;② 敏捷制造模式,其强调的是企业之间;③ 智能制造模式,其强调的是全球范围。

（1）集成制造模式:强调企业内部资源的利用。其基本思想是利用计算机软硬件将企业的经营、管理、计划、产品的设计、加工制造、销售及服务等全部制造活动集合成一个综合优化的整体,以提高企业的综合效益。计算机集成制造模式是传统制造技术、自动化技术、信息技术、管理科学、网络技术、系统工程技术综合应用的产物,是复杂而庞大的系统工程。

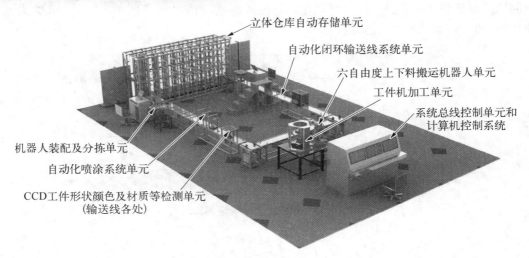

图 1-19 柔性制造系统

集成制造模式的要点是制造过程是一个整体,制造信息必须集成。

(2)敏捷制造模式:强调企业之间资源的利用。其基本思想是为了提高制造系统快速响应市场的能力。各企业应追求局部优势,加强相互联系,以便共同、尽快、最大限度地满足用户需求的变化。当市场上新的机遇出现时,组织几个有关的公司合作,各自贡献特长,以最快速度、最优的组合赢得一个机遇,完成之后又独立经营。

敏捷制造模式思想的出发点:对市场、未来产品、自身状况的分析;强调的是通过企业联合来赢得竞争优势;敏捷是指企业在不断变化、不可预测的经营环境中善于应变的能力。

敏捷性的体现:持续变化性;快速反应性;高的质量标准;低的费用。

(3)智能制造模式:强调的是全球范围。其基本思想是将人工智能融入制造系统的各个环节如订货、产品的设计、生产到市场销售等,通过模拟专家的智能活动,取代或延伸到制造环境中应由专家来完成那部分活动来组织生产以发挥最大生产力的一种先进的生产模式。

系统的特征:自组织能力;自适应能力;自学习能力。

分类角度:信息流与物流运动方向。

制造模式按信息流与物流运动方向分为两种,如图 1-20 所示,即推动式生产的信息流与物流同向运动;拉动式生产的信息流与物流反向运动。前者的代表是制造资源计划(manufacturing resource planning,MRP),后者的代表是精益生产(lean production,LP)。

图 1-20 拉动式生产与推动式生产

(a)推动式;(b)拉动式

(4)推式生产的基本思想:目前信息化制造模式主要是通过制造资源计划或企业资源计划来支持的。基于企业经营目标制定生产计划,围绕物料转换组织制造资源,实现按需按时进行生产。

缺点：会造成库存过剩或在制品、原材料无法保证供应。

（5）拉式生产的基本思想：精益生产指的是在制造过程中贯穿一种零消费的生产理念。它是1990年美国研究总结日本丰田汽车公司准时生产的基础上提出的。精益生产的基本思想是要从原材料采购到产品销售及售后服务的整个企业活动过程中，去掉一切多余的环节，使每个岗位的工作人员都能对产品实现增值。

优点：能够形成追求"零库存"的动态系统。有助于在工序间实现质量保证，迫使生产过程的精心组织。

缺点：要求有重复循环的产品生产环境，生产柔性不够大。缺乏改进过程的中心，所有过程活动一样重要。

1.5　本书的主要内容和章节安排

本书以智能制造为重点进行讲解，主要介绍了制造系统的概念与发展、智能制造系统的概念与内涵、制造系统的数字化和自动化以及制造系统智能化的智能装备、智能服务、智能决策，最后介绍了智能制造系统的支撑技术及典型应用等。本书共分10章。第1章主要介绍了制造系统的基本概念，包含制造、系统、制造系统和制造模式；第2章主要介绍了制造系统的发展，包含制造系统的演变历史和发展现状及趋势；第3章介绍了智能制造系统的概念、特征和基本体系结构及原理。第4章和第5章详细介绍了智能制造系统的两大特征：自动化和数字化。自动化制造系统的类型与构成以及总体设计，数字化制造系统的分系统介绍与调度控制系统的设计；第6章至第10章主要介绍了智能制造系统的典型应用以及支撑技术，包含智能装备、智能决策、智能服务三大应用以及制造系统智能化的主要支撑技术：物联网、云计算、大数据和人工智能技术；最后介绍了当今社会智能制造系统的典型应用案例。

 思考题

（1）如何理解制造的概念？

（2）什么是系统？制造系统有哪些组成要素？

（3）简述制造系统的主要特征。

（4）简述制造模式的发展历程及典型的现代制造模式。

2

制造系统的发展

18世纪的工业革命,使手工作坊式的生产迅速向工厂式生产转变,现代意义上的制造业得以诞生。20世纪50年代后,在制造领域先后出现了成组技术、物料需求计划等科学的管理思想和管理方法。近20年,在并行工程、敏捷制造、计算机集成制造等先进制造技术中,更是蕴藏着丰富的管理科学理念和新型管理模式。

2.1 制造系统的演变历史

2.1.1 手工与单件生产

一万年前的新石器时代,人类采用天然石料制作工具进行采集、狩猎、种植和放牧,以利用自然为主。到了青铜、铁器时代,人们开始采矿、冶金、铸锻工具、织布成衣和打造车具,发明了刀、耙、箭、斧之类的简单工具,满足以农业为主的自然经济,形成了家庭作坊式手工生产方式,生产动力仍旧是人力,局部利用水力和风力。这种生产方式使人类文明的发展产生了飞跃,促进了人类社会向前发展。

1765年瓦特蒸汽动力机的发明,提供了比人力、畜力和自然力更强大的动力,促使纺织业、机器制造业取得了革命性的变化,引发了工业革命,出现了工厂式的制造厂,生产率有了较大提高,揭开了近代工业化大生产的序幕。但是,机器生产仍然是一种作坊式的单件生产方式,其基本特征如下:

(1)按照用户的要求进行生产,采用手动操作的通用机床。由于无标准的计量系统,所以生产出来的产品规格只能达到近似要求,可靠性和一致性不能得到保证。

(2)生产效率不高,产量很低,例如,当时的汽车产量每年不超过1 000辆,而且生产成本很高,也不随产品产量的增加而下降。

(3)从业者通晓和掌握产品设计、机械加工和装配等方面的知识和操作技能,大多数人从学徒开始,最后成为制作整台机器的技师或作坊业主。

(4)工厂的组织结构松散,管理层次简单,由业主自己与所有顾客、雇员和协作者联系。

2.1.2 大批量流水线生产

近代工业的流水生产始于20世纪初美国的福特汽车公司,当时还只限于单对象的装配流水生产。后来,流水生产线应用越来越广泛,由单对象发展为多对象,由装配流水线发展到加工、运输、存储和检查的一体化。

大批量流水线生产又称为重复生产,是那种生产大批量标准化产品的生产类型。当同类产品的生产数量和生产规模达到一定程度时,为提高生产效率和管理水平所采取的一系列生产技术措施。

批量生产基于产品或零件的互换性,标准化和系列化的应用,刚性生产线大大提高了生产效率,降低了生产成本,其显著的特点是产品结构稳定、自动化程度高。所以大批量生产对提高产品质量、降低劳动工时和物料消耗、缩短生产周期和加速资金周转都产生了良好的效果,并有利于减少手工劳动操作的比重,提高工人的技术熟练程度,可使产品和零部件的加工精度严格限制在规定的技术要求之内,增加产品和零部件的互换性。在正常生产条件下,大批量生产技术可使各道生产工序的劳动力和设备得到充分利用,建立科学的生产工序,保证各生产环节合理的比例关系,便于采用各种先进的生产组织方式,如流水生产线。

但是缺点也相当明显,大批量生产以牺牲产品的多样性为代价,生产线的初始投入大,建设周期长,刚性无法适应变化愈来愈快的市场需求和激烈的竞争。

实现大批量生产的主要工作:① 从产品设计开始贯彻零部件的标准化、通用化和产品系列化原则,把构成产品的关键部件和通用化部件与专业化零部件区分开;② 从零部件生产、组装、检验到最终装配、调整、校验都贯彻操作技术的程序化和典型化,简化对工人的培训,用先进的自动化程度较高的专用设备来获得更高的生产率;③ 设计各种形式的传送带,实现生产过程连续化,材料和加工件传递的机械化;④ 广泛开展专业化协作;⑤ 工厂布置、物料搬运、设备管理、质量管理和库存管理都服从于大批量生产要求,协调一致,形成有机整体。

大批量生产的主要途径:采用各类适合大量生产的机械加工自动化设备和系统,实现高度的自动化生产。大批量生产多采用流水生产线方式。流水生产是指在生产对象专业化基础上,对作业时间进行合理搭配和密切衔接,各工序间采取连续、平行和有节奏的生产。

2.1.3 柔性自动化生产

从 20 世纪 50 年代开始,人们逐渐认识到刚性自动流水线存在许多自身难以克服的缺点和矛盾。

(1) 劳动分工过细,导致了大量功能障碍。

(2) 生产单一品种的专用工具、设备和生产流水线不能适应产品品种、规格变动的需要,对市场和用户需求的应变能力较低。

(3) 纵向一体化的组织结构形成了臃肿、官僚的/大而全的塔形多层体制。

面对市场的多变性和顾客需求的个性化,产品品种和工艺过程的多样性,以及生产计划与调度的动态性,迫使人们去寻找新的生产方式,以提高工业企业的柔性和生产率。

自从 1946 年美国出现了世界上第一台电子计算机以后,人们就不断地将计算机技术引入制造业中。1952 年美国麻省理工学院成功试制出世界上第一台数控铣床,不同零件的加工只需改变数控程序即可,有效地解决了工序自动化的柔性问题,揭开了柔性自动化的序幕。1955 年在通用计算机上成功开发出自动编程工具,实现了数控程序编制的自动化。为了进一步提高数控机床的生产效率和加工质量,于 1958 年成功研制出自动换刀镗铣加工中心,能在一次装夹中完成多工序的集中加工。随即于 1962 年在数控技术基础上成功研制出第一台工业机器人,并先后成功研制自动化仓库和自动导引小车,实现了物料搬运的柔性自动化。1966 年出现了用一台较大型的通用计算机集中控制多台数控机床的直接数控,从而降低了机床数控装置的制造成本,提高了工作的可靠性。

数字控制和自动编程工具的出现标志着柔性生产的开始,它将高效率和高柔性融合一体,实现了单机的柔性自动化。但数控机床及用于上下料的工业机器人只实现了零件加工单个工序的自动化,只有将一个零件全部加工过程的物流以及与之有关的信息流都进行计算机化,并追求整体效果,才能大幅度提高生产效率,获得最佳的加工效果。在成组技术和计算机控制基础上,1967 年英国莫林公司和 1968 年美国辛辛那提公司先后建造了一条由计算机集中控制的自动化制造系统,称为柔性制造系统(FMS)。FMS 具有更大的柔性和高度应变能力,进一步提高了设备利用率,缩短了生产周期,降低了制造成本。这正是多品种小批量生产所要求的生产方式。20 世纪 70 年代以前,由于计算机处于第三代电路技术,工作性能和可靠性较差,致使FMS 技术未获广泛应用。70 年代中期由于微处理机的问世和数据库技术的发展,出现了各种柔性制造单元(flexible manufacturing cell,FMC)、柔性生产线(flexible transfer line,FTL)和自动化工厂(factory automation,FA)。与刚性自动化的工序分散、固定节拍和流水生产的特征相反,柔性自动化的共同特征是工序相对集中,没有固定的节拍,以及物料的非顺序输送。柔性自动化的目标是在中小批量生产条件下,接近大量生产的高效率和低成本,并具有刚性自动化所没有的灵活适应性。这期间,还相应开发了一系列用于支撑生产活动的计算机辅助技术:

计算机辅助工艺过程设计(computer aided process planning,CAPP);

计算机辅助质量控制(computer aided quality control,CAQC);

计算机辅助制造(computer aided manufacturing,CAM);

计算机辅助生产管理(computer aided production management,CAPM);

制造资源计划(manufacturing resource planning,MRP);

计算机辅助作业计划(computer aided operation plan,CAP);

计算机辅助设计(computer aided design,CAD);

计算机辅助工程(computer aided engineering,CAE);

物料需求计划(material requirement planning,MRP);

管理信息系统(management information system,MIS)。

这些计算机辅助技术基本上都是在 20 世纪 60、70 年代发展起来的,且都已获得广泛的应用,大大提高了企业的决策能力和管理水平。但从整个企业系统而言,前述各种制造技术毕竟都是一些自动化孤岛,只能带来局部的效益。进入 80 年代,单元技术逐渐成熟,并且商品化、数据库管理系统、局域网络等数据处理和通信网络的软件均可从市场上购得。至此,出现了许多新概念、新思想和新的生产模式,其实质是使生产系统朝着自动化、柔性化、智能化、集成化、系统化和最优化方向发展,以提高企业的整体素质和效益。

2.2 制造系统的发展现状

2.2.1 计算机集成制造

1)概述

(1)基本概念。计算机集成制造(CIM)是组织、管理、企业生产的新哲理,它借助计算机软硬件,综合利用现代管理技术、制造技术、信息技术、自动化技术、系统工程技术等。将企业生产经营全过程中有关于人、技术和管理三要素及有关的信息流、物料流和价值流有机地集成并优化运作,以实现产品的高质量、低成本、短交货期,提高企业对市场变化的应变能力和综合竞争能力。

计算机集成制造系统又称为计算机综合制造系统。它是在网络、数据库支持下,由计算机辅助设计为核心的工程信息处理系统、计算机辅助制造为中心的加工、装配、检测、储运、监控自动化工艺系统和经营管理信息系统所组成的综合体。在计算机集成制造系统的概念中应强调说明两点:

① 在功能上,它包含了一个工厂的全部生产经营活动,即从市场预测、产品设计、加工工艺、制造、管理至售后服务以及报废处理的全部活动。因此它比传统的工厂自动化的范围要大得多,是一个复杂的大系统,是工厂自动化的发展方向。

② 在集成上,它涉及的自动化不是工厂各个环节的自动化的简单叠加,而是在计算机网络和分布式数据库支持下的有机集成。这种集成主要体现在以信息和功能为特征的技术集成,即信息集成和功能集成,以便缩短产品开发周期、提高质量、降低成本。

近年来,计算机集成制造系统取得了很大的进展,在其实施中有两个很重要的变化:一是由强调技术支撑变为强调技术、人和经营的集成,要通过管理技术、组织和经营集成起来;二是由技术推动变为需求牵引,强调用户的需求是成功实施的关键,用户是核心。

计算机集成制造是一种概念、一种哲理,是指导制造业应用计算机技术、信息技术走向更高阶段的一种思想方法、技术途径和生产模式,它代表了当前制造技术的最高水平,因而受到了广泛重视。

(2) 计算机集成制造系统(computer integrate manufacturing system,CIMS)发展的3个阶段:

① 以信息集成为特征的阶段。企业发展的需求是产品生产的自动化,随着电子信息技术的快速发展,相应的各种单元技术,如 CAD、CAM、工业机器人和 FMS 等得到了广泛应用。这些自动化单元技术的集成给企业带来了明显的技术进步和经济效益提升。

② 以过程集成为特征的阶段。20 世纪 80 年代以来,其制造需求是使产品设计和相关过程并行进行。以信息集成为特征的 CIMS 只可支持开发过程信息流向单一、固定的传统产品生产模式,而并行产品设计过程是并发的,信息流向是多方向的,只有支持过程集成的CIMS 才能满足并行产品开发的需要。因此在 CIMS 中引入了"并行工程"的新思想和新技术。并行工程采用并行方法,在产品技术阶段,就集中产品研究周期中各有关工程技术人员,同步地设计并考虑整个产品生命周期中的所有因素。

③ 以企业集成为特征的阶段。20 世纪 90 年代初,CIMS 进入"企业集成"为特征的发展阶段。它是为 21 世纪企业将要采用"敏捷制造"新模式而提出的 CIMS 发展新阶段。因为企业市场竞争将更加激烈,竞争中个性化的产品需求量增大,而批量生产的产品越来越少,这将必然使那些只适宜大批量生产的刚性生产线改变为适应新需求的柔性生产线,并进一步将企业组织及装备重组,以对市场机遇进行敏捷反应。敏捷制造企业比并行工程阶段的制造企业有了进一步的发展,强调企业的集成。发展建立在网络基础上的集成技术,包括异地组建动态联合公司、异地制造等有关集成技术,通过信息高速公路建立工厂子网,最终形

成全球企业网,作为动态集成的工具。所有这些思想和技术的实现,都将使 CIMS 应用发展到一个新水平。

2) 计算机集成制造系统的构成

计算机集成制造系统的构成可以从功能、结构和学科等不同的角度来论述。

(1) 功能构成。计算机集成制造系统包含了制造工厂的设计、制造和经营管理 3 种主要功能,在分析式数据库、计算机网络和指导集成运行的系统技术等所形成的支撑环境下,将三者集成起来。图 2-1 是计算机集成制造系统工厂的各功能块及其外部信息输入输出关系。

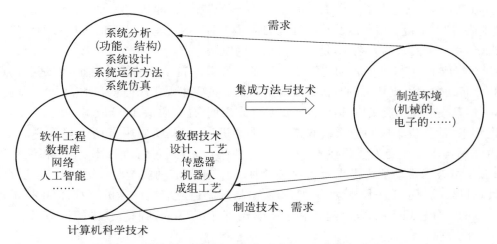

图 2-1　计算机集成制造工厂功能构成及信息输入输出关系

① 设计功能。设计功能包括计算机辅助设计、计算机辅助工艺过程设计、计算机辅助制造的工程设计(如夹具、刀具、检具等)和分析工作。

② 加工制造功能。加工制造功能由加工工作站、物料输送及存储工作站、检测工作站、夹具工作站、装配工作站、清洗工作站等完成产品的加工制造,并应有工况监测和质量保证系统以便稳定可靠地完成加工制造任务。这里物料流与信息流交汇,将加工制造的信息实时反馈到相应部门。

③ 生产经营管理功能。经营方面包括市场预测和制订发展战略计划。管理方面包括制订年、月、周、日生产计划,物料需求计划,制造资源计划。将物料需求计划、生产能力平衡以及进行财务、仓库等各种管理结合起来就成为制造资源计划。

具体来说,计算机集成制造系统是由 4 个应用分系统和 2 个支持分系统组成,它们分别是工程设计系统、管理信息系统、柔性制造系统、质量管理系统、数据库管理系统和计算机通信网络系统。

① 工程设计系统。工程信息系统主要功能是进行工程设计、分析和制造,主要功能模块有计算机辅助设计、计算机辅助工程、计算机辅助工艺过程设计、计算机辅助制造、成组技术等。

② 管理信息系统。管理信息系统的主要功能是进行信息处理、提供决策信息,其具体工作是进行信息的收集、传输、加工和查询等,要处理的信息包括经营计划管理、物料管理、

生产管理、财务管理、人力资源管理、质量管理以及辅助事务管理等,并根据决策支持模块进行决策信息。

③ 柔性制造系统。主要有群控直接数控、柔性制造单元、柔性制造系统等,包括仓库、缓冲站、运输车、刀具预调仪、装刀台、刀具库、清洗机、数控机床、加工中心、三坐标测量机、夹具组装台、机器人等设备。

④ 质量管理系统。质量管理系统的主要功能是制订质量计划、进行质量信息管理和计算机辅助在线质量控制等,其中包括产品质量计划、产品加工和装配的检测规划、量具质量管理、生产过程质量管理等。

⑤ 数据库管理系统。这是指提供数据库的支持分系统。

⑥ 计算机通信网络系统。这是指提供网络和通信的支持分系统。

(2) 结构构成。任何企业都是层次结构,但各层的职能及信息特点可能不同,计算机集成制造系统可以由公司、工厂、车间、单元、工作站和设备层组成,也可由公司以下的五层、工厂以下的四层组成。设备是最下层,如一台机床、一台输送装置;工作站是由几台设备组成;几个工作站组成一个单元,单元相当于柔性制造系统、生产线;几个单元组成一个车间,几个车间组成一个工厂,几个工厂组成一个公司。工厂、车间、单元、工作站和设备各层的智能化有计划、管理、协调、控制和执行。层次较高,信息比较抽象,处理信息的周期较长;层次越低,信息越具体,处理信息的时间要求较短。

计算机集成制造系统的各层之间进行递阶控制,公司层控制工厂层、工厂层控制车间层、车间层控制单元层,单元层控制工作站层,工作站层控制设备层。递阶控制是通过各级计算机进行的,上层的计算机容量大于下层的计算机容量。“层”又可称为“级”。

计算机集成制造系统的集成结构有多方面的含义:

① 功能集成是指在产品设计、工程分析、工艺设计、制造生产等方面的集成。

② 信息集成是指在工种信息、管理信息、质量管理等方面的集成,并通过信息集成做到从设计到加工的无图纸自动生产,即数字化产品。

③ 物流集成是指在毛坯成品的制造过程中,各个组成环节的集成,如储存、运输、加工、监测、清洗、检测、装配以及刀、夹、量具、工艺装备等的集成,通常称为底层的集成。

④ 人机集成强调了“人的集成”的重要性及人、技术和管理的集成、提出了“人的集成制造”和“人机集成制造”等概念,代表了今后集成制造的发展方向。

(3) 学科构成。从学科看,计算机集成制造系统是系统科学、计算机科学和技术、制造技术交互渗透结合产生集成方法和技术,并将此技术用到制造环境中,如图 2-2 所示。

3) 计算机集成制造的发展和应用

(1) 工业发达国家开发实施情况。美国从 20 世纪 80 年代开始 CIMS 的实践与应用,并已经建立了一批研究基地,形成了以大学、研究所为核心的研究队伍,实现了一批不同行业、不同规模 CIMS 工厂。美国认为 CIMS 是 21 世纪信息战略的重要部分,拨巨款建立 CIMS 工程试验室,并与企业合作,开发 CIMS 设备。像美国通用汽车公司在“前轮驱动轴部件”工厂实现 CIMS;美国通用电气公司在汽轮发电机小件车间,在洗碟机装配线等都建立了不同规模水平的 CIMS,还有英格索尔铣床公司等都建立了 CIMS 车间或分厂。

欧共体国家也普遍将 CIMS 用于企业的经营管理中,CIMS 的应用使这些国家的制造业

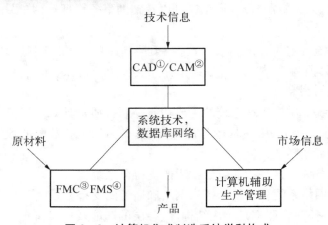

图 2-2　计算机集成制造系统学科构成

注：① CAD：计算机辅助设计。② CAM：计算机辅助制造。③ FMC：柔性制造单元。④ FMS：柔性制造系统

出现了新的气象：生产能力提高、交货周期缩短、人员减少、效率提高、效益增加。一些小工厂，虽然工艺装备落后，但由于采用了先进的管理和设计手段，照样能在激烈的市场竞争中求得生存与发展。欧洲共同体成员国把工业自动化领域的 CIMS 纳入高技术合作发展计划（即尤里卡计划），并在通信与接口、机器人系统、先进生产控制系统、实时加工控制方法和工具、车间层的管理与控制等方面，取得许多成果。如西门子公司、MTV 公司、马霍（MAHO）等许多公司建成不同规模的 CIMS 工程。

日本的制造业从 20 世纪 80 年代开始由卖方市场转向买方市场，需求多样化、高档化和交货期紧迫等严酷的现实，使日本企业迫切需要采用高技术。这样，在 80 年代后期，CIMS走进了日本的制造业，并被广泛接受。日本从总体上说，制造业的 CIMS 开发比欧美各国更有计划，开发速度更快，如精工公司、村田机械公司、东芝公司、日本电气、富士电机公司、三菱电机公司、富士通公司等许多企业都不同程度地实施 CIMS 工程。

（2）我国实施 CIMS 的概况。我国对于 CIMS 的研究与应用始于研究发展高新技术的"863 计划"。"863 计划"于 1986 年在自动化领域确立了 CIMS 主题并成立了专家组，以清华大学为主承担国家 CIMS 工程研究中心的建设任务。该研究中心于 1993 年 3 月通过了国家有关部门组织的验收，其水平与欧美的几个 CIMS 中心相当，达到国际先进水平。清华大学等高校与北京第一机床厂等进行了 CIMS 试点，取得了显著的经济效益。1994 年，美国工程学会将一年一度的大学领先奖授予了中国国家 CIMS 工程研究中心；北京第一机床厂获得了 1995 年的"工业领先奖"。目前，我国的 CIMS 技术在发展，应用领域也在不断地拓宽。CIMS 的进一步试点推广应用已扩展到机械、电子、航空、航天、轻工、纺织、石油化工、冶金、通信、煤炭等行业的 60 多家企业。我国 863/CIMS 研究已形成了一个键全的组织和一支研究队伍，实现了我国 CIMS 研究和开发的基本框架，建立了研究环境和工程环境，包括国家 CIMS 实验工程研究中心和 7 个单元技术开放实验室：集成化产品设计自动化实验室、集成化工艺设计自动化实验室、柔性制造工程实验室、集成化管理与决策信息系统实验室、集成化质量控制实验室、CIMS 计算机网络与数据库系统实验室和 CIMS 系统理论方法实验室。在完成了一大批课题研究工作的基础上，陆续选定了一批 CIMS 典型应用工厂作为利用 CIMS 推动企业技术改造的示范点,其中包括成都飞机工业公司、沈阳鼓风机厂、济南第一机床厂、上海二纺机股份有限公司、北京第一机床厂、郑州纺织机械厂、东风汽车公司、广东华宝空调器厂、中国服装研究设计中心(集团)等。从我国一批实施 CIMS 试点的企业来看,CIMS 的应用促进了企业管理机制的变革,提高了企业的管理水平和人员素质,使企业的经济效益均有了不同程度的提高。经济效益的提高主要表现在企业生产效率大幅度提高;库存和流动资金大幅度降低;企业对市场的应变能力大大增强;销售额大幅增长。

2.2.2 并行工程

1) 并行工程的定义和内涵

并行工程(concurrent engineering,CE)是一种加速新产品开发过程的制造系统模式,是 20 世纪 90 年代制造业在竞争中赢得生存和发展的重要手段。

传统的串行产品在开发过程中,信息是单向、串行的流动,设计、制造过程中缺乏必要和及时的信息反馈。在设计早期不能全面考虑下游的可制造性、可装配性等多种因素,以致经常需要对设计进行更改,构成从概念设计到设计修改的大循环,而且可能在不同环节多次重复同一过程,造成设计改动量大,产品开发周期长、成本高,难以满足日益激烈的市场竞争需求。串行方式已经严重影响企业的发展,并行工程正是在此情况下而提出的。

并行工程是目前制造工程领域中一个重要的研究方向,近年来得到各国工程界和学术界的高度重视,使研究工作得以迅速发展。对于并行工程,目前普遍接受美国国防分析研究所在 R-338 号研究报告中给出的定义:并行工程是对产品及其相关过程(包括制造过程和支持过程)进行并行、集成设计的一种系统化的工作模式,使开发者一开始就要考虑整个产品的生命周期中从概念形成到产品报废处理的所有要素,包括质量、成本、进度计划以及用户需求等。

并行工程的本质是分析和优化产品开发过程,在信息集成的基础上实现过程集成。对传统设计和生产方式、概念设计的开支很小,但它却是决定最终成本的最主要因素,而最后的生产阶段花费的成本最多,但对最终成本的动态影响却很小。这说明按照传统的设计和生产方式,即使在生产过程中做很大努力提高效率,但成本却很难下降。而并行工程对设计阶段高度重视,虽然花费较高成本,但提高了生产的一次成功率,生产过程中避免传统方式中常出现的反复修改和浪费,从而生产准备和制造时间大大缩短,生产成本显著下降。

并行设计是并行工程的哲理在产品设计开发活动中的具体体现。

2) 并行工程的特点与效益

(1) 并行工程的特点体现在:

① 强调合作精神和工作方式。为设计出便于加工、装配、使用、维修、回收的产品,必须将各个方面的专家甚至潜在的用户相集中,形成专门的工作小组。大家共同工作,随时对设计出的产品和零件从各个方面进行审查,定期组织讨论,畅所欲言,对设计可以"横加挑剔",帮助设计人员得出最佳化设计。

② 强调设计过程的并行性。并行性有两方面含义:其一是在设计过程中通过专家把关,同时考虑产品生命周期的各个方面;其二是在设计阶段的同时进行工艺(包括加工工艺、装配工艺和检验工艺)过程设计,并对工艺设计的结果进行计算机仿真,直至用原型法生产出产品的样件。

③ 强调设计过程的系统性。设计、制造、管理等过程不再是一个个相互孤立的单元,而

是将其纳入一个系统考虑。设计过程不仅得出图样和其他设计资料,还要考虑质量控制、成本核算、进度计划等。

④ 强调设计过程的快速"短"反馈。并行工程强调对设计结果及时进行审查,并及时反馈给设计人员,可以大大缩短设计时间,还可以保证将错误消灭在"萌芽"状态。

(2) 实施并行工程,可以取得如下效益:

① 缩短产品投放市场的时间。并行工程技术的主要特点是可以大大缩短产品的开发和生产准备时间,使两者部分相重合。

② 降低成本。并行工程可在 3 个方面降低成本:首先,可以将错误限制在设计阶段;其次,并行工程不同于传统"反复试制样机"的做法,而靠软件仿真和快速样件生成实现"一次达到目的",省去昂贵的样机试制;再次,由于在设计时即考虑加工、装配、检验、维修等因素,产品在上市前的成本将会降低,上市后的运行费用也会降低。

③ 提高质量。采用并行工程技术,尽可能将所有质量问题消灭在设计阶段,使所设计的产品便于制造,易于维护。

④ 保证功能的实用性。在设计过程中,有销售人员参加,有时甚至还包括用户,如此才能保证去除冗余功能,降低设备的复杂性,提高产品的可靠性和实用性。

⑤ 增强市场竞争能力。并行工程可以较快推出适销对路的产品,能够降低生产制造成本,保证产品质量,提高企业的生产柔性,使企业的市场竞争能力得到加强。

3) 并行工程的关键技术

(1) CAX 和 DFX 技术。CAX 技术是 CAD、CAPP、CAM、CAE 等技术的简称,即计算机辅助进行产品开发的技术。DFX 技术是面向装配设计(design for assembly,DFA)、面向制造设计(design for manufacturing,DFM)、面向检验设计(design for testing,DFT)、面向质量设计(design for quality,DFQ)等技术的简称,即面向某种特定目标的产品开发技术。这两大技术是实现并行工程的最基本手段。

(2) CE 过程建模、仿真与优化技术。由于 CE 的本质在于过程集成,是一种制造系统的重构策略,因此,实施 CE 的第一步必须构造具有比以往更加优化的产品开发过程。借助计算机建模、仿真与优化技术,可以对现有或目标过程进行分析和优化,从而得到符合需要的优化过程。由于并行过程是否合理直接关系到并行工程实施的效果,因此,CE 过程建模、仿真和优化技术一直是并行工程的重要研究内容。

(3) CE 过程管理技术。并行工程过程管理的目的是对并行产品开发过程进行监控和调度,协调产品开发者之间的工作,使设计过程协调、有序地进行。这一关键技术包括 4 个方面的内容:① 产品开发小组如何协同高效地工作,即组织管理问题;② 如何协调和监控复杂的并行工作的流程,即工作流的管理问题;③ 如何合理优化地安排调度、开发资源进行并行工作,即资源的管理问题;④ 如何检测和仲裁设计中产生的冲突,即约束和冲突的管理问题。

(4) 产品数据管理(product data management,PDM)技术。并行设计强调多功能产品开发队伍之间的协作以及分布式计算机环境下产品数据的统一管理和共享,在信息集成的基础上实现功能和过程的集成。其设计方法与传统的串行设计方法在人员组织、设计支持环境、设计工具使用、设计过程制定及其达到的设计结果等方面均有很大不同。

因此,并行设计对企业中产品的信息定义、描述、管理与传递,提出更具挑战性的要求:

① 异构数据管理问题。由于并行产品设计所涉及的知识构成更加复杂。各个领域专家借助不同的工具参与设计,从而产生了大量的异构数据,如各种模型、图样、文件、图像等。

② 分布数据的组织和管理问题。由于参与设计的专家可能分属不同的部门甚至是不同的地域,设计活动具有明显的分布性,因此,信息的组织方式、分布方式和存储方式必须适应分布式的设计工作需要。

③ 设计工作的协同问题。并行工程强调产品开发过程中的多功能设计队伍的协同工作,要求在优化产品设计过程的基础上实现信息方便、灵活、及时、准确地传递。

④ 并行的设计工作对信息的一致性、完整性和安全性提出了更高的要求。

PDM 技术是对企业分布系统中的产品信息、应用系统、过程以及各种媒体进行集成和管理的使能技术,可以使所有参与创建、交流、维护设计意图的人在整个信息生命周期中自由共享和传递与产品相关的各种异构数据,做到 4 个"正确",即把正确的信息在正确的时刻以正确的方式传送给正确的人。

因此,PDM 技术是实现并行工程的重要支撑技术:

① PDM 为并行工程的产品开发团队提供一个信息集成的工作环境,支持用户在产品生命周期的任何阶段访问最新产品的信息,并保证所有数据的完整性和安全性。

② PDM 能够对分布的产品数据进行管理,使在异地工作的小组成员也可以并行地进行工作。

③ PDM 通过对产品数据的版本、权限等管理,保证并行设计中不会出现重复设计和不一致现象,从而提高设计的一次成功率。

④ PDM 通过过程管理功能,可以实现对产品生命周期各阶段的重组、监控和协调,支持产品数据的版本管理、审批发放管理、修改管理,通过电子会议、过程监控和协调等功能,保证并行设计工作的协同进行。

综上所述,PDM 为并行设计提供了必需的支撑环境与集成框架。

2.2.3　精益生产

1) 精益生产方式的形成

精益生产是 20 世纪 50 年代由日本丰田汽车公司的两位工程师丰田英二和大野耐一创造的一种独特的生产方式。

20 世纪 50 年代初,当第二次世界大战刚刚结束,西方国家正在津津乐道于大量生产方式所带来的绩效和优势时,日本人却在迅速恢复被战争破坏的经济,悄悄地和不自觉地开始酝酿一场制造史上的革命。当时,日本丰田汽车公司副总裁大野耐一开始注意到,在制造过程中的浪费是生产率低下和增加成本的根结,他从美国的超市运转模式中受到启迪,形成了看板系统的构想,提出了"准时制生产"。丰田公司在 1953 年先通过一个车间看板系统的试验,不断加以改进,逐步进行推广,经过 10 年努力,发展成为准时制生产。并且在该公司早期发明的自动断丝检测装置的启示下,日本的小汽车、计算器、照相机、电视机等产品,以及各种机电产品,自然而然地占领了美国和西方市场,从而引起了以美国为首的西方发达国家的注意。

竞争的失利使美国人不得不反思自己在 20 世纪初福特时代以来长期所依赖的大量生

产方式,开始研究日本生产方式取得成功的秘诀。于是在 1985 年,美国麻省理工学院的技术、政策与工业发展中心成立了科研小组,开始了一项名为"国际汽车计划"的研究项目。对日本汽车公司的生产方式进行了详尽地研究,并与其本国的大量生产方式进行了比较,最后在 1990 年总结提出了"精益生产"方式,并出版了一本名为《改变世界的机器》的书,在全世界广泛传播,形成了精益生产方式探讨和研究的热潮。精益生产其实就是丰田生产方式,它总结出了日本推广应用丰田生产方式的精髓,将各类相关的生产归纳为精益生产方式。

美国和德国率先引进精益生产方式。精益生产方式同样也引起了我国管理界的浓厚兴趣,一些企业也尝试着在实践中应用精益生产的一些哲理和方法进行生产制造,取得初步成效。

也有一些国家,如瑞典这样的福利国家,他们认为精益生产有对工人不利的一面,即工人过度紧张,特别是年老的工人很难适应这种高强度的劳动,从而具有不人道的缺点。但人们也不得不承认,精益生产消灭一切浪费的哲理是值得各国借鉴的,而且按精益生产方式制造出来的日本产品,具有很强的市场竞争力。

2) 准时制生产与丰田生产系统

精益生产最大的特色之一,便是其生产计划与库存管理模式——准时制生产。

准时制的核心就是及时,在一个物流系统中,原材料无误地提供给加工单元,零部件准确无误地提供给装配线。这就是说所提供的零件必须是不多不少,不是次品而是合格品,不是别的而正是所需的,而且提供的时间不早也不晚。对于制造系统来说,这肯定是一种苛刻的要求,但这正是准时生产追求的目标。只是在需要的时候,按照所需要的量生产所需要的零件或产品,使得整个生产线上、整个车间和企业,很少看到库存的在制品和成品,从而大大减少流动资金的占用,减少库存场地和管理等费用,降低了成本。

显然,如果每个生产工序只考虑自己,不考虑下一道工序需要什么,什么时候需要和需要多少,那么一定会多生产或少生产,不是提前生产就是滞后生产,甚至生产出次品或废品,这种浪费必然降低生产的效率和效益,而准时制生产却可以消除这种浪费。其实在超市或餐饮行业,早已实行这种及时制造、及时供货的方式。饭店里总是顾客要什么菜才去做,绝对不会先做了一大堆菜让顾客去点,否则,吃不完的菜只好倒掉。丰田人正是将这种经营原则用到制造系统中来,从而创造出准时制生产方式。

众所周知,制造系统中的物流方向是从零件到组装再到总装。大野耐一主张从反方向来看物流,即从装配到组装再到零件。当后一道工序需要运行时,才到前一道工序去拿取正好所需要的那些坯件或零部件。同时下达下一段时间的需求量,这就是适时、适量、适度(指质量而言)的生产。对于整个系统的总装线来说,由市场需求来适时、适量、适度地控制,并给每个工序的前一道工序下达生产指标,现场上利用看板(一种透明塑料封装的卡片或是醒目的标志物)来协调各工序、各环节的生产进程。看板由计划部门送到生产部门,再传送到每道工序,一直传送到采购部门,看板成为指挥生产、控制生产的媒体。实施看板后,管理程序简化了,库存大大地减少,浪费现象也得到控制。

准时制生产中,使用最多的看板有两种:传送看板和生产看板。传送看板标明后一道工序向前一道工序拿取工件的种类和数量,而生产看板则标明前一道工序应生产的工件的种类和数量。

除了上述两种看板外,还有一些其他看板,如用于工厂和工厂之间的外协看板;用于标明生产批量的信号看板；用于零部件短缺场合的快捷看板；用于发现次品、机械故障等特殊突发事件的紧急看板等。

在准时制生产中，没有库存，只存在单个零件在流动，鉴于这种物流系统的特点，准时制生产又被形象地称为"一个流生产"。由于准时制生产作为精益生产最明显的特点易为人所体会，所以有人曾误认为精益生产就是准时制生产，这应当予以更正和澄清。

丰田生产系统实际上是由准时制生产和自动故障检报两大支柱组成，再辅以全面质量管理发展而成。我国以及西方各国，往往是将丰田生产系统与准时制生产等同起来，其实自动故障检报是丰田生产系统必不可少的组成部分，否则是无法减少库存，无法实施准时制生产的。

丰田生产方式在组织管理上的两个特点是：

（1）它是最大限度地将任务和责任分摊到生产线上产生附加价值的工人身上。

（2）它具有及时发现每道工序或每件产品任何故障的机制，并能迅速发现问题的根源，使其不再重复。

3）精益生产方式

精益生产方式实质上就是丰田生产方式，只是后者侧重于丰田汽车公司本身的生产方式，而前者是美国通过归纳各个日本公司推广应用丰田公司的经验，并与全世界各国汽车制造方式做了详细的比较、研究，提出的一种区别于福特式大量生产方式的新的生产模式。

Lean Production，其中 Lean 译为"精益"，是有其深刻含义的。"精"表示精良、精确、精美；"益"包含利益、效益等。它突出了这种生产方式的特点。精益生产方式与大量生产方式的最终目标是不同的。大量生产的奉行者给自己确定的目标是：可接受数量的次废品，可接受的最高库存量及相当狭窄范围的产品品种。精益生产的奉行者则将自己的目标确定为：尽善尽美，不断减少成本、零次废品率、零库存以及无终止的产品品种类型。

精益生产的详细定义为：

（1）精益生产的原则是团队作业、交流，有效地利用资源并消除一切浪费，不断改进及改善。

（2）精益生产与大量生产相比只需要其 1/2 劳动力，1/2 占地面积，1/2 投资，1/2 工时，1/2 新产品开发时间。

简言之，精益生产就是及时制造，消除故障和一切浪费，向零次废品和零库存进军。

2.2.4 敏捷制造

1）敏捷制造兴起和概念

敏捷制造是由美国通用汽车公司等和里海大学的雅柯卡研究所联合研究，于 1988 年首次提出来的。敏捷制造的目标是要建立能对用户的要求做出迅速反应，并及时满足用户需求的生产方式。1990 年向社会半公开以后，立即受到全世界各国的重视。并于 1992 年发表了《21 世纪制造企业的战略》的研究报告，系统地阐述了敏捷制造的哲理、基本特征以及如何实施的构想，成为各国广泛关注和研讨的热点。

自第二次世界大战以后，日本和西欧各国的经济遭受战争破坏，工业基础几乎被彻底摧毁，只有美国作为世界上唯一的工业国，经济独秀，向世界各地提供工业产品。所以美国的制造商们在 20 世纪 60 年代以前的策略是扩大生产规模。到了 20 世纪 70 年代，西欧发达国家和日本的制造业已基本恢复，不仅可以满足本国对工业的需求，而且可以依靠本国廉价的人力、物力，生产廉价的产品打入美国市场，致使美国的制造商们将策略重点由规模转向成本。到了 20 世纪 80 年代，联邦德国和日本已经可以生产高质量的工业品和高档的消费品，并源源不断地推向美国市场，与美国产品竞争。又一次迫使美国的制造商将制造策略的重心转向产品质量。进入 20 世纪 90 年代，当丰田生产方式在美国产生了明显的效益之后，美国人认识到只降低成本、提高产品质量还不能保证赢得竞争，还必须缩短产品开发周期，加速产品的更新换代。当时日本汽车更新换代的速度已经比美国快一倍以上，因此速度问题成为美国制造商们关注的重心。

20 世纪 70、80 年代，由于美国的制造业被列为"夕阳产业"而不再予以重视，不少公众刊物不断宣传上述论点，美国产业部门一个接一个地"放弃产品制造"产生了一系列的消极影响，这成为造成美国经济严重衰退的重要因素之一。在这种形势下，他们进行了深刻的反思，开始深入研究经济衰退的原因，得出一个基本结论："一个国家要生活得好，必须生产得好"，必须唤起人们对制造业的重视，立即采取行动夺回美国制造业在世界的领先地位。于是，敏捷制造这种新型模式成了美国 21 世纪制造企业的战略。

敏捷制造将成为 21 世纪信息时代制造企业主导的生产方式，已成为各国学者的共识，也引起了我国科技界和企业界的高度重视。近几年来，我国高技术 863 计划 CIMS 主题中敏捷制造一直被作为资助研究的重点领域，一些企业也开始运用敏捷制造的经营哲理进行尝试。如何考虑我国制造企业的现状开展敏捷制造的研究与实践，是企业十分关心的重要问题。

敏捷制造提出如下设想，要提高企业迅速响应市场变化和满足用户的能力，除了必须充分利用企业内部的资源外，还必须而且更重要的是利用整个社会中其他公司企业的资源。具体来说，当企业得知用户对某一个产品或服务需求时，便迅速通过全国或全球信息网络，从本公司和其他公司选出各种优势力量，形成一个临时的经营实体，即虚拟公司，来共同完成这一个产品或项目。而一旦所承接的产品或项目完成，虚拟公司即自行解体，各个公司又会不断地转入到其他项目中去，只有这样才能不断抓住机会，赢得市场竞争，获得长期经济利益。

按照我国学者的见解，对一个公司而言，敏捷制造意味着在连续且不可预测顾客需求变化的竞争环境下，营利动作的能力；对公司中个人而言，敏捷制造意味着在公司重组其人力或技术资源，以响应不可预测的顾客需求变化的环境下，给公司做出贡献的能力。故敏捷企业就是能完整地响应市场挑战的企业。它是具备在快速变化的全球市场上，以高质量、高性能、用户满意的产品和服务的营利能力。

美国机械工程师学会（American Society of Mechanical Engineers，ASME）主办的《机械工程》杂志 1994 年期刊中，对敏捷制造做了如下定义：敏捷制造就是指制造系统在满足低成本和高质量的同时，对变幻莫测的市场需求的快速反应。

敏捷制造的企业，其敏捷能力表现在如下 4 个方面：

（1）反应能力，判断和预见市场变化并对其快速地做出反应的能力。

（2）竞争力，企业获得一定生产力、效率和有效参与竞争所需的技能。

（3）柔性，以同样的设备与人员生产不同产品或实现不同目标的能力。

（4）快速，以最短的时间执行任务（如产品开发、制造、供货等）的能力。

这种敏捷性应当同时体现在不同的层次上：① 企业策略上的敏捷性，企业针对竞争规则及手段的变化、新的竞争对手的出现、国家政策法规的变化、社会形态的变化等做出快速反应的能力;② 企业日常运行的敏捷性,企业对影响其日常运行的各种变化,如用户对产品规格、配置及售后服务要求的变化,用户定货量和供货时间的变化,原料供货出现问题,设备出现故障等做出快速反应的能力。

2)敏捷制造中的管理

(1)新的管理思想。传统模式下的管理思想是"技术第一""设备至上""人是机器的附属",劳动分工将员工分为劳心者(thinkers)和劳力者(doers)。管理者对下级、对员工是以控制为主,成为利益冲突的对立面。工人被剥夺了"思考"的权利,只被允许做简单、繁重的劳动,工人没有工作热情,对企业没有归属感,没有主人翁精神。

敏捷制造模式的管理思想认为所有员工,不分劳心者和劳力者,都应受到尊重,员工是在职责范围内而非在控制下完成工作;认为没有员工的灵活性和创造性,就不会有快速反应,没有员工的工作热情,就不会有不断革新。

(2)重视组织柔性。敏捷制造模式的运行有赖于制造组织的不断创新,使组织具备柔性。只有采用网络结构的组织形式才能满足这一要求。网络结构组织既能通过改变内部结构来适应外界环境的不同要求,也能为其内部成员的自我完善提供发展空间与支持条件。网络组织结构虽与科层组织结构不同,但并非是对科层组织结构的绝对否定,而是在高层次上的扬弃。即在大幅度缩减层次,以多中心取代一个中心,削弱控制功能而增加交互通信功能等。

网络结构组织的整体效能将取决于 3 个基本要素,即组织单元质量、联结方式和结构形式。网络结构组织中的组织单元应是由若干"技术多面手"组成的工作团队(team)。联结方式将组织单元集成为整体,其衡量指标有联结的手段(怎样联结)、联结的强弱(状态如何)和联结效率(效果如何)等。结构形式则体现了组织单元之间如何相互联结和相互作用,使网络结构组织发挥了整体效能。就网络组织对市场环境而言,是"以变化对变化"的组织观念,即不一定非要统一的组织形式,只要由可以快速重组的工作单元构成扁平化的组织结构,以自治的(充分授权的)、分布式的团队工作(team working)取代宝塔式的递阶层次即可。为了具有组织上的柔性,这些团队(项目组)可以采取多种形式,除了内部多功能形式外,还可邀请供应厂商和用户加盟,甚至可与其他公司合作等。没有一成不变的指导原则,但需保证提供必要的物质资源和组织资源。

(3)文化氛围。采用"工作团队"为核心的扁平化结构,必然会引发企业内部文化的深刻变革。团队中的成员是平等的,只要他们认为有必要,可以同任何人沟通。团队具有高度的自治权,团队成员的工作是自觉的、主动的。经理的职能也不再是监督,而充当"教练"的角色对小组成员加以指导。这种新型的"团队文化"提倡团队的荣誉感和对企业负责的主人翁精神;强调创造性与协调并重;重视人、关心人、注重人与人之间的相互信赖等。在这种文化氛围的熏陶下,员工在经济方面、社会方面和自我实现方面的需求都可不断地获得满足,从而充分调动了员工的积极性和创造性。

(4)组建虚拟公司。新产品投放市场的速度成为企业竞争中取得优势的关键。而在如此激烈的市场竞争环境下,任何企业都会感到势单力薄,因为已有的优势不可能面面俱到。同行企业间那种传统对立、你死我活、单纯的竞争对抗,只会造成两败俱伤,结果是谁都赚不到钱。因此,每一个企业只能力求在某些方面确立自己独特的优势,培育自身的核心技术和核心能力,同其他企业共同形成一股强有力的竞争优势,采用"双赢"战略一起去赚更多的钱。

这种由两个以上的企业成员组成、在有限的时间和范围内进行合作、相互信任、相互依存的临时性组织,称为虚拟公司,又称为动态联盟企业。

虚拟公司所依托的是通信网络与协议;电子数据互换(electronic data interchange,EDI)及产品数据交换(product data exchange,PDE)标准与软件;支持伙伴选择涉及虚拟公司中生产计划与控制的技术与软件;支持虚拟公司的产品/工艺建模与仿真软件;供应链的动态分析软件;支持产品开发的并行工程工具;智能式设计支持系统;支持产品开发的法律体系;虚拟公司的市场经销策略;评估与分配体系等。

简言之,虚拟公司是没有围墙、超越时空约束、靠信息传输手段联系并统一指挥的经营实体。它面对分布在不同地区甚至不同国度的产品进行设计、开发、制造、质量保障、分配、服务等,虚拟公司的管理方式将是完全新颖的,这种新型的管理方法和程序尚有待人们去不断探索和完善。

3) 敏捷制造的方法论

敏捷制造所体现的新概念、新思想、新理论和新方法等,是非常值得我们学习、研究和借鉴的,尽管国情不同,但其包含的哲理给了我们很好的启示。为此,这一战略一经公开,我国的学者立即开始了跟踪学习和研究,目的是取长补短、结合实际、为我所用。其基本的特征是客观性和辩证性。客观性是指它们不是凭空臆造的,而是来源于社会实践,由一定的社会技术条件支撑,并在实践中证明其有效性的一种工具、手段和活动方式;辩证性是指这些方法不是孤立、静止和凝固不变的,而应当随着经济的发展、科学和技术的进步,不断地改进并推陈出新。

(1) 拓扑化。拓扑学是数学中的一个分支,这里所谓的拓扑化就是不依赖时空距离,只保持交互联系关系的概念。也就是说,原来各成员之间地理和时差的影响被忽略了,剩下的就只是联系,这是敏捷制造中分布式集成和功能集成的基础。此外,现代科技、信息高速公路等为此提供了社会技术支撑,使这种关系得以实现。

(2) 瞬时化。瞬时化意味着一切制造活动都应快速化。分散与集成是快速的,信息是及时的,合作也是快速的,因为只能用快速去应付瞬息万变的市场环境。

(3) 并行化。并行工程可以改善产品开发的素质。其目标就是把串联的工作程序改变为并串联甚至并联的工作程序。并行化是对并行工程的开发应用,其最大的风险在于能否按客观过程的并串联特征实现新的有序化,否则会导致混乱,以致事倍功半。因此,必须很好地掌握产品开发及其整个生命周期的客观规律,重视开发过程建模、虚拟现实和网络化等并行工程的支撑技术的研究与开发,否则是无法实现并行工程化的。

(4) 简洁化。简洁化是指对程序、报告和管理决策、测试评价等进行简化,并能以易于应用的方式出现,简洁化是快速响应的前提。

(5) 多零化。多零化是为了缩短设计、开发、制造产品的周期,消除故障和损耗,保证一次成功而使效率和效益统一,从而争取市场机遇的一系列具体的措施。其中对准零点(zeroing in)的质量就是以零废品率为目标不断提高产品质量。

4) 我国企业在经营管理上的敏捷化改造

所谓经营管理上的敏捷化改造,是指企业为了适应敏捷制造生产方式,从企业经营管理的相关方面进行改革和调整。根据敏捷制造的思想,企业要想被其他企业选中而参与虚拟企业,最重要的一点就是必须拥有核心资源。可以说,我国制造业经过几十年的发展,已经积累了一些优势:有数量庞大、门类齐全的制造企业群;有一支培育形成的制造产业大军,包括企业管理人员、技术人员和技术工人;通过多年来在制造业开展计算机应用,有不同程度的制造系统信息加工与集成的基础。然而,企业在将来面向全社会敏捷制造这一生产方式时,需要在经营管理上进行"敏捷化改造",具体要研究解决的问题有如下几个方面。

(1) 我国企业如何围绕培养其核心能力进行组织结构调整。我国制造企业是在计划经济年代按苏联模式建立起来的,其组织结构的特点是"大而全、小而全",以生产为导向,组织结构普遍存在"两头(开发和销售)小、中间(生产)大"的"橄榄型"特点。企业这种传统的组织结构是不适应敏捷制造方式的。因为根据敏捷制造的思想,无论是作为虚拟公司中的"盟主"还是"盟员",企业要想参与其中,最重要的一点就是必须拥有企业所需要的关键资源和核心能力。因此,企业只有不断地精简其原来的业务领域,将主要精力放在核心业务上,而剔除形不成竞争优势的一般业务,才能参与敏捷制造,赢利竞争,并不断积累宝贵的信用资源。可以说,全球或地区范围内企业之间不断的合作与竞争、优胜劣汰的结果,将使得整个制造业的产业结构发生深刻的变化,企业的组织和业务也将不断地重组和进化。最终的结果将是不管是大公司还是小公司,企业中不能形成竞争优势的部门和业务将被剔除,而只保留下其核心能力的部门和业务。这样全球或地区范围内制造业的组织将越来越合理。因此,为了在今后全球化的敏捷制造大环境下取胜,企业必须围绕如何培养起核心能力而大力调整其组织结构。这是敏捷化改造要研究解决的首要问题。

(2) 影响敏捷制造中动态联盟形成与运作的有关产权关系。企业要参与敏捷制造,很重要的一点是必须有明确的产权关系。否则,由多家企业、部门和基层团队组成的复杂、临时的虚拟企业是无法形成和正常运作的。当前,我国企业正处于体制改革、建立现代企业制度、理顺产权关系等一系列的改革之中。这种改革背景下,研究影响企业实施敏捷制造的有关产权关系就显得十分重要。要指出的是,企业的产权关系是一个非常复杂的问题,至少要对最会影响敏捷制造中动态联盟的形成与运作的有关产权关系进行研究。

(3) 我国企业如何建立和积累其信用资源,以利于参与敏捷制造。敏捷制造企业之间合作的基础是企业的信用,然而,由于长期以来,我国企业是在计划经济模式下运作,企业不善于建立和积累自己的信用资源,而且这方面的意识很差。这一缺陷对我国企业参与全球敏捷制造是一个很大的障碍,必须加以充分研究。

(4) 我国企业如何逐步建立面向敏捷制造的人力资源管理措施。人是企业最宝贵的资源,敏捷制造对企业的员工素质、观念、文化和学习能力都提出更高的要求。因此,我国企业必须改变传统的方法,逐步建立面向敏捷制造和知识经济时代的人力资源管理制度。

(5) 企业如何逐步建立面向敏捷制造的成本会计计算方法和预算程序管理体系。在敏捷制造的哲理和经营方式下,企业现行的成本会计体系、企业对各部门绩效的主人方式以及企业的预算程序等常规管理体系都需要加以改革和调整。目前世界上出现的基于活动的成本计算方法值得我们借鉴和研究。

2.2.5 大规模个性化定制

大规模定制的生产模式始于20世纪80年代末。当时,在激烈的市场竞争压力下,企业开始寻求优于大量生产的新模式。其实,在大规模定制生产模式的早期阶段,信息技术即已开始应用于大量生产制造中。利用信息技术和先进的智能技术,企业可以向客户提供定制的产品,从而可以更大程度地满足客户需求。因此,客户需求的变化是客户化概念提出的驱动力,而信息技术和智能技术则是客户化实施的使能器。与手工生产模式下的某一种单件生产不同,大规模定制强调以大量生产的低成本化,对同一产品族中的多个品种进行生产。

大规模定制是一种能够产生竞争优势的生产策略,它以大量生产的成本,实现了不同类型产品的客户化定制生产。产品品种的增多,可以刺激市场需求。

"多品种"和"大量生产的成本",该生产模式使得以较低的价格获得不同的产品成为可能。在低成本、多品种的条件下,企业可以根据客户的特定需求与偏好向市场提供定制化产品。如果产品在设计时已考虑了可选项和产品变型,则可以降低大规模定制生产的成本,而产品的结构设计则是降低产品成本的最重要阶段。产品结构及其设计一旦完成,降低其成本将变得十分困难。

对于大规模定制和个性化生产,产品族的界定与结构设计阶段决定了可供客户选择的选配数目,也对可实际个性化的产品数起决定作用。这个阶段同时还决定了产品在模块性、品种和成本这三者之间的最优平衡方案。

从生产制造和市场销售的角度来讲,大规模定制的两种业务模型之间存在明显的区别。对于第一种模型("推动式模型"),产品按照所有可选项的不同配置进行制造,然后发送到商场或代理商处销售。当然,未售出的产品将导致一定的损失。

对于更为高级的第二种模型,所有的可选配置均要进行设计,但只有客户订单中要求的产品可选配置才需进行制造。从产品设计层面上讲,它仍是一个推动式商业模型。从生产制造的层面上讲,它是一个拉动式商业模型,即按订单进行制造。因此,从设计与制造的双重意义上来看,第二种模型属于"推拉式模型"。可配置产品推动市场销售向前迈出了非常重要的一步。但是,这个阶段的可选配置包也只是一个包而已,客户仅能享有三四种可选配置方案和不同的选择。然而,为了防止对市场营销、分销和生产等环节产生重大影响,不允许客户对不同可选配置包中的内容进行混装,该做法将加大制造商经营的复杂性并降低利润,它基本上无法得到大多数制造商的青睐。

随着时间的推移,及来自市场的竞争压力,要求制造商能够提供更小、专用性更强的可选配置包。由于产品设计与制造系统的进步,可供客户选择的上述单一配置项越来越多,且其安装方法变得更为简单。部分可选配置项的选择十分简单,现已成为"分销商选配"。分销商选配是指可以在最终装配的完成阶段采用的配置项,汽车分销商在销售地点为单个客户完成的简单定制活动。实际上,这种交货地点定制就是个性化产品的最简形式。

2.3　制造系统的发展分析

2.3.1　未来制造系统的性能与特点

1) 未来制造系统的性能

经济全球化和信息技术的发展,加上面对大制造业、产品生命周期全过程和学科跨度加大,所有这些都需要从系统集成的高度来优化制造系统,即从信息、控制与动力学系统的角度研究多目标的、复杂的、非线性的制造系统。探讨以系统、混沌、分形方法和经典控制论、制造信息理论等为基础的现代制造系统理论和方法。其特点是从物料流、信息流、资金流、劳务流、能量流等多个角度,面对产品生命周期全过程和这一全过程中不可避免的各种无序现象,观测、控制这一全过程,优化利用有限的制造资源,如期完成制造目标。

随着社会、经济、管理和技术等各方面的发展,根据制造业内外环境的变化,未来制造系统具有以下性能:① 是一个全球级的制造系统,能快速有效地推出具有世界水平的产品,并能提供给世界各地;② 是一个柔性的制造系统,具有多功能性,能够及时改变产品的品种和规格,在经济上有无可非议性,又能满足产品的个性要求,以适应多种经营的需求;③ 是一个高可靠性的制造系统,具有质量保证体系和可维护性,能保证在产品全生命周期内使用户感到满意;④ 是一个高生产率的集成制造系统,能够应付社会老化和出生率下降所引起的劳动力不足,是一个高度自动化的系统;⑤ 是一个自组织的制造系统,将人工智能应用于制造过程的各个环节,取代或延伸制造环境中专家的部分脑力劳动,能够学习专家的经验和知识,具有自动监测、自动控制、自动调节、支持管理决策的能力;⑥ 是一个清洁生产的制造系统,不会对环境造成污染,而且使材料能够再利用。

毫无疑问,未来制造系统是一个多学科高技术密集型的大制造系统。"多学科"是指新制造系统覆盖了众多学科,包括机械学、制造学、光学、电气、电子学、计算机、信息、控制、检测、系统论、人机学、仿生学、材料学、环境工程等技术学科,还有管理、财经、社会、艺术、法律等人文社科学科,以及数学、物理、化学、力学等基础学科。"高技术"是指新制造系统综合了计算机技术、微电子技术、自动控制技术、传感技术、机电一体化技术、网络通信技术、生物技术、纳米技术等学科。学科交叉是推动先进制造系统发展的决定性因素。

总之,未来制造系统将在多学科理论指导下建立的。制造学科的学科跨度将空前加大。

2) 未来制造系统的特点

(1) 所有的工程技术均与生产管理相结合。许多制造系统都是技术与管理一体化的系统,提高制造系统的生产率,需要从注重设备自动化转向注重整个生产过程(包括运输、库存)的科学管理。

(2) 从企业利益驱动转向用户利益和社会利益驱动。从以追求企业利润转向以用户满意程度为"动力",甚至以用户的个性化、参与式需求为目标。

(3) 从基于劳动与资本的管理转向基于信息和知识的管理。具有创新能力的经营管理者和善于创新科技或创新集成,并以最快的速度满足市场需求的企业家和工程师将成为企业竞争力的决定因素。未来的企业家和工程师必须善于利用和创造性地集成全球的信息资源、知识资源、人才资源和制造能力,而不只局限于企业内部。更多地注重发展中、小企业间的动态联盟。利用网络合作,使分散的、具有优势项目的中小企业组成大规模的生产联盟,达到短周期、快响应、大规模和低成本生产的目的。

(4) 从以技术为中心转向以人为中心。更加注意发挥人的核心作用和创新能力。采用人机一体的技术路线,将人作为系统结构中的有机组成部分,使人与机器处于优化合作的地位,实现制造系统中人与机器一体化的人机集成的决策机制,以取得制造系统的最佳效益。建设以人为本的制造文化,摒弃见物不见人、重物轻人、单纯追求利润的管理思想,而追求个人与企业和社会的共同发展。当知识逐渐替代资本成为企业最重要的战略资源时,人力资源也就成为企业重要的投资方向，掌握知识的人就成为最关键的战略资源。因此，以人为本，全方位地尊重人、关爱人、发展人、提高人，成为当代制造文化的首要理念。

（5）使制造系统成为自学习、自适应、自组织、自维护的智能系统。先进制造系统（AMS）和计算机科学与技术的前沿研究相结合，已成为新一代智能计算机发展的动力和应用对象。AMS 的研究为智能计算机的研究提出新问题，提供新方法、新理论，促进了计算机科学的发展。

（6）大力发展车间级的生产管理和控制系统。这些系统是整个制造系统的"基石"，脱离了它，整个制造系统就成为"空中楼阁"。此外，车间生产控制系统也可以独立工作，成为并行工程中的一个"自治体"，因此可以更好地在网上发挥其创新功能。

（7）所有制造系统都充分地考虑到生态化。关注对资源的有效利用，资源的回收、再生，还考虑到资源的更新。制造过程不得污染环境，环境保护是建立企业的先决条件。AMS 必须是绿色制造系统。

2.3.2　未来制造模式的特点

虽然制造系统千差万别，但从企业目标、管理模式、运行机制、关键技术及生产过程来看，又有许多共同点，有的还互相交叉，方法共用。这些共同点就构成了未来制造模式的主要特点。

（1）在规范化的市场机制、企业遵守信用和法律约束的基础上，按照共同利益、优势互补结成动态企业联盟和供应链，共担风险、共创效益，敏捷地响应市场需求。

（2）建设基于因特网和局域网的分布信息网络。

（3）实施产品生命周期的并行工程。重视人力资源的优化使用，健全合作机制和授权的相对自主团队的建立。

（4）有效的知识开发、知识管理、知识传递、知识利用和知识物化体制和机制。

（5）柔性、可重构的企业组织、过程和物理系统的集成及其创新管理和整体优化。

（6）建立顾客满意评价标准，实施全企业全面面向顾客，而不只是供销部门和顾客打交道。要在售前成本和售后成本之和为最小的基础上界定质量指标，建立全面质量保证体制。

（7）实施快速制造与车间柔性自动化。对于加工装备以数控机床和加工中心为主的企业，首先要采用成组技术、CAD/CAM 和精益生产等行之有效的技术与模式。

（8）全面实施绿色制造。

2.3.3　未来制造技术发展的特点

下面从工艺与装备技术和制造自动化技术两方面来看制造技术发展的主要特点。

1）工艺与装备技术发展的特点

（1）精密与超精密加工技术迅速发展。精密和超精密加工是未来加工技术发展的一个重要方向。20 世纪初，超精密加工的误差是 10 μm，七八十年代为 0.01 μm，目前可达到 0.001 μm，即 1 nm。超精密加工在不断提高其极限精度的同时，其应用范围也将从加工单件、小批的工具、量具等扩展到大量生产和高科技产品生产。

（2）常规加工方法的不断改进。由于常规工艺至今仍是量大面广、经济适用的技术，因此对其进行优化有很大的技术经济意义。在保持原有工艺原理不变的前提下，通过改善工艺条件、优化工艺参数来实现优质、高效、低耗、清洁等目标。例如，高速、超高速的切削和磨削,涂层刀具、卧式车床的数控改造等。无切削液加工和塑性加工在加工中的比重将加大。开发清洁生产工艺,不是努力去净化已经污染的环境,而是要使加工过程中产生的废物减量化、资源化、无害化,以便达到末端排污最小的目的。

（3）非常规加工方法的产生与发展。由于产品更新换代的要求,常规工艺在某些方面（场合）已不能满足要求,同时高新技术的发展及其产业化的要求,使非常规（新型）加工方法的发展成为必然。新能源（或能源载体）的引入、新型材料的应用、产品特殊功能的要求等都促进了新型加工方法的形成与发展。

（4）机械加工工艺和机床向可重构发展。可重构的柔性、精密、数字化、智能化制造装备,包括机床化机器人、机器人化机床和虚拟轴机床等的开发和应用。敏捷化工装和夹具,智能化刀具和量具的开发和应用。可重构制造技术是数控技术、机器人技术、物料传送技术、检测技术、计算机技术、网络技术和管理技术等的综合。由加工中心、物料传送系统和计算机控制系统等硬件组成的可重构制造有可能成为未来制造业的主要生产手段。

2）制造自动化技术发展的基本特点

（1）继续推广新型单元技术。单元系统是可进行小批量零件自动化加工生产的机械加工系统。它是自动化工厂车间作业计划的分解决策层和具体执行机构。国内外制造行业在单元系统的理论和技术研究方面投入了大量的人力物力,因此单元技术无论是软件还是硬件均有迅速的发展。

自动化单元技术包括 CAD、CAM、数字控制、计算机数字控制、加工中心、自动导向车、机器人、坐标测量机、快速成型制造、人机交互编程、制造资源计划、管理信息系统、产品数据管理、基于网络的制造技术、质量功能配置、面向产品性能的设计技术,以及它们适度的信息集成。这些单元自动化技术,使传统过程和装备发生质的变化,实现无图样的快速设计与制造,目的是提高劳动生产率、提高产品质量、缩短设计与制造周期,提高企业的竞争力。

（2）数控技术是实现信息化制造的基础。工业发达国家都把开发数控技术、普及数控装备作为实施制造业现代化的战略举措。各种制造装备都在朝数控化方向发展,数控技术将向着以微机为平台、开放式构造、智能化、功能软件化、快速计算硬件化、硬软件模块化和操作简便化方向发展。

（3）工艺设计由经验走向定量分析。应用计算机技术和模拟技术来确定工艺规范,优化工艺方案,预测加工过程中可能产生的缺陷及防止措施,控制和保证加工件的质量,使工艺设计由经验判断走向定量分析,加工工艺由技艺发展为工程科学。

（4）信息技术、管理技术与制造工艺技术紧密结合。微电子、计算机、自动化技术与传统工艺及设备相结合,形成多项制造自动化单元技术,经局部或系统集成后,形成了从单元技术到复合技术,从刚性到柔性,从简单到复杂等不同档次的自动化制造技术系统,使传统工艺产生显著、本质的变化,极大地提高了生产效率及产品的质量。管理技术与制造工艺进行结合,要求在采用先进工艺方法的同时,不断调整组织结构和管理模式,探索新型生产组织方式,以提高先进工艺方法的使用效果,提高企业的竞争力。

（5）专业、学科间的界限逐渐淡化、消失。在制造技术内部,冷热加工之间,加工过程、检测过程、物流过程、装配过程以及设计、材料应用、加工制造之间,其界限均逐渐淡化,逐步走向一体化。

2.4 制造系统的发展趋势

2.4.1 制造系统的全球化和敏捷化

1) 全球化

近年来,国际化经营不仅成为大公司而且已是中小批量企业取得成功的重要因素。全球化制造业发展的动力来自两个因素的相互作用:① 国际和国内市场上的竞争越来越激烈。例如,在机械制造业中,国内外已有不少企业在这种无情的竞争中纷纷落败,有的倒闭,有的被兼并。不少暂时还在国内市场上占有份额的企业,不得不扩展新的市场。② 网络通信技术的快速发展推动了企业向着既竞争又合作的方向发展。这种发展进一步激化了国际市场的竞争。

制造全球化的内容非常广泛,主要包括:① 市场的国际化,产品销售的全球网络正在形成;② 产品设计和开发的国际合作;③ 产品制造的跨国化;④ 制造企业在世界范围内的重组与集成,如动态联盟公司;⑤ 制造资源的跨地区、跨国家的协调、共享和优化作用;⑥ 全球制造的体系结构将要形成。

今天,无论是产品设计、制造、装配,还是物料供应,都可以在全球范围内进行。例如,波音公司的 777 客机,是在美国进行概念设计,在日本进行部件设计,而零件设计则在新加坡完成。在相互联络的网络上,建立可 24 小时工作的协调设计队伍,大大加快了设计进度。又如,全球化的供应链,可以使产品总装工厂及时获得所需要的零部件,减少库存,降低成本,提高质量。

2) 敏捷化

当今世界制造业市场的激烈竞争在很大程度上是以时间为核心的市场竞争,不是"大"吃"小",而是"快"吃"慢",制造业不仅要满足用户对产品多样化的需求,而且要及时快捷地满足用户对产品时效性的需求,敏捷化已成为当今制造理念的核心之一。敏捷制造是制造业的一种新战略和新模式,当前全球范围内敏捷制造的研究十分活跃。敏捷制造是对全球级和企业级制造系统而言。制造环境和制造过程的敏捷性问题是敏捷制造的重要组成部分。敏捷化是制造环境和制造过程面向未来制造活动的必然趋势。

制造环境和制造过程的敏捷化包括的主要内容有:① 柔性,包括机器柔性、工艺柔性、运行柔性和扩展柔性等;② 重构能力,能实现快速重组重构,增强对新产品开发的快速响应能力;③ 快速化的集成制造工艺,如快速成型制造是一种 CAD/CAM 的集成工艺;④ 支持快速反应市场变化的信息技术,如供应链管理系统,促进企业供应链反应敏捷、运行高效,因为企业间的竞争将变成企业供应链间的竞争;又如客户关系管理系统,使企业为客户提供更好的服务,对客户的需求做出更快的响应。

2.4.2 制造系统的柔性化、集成化和智能化

1) 柔性化

柔性化是制造企业对市场多样化的需求和外界环境变化的快速动态响应能力,即是制造系统快速经济地生产出多样化新产品的能力。

柔性化涉及制造系统的所有层次。底层加工系统的柔性化问题,在 20 世纪 50 年代 NC

机床诞生后,出现从刚性自动化向柔性自动化的转变,而且发展极快。CNC 系统已发展到第六代,加工中心、柔性制造系统的发展也已比较成熟。CAD/CAPP/CAM 直至虚拟制造等技术的发展,为底层加工的上一级技术层次的柔性化问题找到了解决方法。经营过程重组(business process reengineering，BPR)、可重构制造系统(reconfigurable manufacturing system，RMS)等新技术和新模式的出现为实现制造系统的柔性化提供了条件。

柔性化还为大量定制(mass customization，MC)生产模式提供了基础。大量定制生产是根据每个用户的特殊需求以大量生产成本提供定制产品的一种生产模式。它实现了用户的个性化和大量生产的有机结合。大量定制生产模式有可能是下一次的制造革命,如同 20 世纪初的大量生产方式,将对制造业产生巨大变革。大量定制生产模式的关键是实现产品标准化和制造柔性化之间的平衡。

2) 集成化

先进制造系统向着集成化的深度和广度方向发展。目前已从企业内部的信息集成和功能集成发展到实现产品全生命周期的过程集成,并正在步入动态的企业集成。

(1) 实现集成的基本形式:

① 单元技术与单元技术的集成。它是指凭借可利用的各种单元技术(包括传统技术和高新技术),创造性地集成应用于产品、工艺和服务上,从而创造新产品、新市场。

② 设计技术与过程技术的集成。应用信息技术将先进设计技术与过程技术加以集成,即将制造业的"做什么"和"怎么做"两大本质问题加以集成,这是改变传统制造过程中的串联工作方式造成返工和周期冗长等问题的最佳解决办法。而信息技术、虚拟技术和快速成型技术为实施产品设计技术和工艺过程技术的集成创新创造了前所未有的理想工具。

③ 单元技术与系统技术的集成。机器人加工工作站及 FMS 使产品的加工、检测、物流、装配过程走向一体化;大型成套设备就是将众多的单机、配套产品,通过系统设计,集成为实现某一整体目标的大系统。例如,火力发电机组就是由锅炉、汽轮机、发电机、励磁机以及配套产品上的大量先进单元技术和测量、控制、整体优化等系统技术综合集成的产物。

④ 制造技术与制造模式的集成。AMS 是制造技术与制造模式集成的产物。近几年来,许多企业将技术与管理相集成,放弃了"大而全""小而全"的企业组织结构,集中发展自身最具竞争力的核心业务,重点抓好设计、总装试验及销售,非核心业务和零部件供应则充分利用社会优势资源,这也带来了生产和经营方式的改变。

(2) 促使技术资源的集成因素:① 为满足市场需求,企业必须快速响应那些具有很高期望和多种选择的顾客;② 快速响应环境要求在组织的各个层次上进行高效的通信,特别是与顾客、供应者和合作者的通信;③ 新技术的快速吸收要求整个企业具有快速的学习能力;④ 频繁的生产要素重构要求企业采用系统方法;⑤ 成功企业要求工人具有自我激励精神和在制造与经营过程中的主人翁意识。

(3) 企业之间的集成度问题。企业之间集成涵盖动态联盟企业和企业内上下游各个环节,集成后的企业要用动力学系统的观点和方法来建模和表述,充分发挥各部分的潜力以期达到整体的优化。企业之间集成是多维的,在企业集成空间中,集成点距原点愈远,则集成企业的复杂程度愈高,达到企业整体优化所需管理水平也愈高。所以企业集成度要和企业人员素质、管理水平、技术水平和效益状况相适应,集成度要适当,要效益驱动,逐步实施。

3）智能化

智能化是制造系统在柔性化和集成化基础上的延伸。近年来，制造系统正由原先的能量驱动型转变为信息驱动型，要求制造系统不但应具备柔性，而且还要表现出某种智能，以便应对大量复杂信息的处理、瞬息万变的市场需求和激烈竞争的复杂环境。现今信息化时代要走向未来智能化时代。因此，智能化是制造系统发展的前景。

由于日、美、欧都将智能制造视为 21 世纪的制造技术和尖端科学，并认为是国际制造业科技竞争的制高点，且有着重大利益，所以他们在该领域的科技协作频繁，参与研究计划的各国制造业力量庞大，大有主宰未来制造业的趋势。

智能制造将是 21 世纪制造业赖以行进的基本轨道。可以说智能制造系统（intelligent manufacturing system，IMS）是集自动化、集成化和智能化于一身，并具有不断向纵深发展的高技术含量和高技术水平的先进制造系统。尽管智能化制造道路还很漫长，但是必将成为未来制造业的主要制造系统之一，潜力极大，前景广阔。

2.4.3　制造系统、制造模式与制造技术的绿色化

1）绿色化是未来制造系统的生存战略

绿色是清洁和节约的意思。绿色化是指实现产品生命周期的绿色要求。绿色化制造主要包括绿色产品、生态化设计、清洁化生产和循环再制造等，具体表现在：① 绿色产品要符合国际质量标准和国际环保标准；② 生态化设计技术使产品在生命周期符合环保、人类健康、能耗低、资源利用率高的要求；③ 清洁化生产技术保证整个生产过程，对环境负面影响最小，废弃物和有害物质的排放最小，资源利用效率最高；④ 循环再制造要考虑产品的回收和循环再制造。

2）绿色化是未来制造模式的必备特征

绿色化制造是人类社会可持续发展战略在制造业中的体现。制造业量大面广，是当前消耗资源的主要产业，也是环境污染的主要源头。制造业产品从构思开始，到设计、制造、销售、使用与维修，直至回收、再制造等各阶段，都必须充分顾及环境保护与改善。不仅要保护与改善自然环境，还要保护与改善社会环境、生产环境以及生产者的身心健康。在此前提下，制造出价廉、物美、供货期短、售后服务好的产品。作为绿色制造，产品必须力求与用户的工作、生活环境相适应，给人以高尚的精神享受，体现物质文明与精神文明的高度交融。因此，发展与采用一项新技术时，必须树立科学发展观，使绿色制造模式成为制造业的基本模式。

3）绿色化是未来制造技术的发展方向

绿色制造技术主要包括生态化设计技术、清洁化生产技术和再制造技术。目前的清洁化生产技术有以下几个方面：① 精密成形制造技术；② 无切削液加工；③ 快速成型制造（rapid prototyping manufacturing，RPM）技术。这些技术不仅减少了原材料和能源的耗用量或缩短了开发周期、减少了成本，而且对环境起到保护作用。所以这些技术都可归于绿色制造技术。绿色制造的实现除了依靠过程创新外，还要依靠产品创新和管理创新等。

2.4.4　制造系统发展趋势的概括

本章在分析制造业内外环境变化的基础上，讨论了制造技术、制造模式与制造系统的发展趋势。目前全球级制造系统正沿着信息化的方向发展，各国国情不同，各个企业的生产经

营情况千差万别,其信息化的发展内容各有特色。就制造系统的发展而言,数字化是核心,电子化是焦点,全球化是道路,敏捷化是关键,智能化是前景,绿色化是方向。就制造模式的发展而言,智能化是关键,柔性化是基础,集成化是方法。就制造技术的发展而言,精密化是关键,极端化是焦点,高速化是方法,标准化是策略。这些方面相互联系和相互影响,形成一个动态变化的整体。

 **思考题**

（1）什么是计算机集成制造系统? 它由几个部分组成?
（2）试述精益生产的基本概念。
（3）试述敏捷制造的基本概念。
（4）简述制造系统的演变历史。
（5）试述制造系统的主要发展趋势。
（6）试述制造模式的主要发展趋势。

3

智能制造系统的概念与内涵

智能制造源于人工智能的研究,是自 20 世纪 80 年代以来由高度工业化国家首先提出的一种开发性技术。智能制造可以在受到限制的、没有经验知识的、不能预测的环境下,根据不完全的、不精确的信息来完成拟人的制造任务。

3.1 智能制造概述

制造业是国民经济的支柱产业,是工业化和现代化的主导力量,是衡量一个国家或地区综合经济实力和国际竞争力的重要标志,也是国家安全的保障。当前,新一轮科技革命与产业变革风起云涌,以信息技术与制造业加速融合为主要特征的智能制造成为全球制造业发展的主要趋势。中国机械工程学会组织编写的《中国机械工程技术路线图》提出了到 2030 年机械工程技术发展的五大趋势和八大技术,认为"智能制造是制造自动化、数字化、网络化发展的必然结果"。

智能制造的主线是智能生产,而智能工厂、车间又是智能生产的主要载体。随着新一代智能技术的应用,国内企业将要向自学习、自适应、自控制的新一代智能工厂进军。新一代智能技术和先进制造技术的融合,将使得生产线、车间、工厂发生革命性大变革,提升到历史性的新高度,将从根本上提高制造业质量、效率和企业竞争力。

3.1.1 智能制造的定义

智能制造(intelligent manufacturing,IM)简称智造,源于人工智能的研究成果,是一种由智能机器和人类专家共同组成的人机一体化智能系统。该系统在制造过程中可以进行诸如分析、推理、判断、构思和决策等智能活动,同时基于人与智能机器的合作,扩大、延伸并部分地取代人类专家在制造过程中的脑力劳动。智能制造更新了自动化制造的概念,使其向柔性化、智能化和高度集成化扩展。智能制造包括智能制造技术(intelligent manufacturing technology,IMT)与智能制造系统(intelligent manufacturing system,IMS)。

1) 智能制造技术

智能制造技术是指利用计算机模拟制造专家的分析、判断、推理、构思和决策等智能活动,并将这些智能活动与智能机器有机融合,使其贯穿应用于制造企业的各个子系统(如经营决策、采购、产品设计、生产计划、制造、装配、质量保证和市场销售等)的先进制造技术。

该技术能够实现整个制造企业经营运作的高度柔性化和集成化,取代或延伸制造环境中专家的部分脑力劳动,并对制造业专家的智能信息进行收集、存储、完善、共享、继承和发展,从而极大地提高生产效率。

2）智能制造系统

智能制造系统是由部分或全部具有一定自主性和合作性的智能制造单元组成的、在制造活动全过程中表现出相当智能行为的制造系统。其最主要的特征是在工作过程中对知识的获取、表达与使用。根据其知识来源,智能制造系统可分为两类:一是以专家系统为代表的非自主式制造系统,该类系统的知识由人类的制造知识总结归纳而来;二是建立在系统自学习、自进化与自组织基础上的自主式制造系统,该类系统可以在工作过程中不断自主学习、完善与进化自有的知识,因而具有强大的适应性以及高度开放的创新能力。随着以神经网络、遗传算法与遗传编程为代表的计算机智能技术的发展,智能制造系统正逐步从非自主式智能制造系统向具有自学习、自进化与自组织的具有持续发展能力的自主式智能制造系统过渡发展。

3.1.2 智能制造的发展

当今世界各国的制造业活动趋向于全球化,制造、经营活动、开发研究等都在向多国化发展,为了有效地进行国际信息交换及世界先进制造技术共享,各国的企业都希望以统一的方式来进行交换信息和数据,因此,必须开发出一个快速有效的信息交换工具,创建并促进一个全球化的公共标准来实现这一目标。

先进的计算机技术和制造技术向产品、工艺和系统的设计和管理人员提出了新的挑战,传统的设计和管理方法不能有效地解决现代制造系统中所出现的问题,这就促使我们通过集成传统制造技术、计算机技术与人工智能等技术,发展新型的制造技术与系统,这便是智能制造技术与智能制造系统。智能制造正是在这一背景下产生的。

近半个世纪来,随着产品性能的完善化及其结构的复杂化、精细化,以及功能的多样化,产品所包含的设计信息量和工艺信息量猛增,随之生产线和生产设备内部的信息流量增加,制造过程和管理工作的信息量也必然剧增,因而促使制造技术发展的热点与前沿转向了提高制造系统对于爆炸性增长的制造信息处理的能力、效率及规模上。目前,先进的制造设备离开了信息的输入就无法运转,柔性制造系统一旦被切断信息来源就会立即停止工作。专家认为,制造系统正在由原先的能量驱动型转变为信息驱动型,这就要求制造系统不但要具备柔性,而且还要表现出智能,否则是难以处理如此大量而复杂的信息工作量的。瞬息万变的市场需求和激烈竞争的复杂环境,也就要求制造系统表现出更高的灵活、敏捷和智能。因此,智能制造越来越受到高度的重视。

1992 年美国执行新技术政策,包括信息技术和新的制造工艺,智能制造技术自在其中,美国政府希望借助此举改造传统工业并启动新产业。

加拿大制定的 1994—1998 年发展战略计划,认为未来知识密集型产业是驱动全球经济和加拿大经济发展的基础,认为发展和应用智能系统至关重要,并将具体研究项目选择为智能计算机、人机界面、机械传感器、机器人控制、新装置、动态环境下系统集成。

日本 1989 年提出智能制造系统,且于 1994 年启动了先进制造国际合作研究项目,包括了公司集成和全球制造、制造知识体系、分布智能系统控制、快速产品实现的分布智能系统技术等。

欧洲联盟的信息技术相关研究有 ESPRIT 项目，该项目大力资助有市场潜力的信息技术。1994 年又启动了新的 R&D 项目，选择了 39 项核心技术，其中三项包括信息技术、分子生物学和先进制造技术中均突出了智能制造的位置。

我国在 20 世纪 80 年代末也将"智能模拟"列入国家科技发展规划的主要课题，已在专家系统、模式识别、机器人、汉语机器理解方面取得了一批成果。国家科技部也正式提出了"工业智能工程"，作为技术创新计划中创新能力建设的重要组成部分，智能制造将是该项工程中的重要内容。

由此可见，智能制造正在全世界范围内兴起，它是制造技术发展，特别是制造信息技术发展的必然，是自动化和集成技术向纵深发展的结果。

3.1.3 "工业 4.0"

工业革命是现代文明的起点，是人类生产方式的根本性变革。18 世纪末的第一次工业革命创造了机器工厂的"蒸汽时代"，20 世纪初的第二次工业革命将人类带入大量生产的"电气时代"，这两个时代的划分已经是大家公认的。20 世纪中期计算机的发明、可编程控制器的应用使机器不仅延伸了人的体力，而且延伸了人的脑力，开创了数字控制机器的新时代，使人机在空间和时间上可以分离，人不再是机器的附属品，而真正成为机器的主人。从制造业的角度，这是凭借电子和信息技术实现自动化的第三次工业革命。

进入 21 世纪，互联网、新能源、新材料和生物技术正在以极快的速度形成巨大产业能力和市场，将使整个工业生产体系提升到一个新的水平，推动一场新的工业革命，德国技术科学院（ACDTHCH）等机构联合提出"Industry 4.0"（工业 4.0）战略规划，旨在确保德国制造业的未来竞争力和引领世界工业发展潮流。按照 ACDTHCH 划分的四次工业革命的特征如图 3-1 所示。从图 3-1 中可见，工业 4.0 与前三次工业革命有本质区别，其核心是信息物理系统（cyber physical system，CPS）的深度融合。信息物理系统是指通过传感网紧密连接现实世界，将网络空间的高级计算能力有效运用于现实世界中，从而在生产制造过程中，

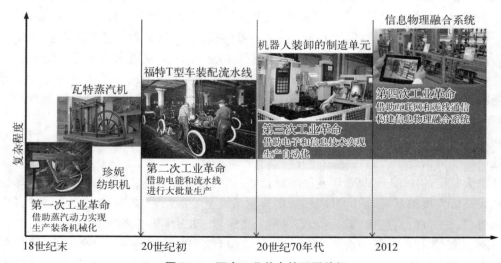

图 3-1　四次工业革命的不同特征

与设计、开发、生产有关的所有数据将通过传感器采集并进行分析,形成可自律操作的智能生产系统。

1)"工业 4.0"背景

随着经济、社会的发展进步,20 世纪 80 年代初起,世界发达国家开始了一股学术界称为"再工业化"的浪潮。在全球制造业竞争加剧的背景下,尽管德国因其强大的制造业传统而表现较好,但依然能感受到产业空心化和传统制造业向外转移的威胁。德国"工业 4.0"这一概念问世于 2011 年 4 月在德国举办的汉诺威工业博览会,成型于 2013 年 4 月德国"工业 4.0"工作组发表的名为《保障德国制造业的未来:关于实施"工业 4.0"战略的建议》的报告,进而于 2013 年 12 月 19 日由德国电气电子和信息技术协会细化为"工业 4.0"标准化路线图。目前,"工业 4.0"已经上升为德国的国家战略,成为德国面向 2020 年高科技战略的十大目标之一。

工业 4.0 最终用意是标准化,力图通过充分利用信息通信技术和网络物理系统等手段,推出革命性的生产方法,实现制造业向智能化转型,形成以智能制造为主导的第四次工业革命。目标是引领第四次工业革命,确保德国制造业的未来始终处于领先地位。德国是欧洲乃至全球制造业发达的经济体,也是全球第三、欧洲第一大商品出口国,其生产的汽车、化工、电子以及机械产品享有盛誉。即便是席卷欧盟的欧债危机对德国造成重大影响,以制成品出口拉动的德国经济依然能做到在欧洲"鹤立鸡群"。不过,在后危机时代德国也日益感受到一些隐忧,这些隐忧部分缘自外部挑战,部分归结于德国自身。其中,外部挑战可区分为短、中、长期,自身动因涉及德国制造业劳动力成本上升和竞争力下降的双重压力,以及制造业规模相对萎缩的现实,从而提出"工业 4.0"方案来加以应对。

2)"工业 4.0"内容

工业 4.0 究竟是什么? 工业 1.0 主要是机器制造、机械化生产;工业 2.0 是流水线、批量生产、标准化;工业 3.0 是高度自动化、无人化(少人化)生产;而工业 4.0 是网络化生产、虚实融合。关于工业 4.0:在一个"智能、网络化的世界"里,物联网和服务网将渗透到所有的关键领域。智能电网将能源供应领域、可持续移动通信战略领域(智能移动、智能物流),以及医疗智能健康领域融合。在整个制造领域中,信息化、自动化、数字化贯穿整个产品生命周期、端到端工程、横向集成(协调各部门间的关系),成为工业化第四阶段的引领者,也即"工业 4.0"。工业 4.0 想要打造的是整个产品生产链的实时监控,产品配套服务设施之间的合作。

工业 4.0 计划的核心内容可以用"一个网络、两大主题、三大集成"来概括。其中一个网络指的便是信息物理融合系统:工业 4.0 强调通过信息网络与物理生产系统的融合,即建设信息物理系统来改变当前的工业生产与服务模式。具体是指将信息物理系统技术一体化应用于制造业和物流行业,以及在工业生产过程中使用物联网和服务技术,实现虚拟网络世界与实体物理系统的融合,完成制造业在数据分析基础上的转型。通过"6C"技术:Connection(连接)、Cloud(云储存)、Cyber(虚拟网络)、Content(内容)、Community(社群)、Customization(定制化)将资源、信息、物体以及人员紧密联系在一起,从而创造物联网及相关服务,并将生产工厂转变为一个智能环境。

而两大主题则指的是智能工厂和智能生产:智能工厂由分散的、智能化生产设备组成,在实现了数据交互之后,这些设备能够形成高度智能化的有机体,实现网络化、分布式生产。智能生产将人机互动、智能物流管理、3D 打印与增材制造等先进技术应用于整个工业生产过程。智能工厂与智能生产过程使人、机器和资源如同在一个社交网络里一般自然地相互沟通协作;智能产品能理解它们被制造的细节以及将被如何使用,协助生产过程。最终通过智能工厂与智能移动,智能物流和智能系统网络相对接,构成工业 4.0 中的未来智能基础设施。

工业 4.0 计划的三大集成分别是横向集成、端到端集成、纵向集成。① 横向集成。工业 4.0 通过价值网络实现横向集成,将各种使用不同制造阶段和商业计划的信息技术系统集成在一起,既包括一个公司内部的材料、能源和信息,也包括不同公司间的配置。最终通过横向集成开发出公司间交互的价值链网络。② 端到端集成。贯穿整个价值链的端到端工程数字化集成,在所有终端实现数字化的前提下实现的基于价值链与不同公司之间的一种整合,将在最大限度上实现个性化定制。最终针对覆盖产品及其相联系的制造系统完整价值链,实现数字化端到端工程。③ 纵向集成。垂直集成和网络化制造系统,将处于不同层级(例如,执行器和传感器、控制、生产管理、制造和企业规划执行等不同层面)的 IT 系统进行集成。最终,在企业内部开发、实施和纵向集成灵活而又可重构的制造系统。

工业 4.0 计划优先在八个重点领域执行:建立标准化和开放标准的参考架构、实现复杂系统管理、为工业提供全面带宽的基础设施、建立安保措施、实现数字化工业时代工作的组织和设计、实现培训和持续的职业发展、建立规章制度、提高资源效率。其中的首要目标就是"标准化"。PLC 编程语言的国际标准 IEC 61131 - 3(PLCopen)主要是来自德国企业;通信领域普及的 CAN、Profibus 以及 EtherCAT 也全都诞生于德国。工业 4.0 工作组认为,推行工业 4.0 需要在 8 个关键领域采取行动。其中第一个领域就是"标准化和参考架构"。标准化工作主要围绕智能工厂生态链上各个环节制定合作机制,确定哪些信息可被用来交换。为此,工业 4.0 将制定一揽子共同标准,使合作机制成为可能,并通过一系列标准(如成本、可用性和资源消耗)对生产流程进行优化。以往,我们听到的大多是"产品的标准化",而德国工业 4.0 将推广"工厂的标准化",借助智能工厂的标准化将制造业生产模式推广到国际市场,以标准化提高技术创新和模式创新的市场化效率,继续保持德国工业的世界领先地位。

德国工业 4.0 的本质是基于"信息物理系统"实现"智能工厂"。工业 4.0 核心是动态配置的生产方式。工业 4.0 报告中描述的动态配置的生产方式主要是指从事作业的机器人(工作站)能够通过网络实时访问所有相关信息,并根据信息内容,自主切换生产方式以及更换生产材料,从而调整为最匹配模式的生产作业。

3.1.4 "工业互联网"

与德国强调的"硬"制造不同,软件和互联网经济发达的美国更侧重于在"软"服务方面推动新一轮工业革命,希望用互联网激活传统工业,保持制造业的长期竞争力。其中以美国通用电气公司为首的企业联盟倡导的"工业互联网",强调通过智能机器间的连接并最终将人机连接,结合软件和大数据分析,来重构全球工业。

"工业互联网"的概念最早由通用电气于 2012 年提出,随后美国 5 家行业龙头企业联手组建了工业互联网联盟(Industrial Internet Consortium,IIC),将这一概念大力推广开来。

除了通用电气这样的制造业巨头,加入该联盟的还有 IBM、思科、英特尔和 AT&T 等 IT 企业。工业互联网联盟致力于发展一个"通用蓝图",使各个厂商设备之间可以实现数据共享。该蓝图的标准不仅涉及 Internet 网络协议,还包括诸如 IT 系统中数据的存储容量、互联和非互联设备的功率大小、数据流量控制等指标。其目的在于通过制定通用标准,打破技术壁垒,利用互联网激活传统工业过程,更好地促进物理世界和数字世界的融合。

工业互联网的核心内容即是发挥数据采集、互联网、大数据、云计算的作用,节约工业生产成本,提升制造水平。工业互联网将为基于互联网的工业应用打造一个稳定可靠、安全、实时、高效的全球工业互联网络。通过工业互联网,将智能化的机器与机器连接互通起来,将智能化的机器与人类互通起来,更深层次的是可以做到智能化分析,从而能帮助人们和设备做出更智慧的决策,这就是工业互联网给客户带来的核心利益。

美国制造业复兴战略的核心内容是依托其在信息通信技术(information communication technology,ICT)、新材料等通用技术领域长期积累的技术优势,加快促进人工智能、数字打印、3D 打印、工业机器人等先进制造技术的突破和应用,推动全球工业生产体系向有利于美国技术和资源禀赋优势的个性化制造、自动化制造、智能制造方向转变。

"工业互联网"主要包括 3 种关键因素:智能机器、高级分析、工作人员。① 智能机器是现实世界中的机器、设备、设施和系统及网络通过先进的传感器、控制器和软件应用程序以崭新的方式连接起来形成的集成系统;② 高级分析是使用基于物理的分析性、预测算法、关键学科的深厚专业知识来理解机器和大型系统运作方式的一种方法;③ 建立各种工作场所的人员之间的实时连接,能够为更加智能的设计、操作、维护以及高质量的服务提供支持和安全保障。

3.1.5 "中国制造 2025"

"中国制造 2025"是中国版的"工业 4.0"规划,该规划经李克强总理签批,并由国务院于 2015 年 5 月 8 日公布,是我国实施制造强国战略的第一个十年的行动纲领。

建设制造强国,必须紧紧抓住当前难得的战略机遇,积极应对挑战,加强统筹规划,突出创新驱动,制定特殊政策,发挥制度优势,动员全社会力量奋力拼搏,更多依靠中国装备、依托中国品牌,实现中国制造向中国创造的转变,中国速度向中国质量的转变,中国产品向中国品牌的转变,完成中国制造由大变强的战略任务。

"中国制造 2025"指导思想是全面贯彻党的十八大和十八届二中、三中、四中全会精神,坚持走中国特色新型工业化道路,以促进制造业创新发展为主题,以提质增效为中心,以加快新一代信息技术与制造业深度融合为主线,以推进智能制造为主攻方向,以满足经济社会发展和国防建设对重大技术装备的需求为目标,强化工业基础能力,提高综合集成水平,完善多层次、多类型人才培养体系,促进产业转型升级,培育有中国特色的制造文化,实现制造业由大变强的历史跨越。

实现制造强国的战略目标,必须坚持问题导向,统筹规划,突出重点;必须凝聚行业共识,加快制造业转型升级,全面提高发展质量和核心竞争力。"中国制造 2025"的九大任务和"三步走"战略如图 3-2 所示,立足国情,立足现实,力争通过"三步走"战略实现制造强国的战略目标。

第一步:力争用十年时间,迈入制造强国行列。到 2020 年,基本实现工业化,制造业大

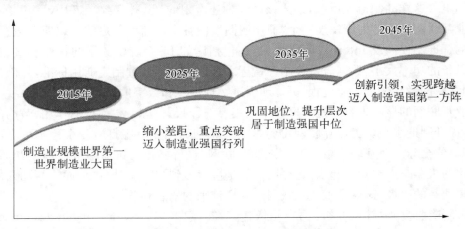

图 3－2 "中国制造 2025"三步走战略

国地位进一步巩固,制造业信息化水平大幅提升。掌握一批重点领域关键核心技术,优势领域竞争力进一步增强,产品质量有较大提高。制造业数字化、网络化、智能化取得明显进展。重点行业单位工业增加值能耗、物耗及污染物排放明显下降。

到 2025 年,制造业整体素质大幅提升,创新能力显著增强,全员劳动生产率明显提高,两化(工业化和信息化)融合迈上新台阶。重点行业单位工业增加值能耗、物耗及污染物排放达到世界先进水平。形成一批具有较强国际竞争力的跨国公司和产业集群,在全球产业分工和价值链中的地位明显提升。

第二步:到 2035 年,我国制造业整体达到世界制造强国阵营中等水平。创新能力大幅提升,重点领域发展取得重大突破,整体竞争力明显增强,优势行业形成全球创新引领能力,全面实现工业化。

第三步:新中国成立一百年时,制造业大国地位更加巩固,综合实力进入世界制造强国前列。制造业主要领域具有创新引领能力和明显竞争优势,建成全球领先的技术体系和产业体系。

中国制造 2025 的核心内容是加快推动新一代信息技术与制造技术融合发展,把智能制造作为两化深度融合的主攻方向,着力发展智能装备和智能产品,推进生产过程智能化,培育新型生产方式,全面提升企业研发、生产、管理和服务的智能化水平。具体如下:

(1)研究制定智能制造发展战略。

(2)加快发展智能制造装备和产品。

(3)推进制造过程智能化。

(4)深化互联网在制造领域的应用。

(5)加强互联网基础设施建设。

中国制造 2025 瞄准新一代信息技术、高端装备、新材料、生物医药等战略重点,引导社会各类资源集聚,推动优势和战略产业快速发展。特别是在以下产业加大扶持力度,力求与发达国家比肩。

(1)新一代信息技术产业。

(2)高档数控机床和机器人。

（3）航空航天装备。

（4）海洋工程装备及高技术船舶。

（5）先进轨道交通装备。

（6）节能与新能源汽车。

（7）电力装备。

（8）农机装备。

（9）新材料。

（10）生物医药及高性能医疗器械。

3.2 智能制造系统的定义

智能制造系统是指基于智能制造技术，综合运用人工智能技术、信息技术、自动化技术、制造技术、并行工程、生命科学、现代管理技术和系统工程理论方法，在国际标准化和互换性的基础上，使得制造系统中的经营决策、产品设计、生产规划、制造装配和质量保证等各个子系统分别实现智能化的网络集成的高度自动化制造系统，即智能制造系统。

智能制造系统是一个开放的信息系统，它采用耗散结构，如图3-3所示。

具体来说，智能制造系统就是要通过集成知识工程、制造软件系统、机器人视觉与机器人控制等来对制造技术的技能与专家知识进行模拟，使智能机器在没有人工干预的情况下进行生产。简单来说，智能制造系统就是把人的智力活动变为制造机器的智能活动。

图3-3 智能制造系统的构成

智能制造系统的物理基础是智能机器，它包括具有各种程序的智能加工机床、工具和材料传送、准备装置、检测和试验装置，以及安装装配装置等。智能系统的目的是通过设备柔性和计算机人工智能控制，自动地完成设计、加工、控制、管理过程，旨在解决适应高度变化环境的制造的有效性。

3.3 智能制造系统的典型特征

与传统的制造系统相比，智能制造系统具有如下特征。

1）自组织能力

自组织能力是指智能制造系统中的各种智能设备，能够按照工作任务的要求，自行集结成一种最合适的结构，并按照最优的方式运行。完成任务后，该结构随即自行解散，以备在下一个任务中集结成最新的结构。自组织能力是智能制造系统的一个重要的标志。

2）自律能力

即搜集与理解环境信息的信息，并进行分析判断和规划自身行为的能力。智能制造系统能根据周围环境和自身作业状况的信息进行监测和处理，并根据处理结果自行调整控制策略，以采用最佳行动方案。这种自律能力使整个制造系统具备抗干扰、自适应和容错的能力。

3）学习能力和自我维护能力

IMS 能以原有的专家知识为基础，在实践中不断进行学习，完善系统知识库，并删除库中有误的知识，使知识库趋向最优，同时，还能对系统故障进行自我诊断、排除和修复。这种特征使智能制造系统能够自我优化并适应各种复杂的环境。

4）人机一体化

IMS 不是单纯的"人工智能"系统，而是人机一体化智能系统，是一种混合智能。基于人工智能的智能机器只能进行机械式的推理、预测、判断，它只能具有逻辑思维，最多做到形象思维，完全做不到灵感思维，只有人类专家才真正同时具备以上 3 种思维能力。人机一体化一方面突出人在制造系统中的核心地位，同时在智能机器的配合下，更好地发挥人的潜能，使人机之间表现出一种平等共事、相互"理解"、相互协作的关系，使两者在不同的层次上各显其能，相辅相成。

因此，在智能制造系统中，高素质、高智能的人将发挥更好的作用，机器智能和人的智能将真正地集成在一起，相互配合，相得益彰。

3.4　智能制造系统的实现基础

3.4.1　制造系统自动化

1）制造自动化概述

自动化是美国于 1936 年提出的，通用汽车公司在再生产过程中，机械零部件在不同机器间转移时不用人工搬运就实现了自动化。这是早期制造自动化的概念。

制造自动化概念经历了一个动态的发展过程。人们对自动化的理解或者说对自动化功能的期待，只是以机械的动作代替人力操作，自动地完成特定动作。这实质是认为自动化就是用机械代替人的体力劳动。后来，随着电子和信息技术的发展，特别是随着计算机的出现和广泛应用，自动化的含义扩展为：用机器不仅代替人的体力劳动，而且还代替或辅助了人的脑力劳动，以自动地完成特定的工作。

自动化制造系统是指在较少的人工直接或间接干预下，将原材料加工成零件或将零件组装成产品，在加工过程中实现管理过程和工艺过程自动化。管理过程包括产品的优化设计；程序的编制及工艺的生成；设备的组织及协调；材料的计划与分配；环境的监控等。工艺过程包括工件的装卸、储存和输送；刀具的装配、调整、输送和更换；工件的切削加工、排屑、清洗和测量；切屑的输送、切削液的净化处理等。

2）制造系统自动化的目的和举措

制造系统自动化的目的主要如下：

（1）加大质量成本的投入，提高或保证产品的质量。

（2）提高对市场变化的响应速度和竞争能力，缩短产品上市时间。

（3）减少人的劳动强度和劳动量，改善劳动条件，减少人为因素对生产的影响。

（4）提高劳动效率。

（5）减少生产面积、人员，节省能源消耗，降低生产成本。

制造系统自动化的举措：制造系统自动化大多体现在与计算机技术和信息技术的结合

上，形成了计算机控制的制造系统，即计算机辅助制造系统。但系统规模、功能和结构要视具体需求而定，可以是一个联盟、一个工厂、一个车间、一个工段、一条生产线，甚至是一台设备。制造系统自动化可分为单一品种大批量生产自动化和多品种单件小批量生产自动化，由于两类生产的特点不同，所采用的自动化手段也各异。

（1）单一品种大批量生产自动化。单一产品大批量生产时，可采用自动机床、专用机床、专用流水线、自动生产线等措施来实现。早在 20 世纪 30 年代开始便在汽车制造业中逐渐发展，成为当时先进生产方式的主流，但其缺点是一旦产品变化，则不能适应，一些专用设备只能报废。而产品总是在不断更新换代的，生产者总希望能使生产设备有一定的柔性，能适应生产品种变化时的自动化要求。

（2）多品种单件小批量生产自动化。在机械制造业中，大部分企业都是多品种单件小批量生产，多年来，实现多品种单件小批生产的自动化是一个难题。

由于计算机技术、数控技术、工业机器人和信息化技术的发展，使得多品种单件小批生产自动化的举措十分丰富，主要如下：

（1）成组技术。可根据零件的相似性进行分类成组，编制成组工艺，设计成组夹具和成组生产线。

（2）数控技术和数控机床。现代数控机床已向多坐标、多工种、多面体加工和可重组等方向发展，数控系统也向开放式、分布式、适应控制、多级递阶控制、网络化和集成化等方向发展，因此数控加工不仅可用于单件小批生产自动化，也可用于单一产品大批量生产的自动化。

（3）制造单元。将设备按不同功能布局，形成各种自动化的制造单元，如装配、加工、传输、检测、储存、控制等，各种零件按其工艺过程在相应制造单元上加工生产。

（4）柔性制造系统。它是针对刚性自动生产线而提出的，全线由数控机床和加工中心组成，其无固定的加工顺序和节拍，能同时自动加工不同工件，具有高度的柔性，体现了生产线的柔性自动化。

（5）计算机集成制造系统。它由网络、数据库、计算机辅助设计、计算机辅助制造和管理信息系统组成，强调了功能集成、信息集成，是产品设计和加工的全盘自动化系统。

3）计算机辅助制造系统的概念

计算机辅助制造系统是一个计算机分级结构控制和管理制造过程中多方面工作的系统，是制造系统自动化的具体体现，是制造技术与信息技术相结合的产物。

图 3-4 是一个典型的计算机辅助制造系统的分级结构，具有工程分析与设计、生产管理与控制、财会与供销三大功能。该子系统功能全面、广泛，涉及面大。但不是所有的计算机辅助制造系统都要如此复杂。

4）制造单元和生产单元

现代制造业多采用制造单元的结构形式。各制造单元在结构和功能上有并行性、独立性和灵活性，通过信息流来协调各制造单元间协调工作的整体效益，从而改变了制造企业传统生产的线性结构。制造单元是制造系统的基础，制造系统是制造单元的集成，强调各单元独立运行、并行决策、综合功能、分布控制、快速响应和适应调整。制造单元的这种结构使生产具有柔性，易于解决多品种单件小批生产的自动化。

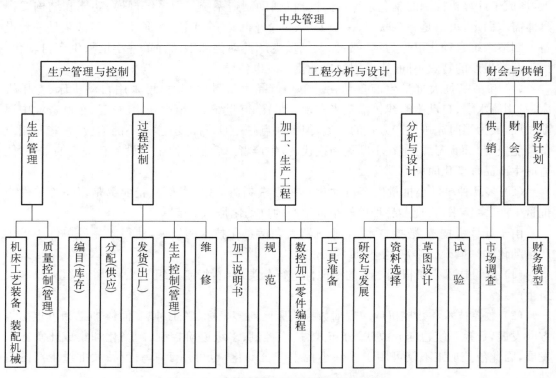

图 3-4　计算机辅助制造系统的分级结构

　　现代制造业的发展,对机械产品的生产提出了生产系统的概念,强调生产是一个系统工程,认为企业的功能应依次为销售→设计→工艺设计→加工→装配,把销售放在第一位,这对企业的经营是一个很大的变化,强调了商品经济意识。从功能结构上看,加工系统是生产系统的一部分,可以认为加工系统是一个生产单元,今后的生产单元是一个闭环自律式系统。

3.4.2　制造系统信息化

1) 信息化制造的定义

　　信息是指应用文字、数据或信号等形式通过一定的传递和处理,来表现各种相互联系的客观事物在运动变化中所具有的特征性内容的总称。

　　信息技术是人类开发和利用信息资源的所有手段的总和。信息技术既包括有关信息的产生、收集、表示、检测、处理和存储等方面的技术,也包括有关信息的传递、变换、显示、识别、提取、控制和利用等方面的技术。

　　信息化是指加工信息高科技发展及其产业化,提高信息技术在经济和社会各领域的推广应用水平并推动经济和社会发展前进的过程。信息化最初起源于1993年美国提出的"信息高速公路计划"。信息化的内容包括信息生产和信息应用两大方面。信息化的实施包括产品信息化、企业信息化、行业信息化、国民经济信息化和社会信息化5个层次。企业信息化是国民经济信息化的基础。实现工业化仍然是我国现代化进程中艰巨的历史任务,信息化是加快实现工业化和现代化的必然选择。我国企业信息化的战略是"以信息化带动工业化,以工业化促进信息化"。

信息化制造也称为制造业信息化,是企业信息化的主要内容。那么,什么是信息化制造呢?

信息化制造是指在制造企业的生产、经营、管理的各个关节和产品生命周期的全过程,应用先进的计算机、通信、互联网和软件信息技术和产品,并充分整合、广泛利用企业内外信息资源,提高企业生产、经营和管理水平,增强企业竞争力的过程。

通俗来说,信息化制造就是用 0 和 1 的数字编码来表示、处理和传输制造企业生产经营的一切信息。企业生产经营的信息,不仅能够用 0 和 1 这两个数字编码来表示和处理,而且能够以光的速度在光纤中传送,使企业生产经营的信息流实现数字化。信息化制造的目的是把信息变成知识,将知识变成决策,把决策变成利润,从而使制造业的生产经营能够快速响应市场需求,达到前所未有的高效益。

2)信息化制造的内容与任务

(1)信息化制造的内容可以分成 4 个方面:生产作业层的信息化、管理办公层的信息化、战略决策层的信息化、协作商务层的信息化。协作商务层是基于企业与外部联系而言;前三者则是基于企业内部而言;形成企业内部信息化的 3 个层次如图 3 - 5 所示。

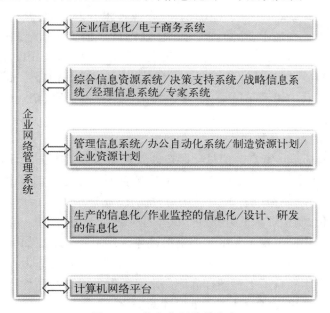

图 3 - 5　信息化制造的内容

① 生产作业层的信息化。其包括设计、研发的信息化,如计算机辅助设计/制造/工艺设计等;生产的信息化,如制造执行系统、柔性制造系统和快速成型制造等;作业监控的信息化,如计算机辅助测试/检验/质量控制等。

② 管理办公层的信息化。其包括根据企业量身定做的管理信息系统;通用程度很高的企业全面管理软件,如制造资源计划或企业资源计划;还包括办公自动化、工作流系统等。

③ 战略决策层的信息化。包括决策支持系统、战略信息系统、经理或主管信息系统、专家系统等。

这 3 个层次必须统一规划、统一设计、统一标准和统一接口,实现企业物料流、资金流和信息流的统一。

（2）信息化制造的任务。信息化制造是一项长期的、综合的系统工程。它的建设任务包括 3 个方面：

① 硬件方面。其包括因特网的连通，企业内部网和企业外联网的构建，科研、生产、营销、办公等各种应用软件系统的集成或开发，企业内外部信息资源的挖掘与综合利用，信息中心的组建以及信息技术开发与管理人才的培养。

② 软件方面。其包括相关的标准规范问题以及安全保密问题的研究与解决，信息系统的使用与操作以及数据的录入与更新的制度化，全体员工信息化意识的教育与信息化技能的培训，与信息化相适应的管理机制、经营模式和业务流程的调整或改革。

③ 应用系统方面。其具体内容包括网络平台、信息资源、应用软件建设三大部分。企业信息化在应用层应有的主要系统：技术信息系统、管理信息系统、办公自动化系统、企业网络系统及企业电子商务系统等。这些应用软件系统必须有相应的企业综合信息资源系统的支持，还要有相应的数据维护管理系统。所有系统要建立在计算机网络平台之上，并要配有网络资源管理系统和信息安全监控系统。

从企业经营学的角度看，企业产品的销售、企业技术开发能力、企业文化和企业抵御风险能力是企业经营中 4 个最主要的因素。发展 AMS 除了需要注意把握这 4 个因素外，还不要错过开展信息化这一历史机遇。当前涌现出大量的企业网站，利用网站发布企业信息、产品信息等，使这些信息可以快捷地传递到各个角落，达到宣传和销售产品的效果。已有一些企业在信息化初步实践中得到了好处，也开始尝试使用搜索引擎、企业邮箱、信息化模块化产品、客户关系管理系统等信息化技术。

3）信息化制造的特点与技术

（1）信息化制造的基本特点。信息化制造涉及制造系统的方方面面，从硬件到软件、从技术到管理、从企业到全社会的组织与个人、从局部资源到全球资源等。其显著特点：制造信息的数字化与无纸化；制造设备的柔性化与智能化；制造组织的全球化与敏捷化；制造过程的并行化与协同化；制造资源的分布性与共享性。

制造信息的数字化已显现了无纸化制造的迹象。这主要表现在如下 3 个方面。

① 产品设计数字化。传统制造业的工程图样式制造数据，被称为工程师的语言。计算机在产品设计中的应用导致了工程图样向产品定义数据发展。产品设计正经历着从人工绘图→计算机绘图→计算机支持设计到无纸设计的变化。

② 生产过程数控化。传统制造业的加工、成型、装配、测量等生产过程是由手工来控制的，计算机在制造过程中的应用实现了数字指令的控制，产生了"无纸"生产的变化。

③ 企业管理网络化。制造企业中的各种信息，通过网络在企业内传递，可以实现工作流与过程管理，进行审核会签批准等。一些企业现在已提倡"无纸化办公"。这种办公方式加速了信息流在企业内外的流动，也规范了管理。

总之，图样和纸质文件在未来的产品设计、生产过程和企业管理中将会逐渐隐退。

（2）信息化制造的主要技术是先进制造技术的核心。信息化制造技术主要由三部分组成：上游的计算机辅助设计/制造、制造仿真和虚拟制造；下游的计算机辅助数字控制加工、装配、检验；管理层面的计算机辅助管理和动态联盟企业的建立。

目前信息化制造需要解决的主要技术是敏捷制造理论和企业机制的研究。包括管理信息化和技术信息化的融合；基于工作流平台制造企业信息集成的实现。多企业间虚拟供应链管理技术研究。基于网络的现代设计理论及方法的研究。异地设计、异地制造分布式并行处理协同求解策略的研究。多企业虚拟信息资源库的建立及其管理系统。信息标准化研究。动态网络联盟的网管中心建立。包括基于动态联盟的驱动机制、资源重组及分配最佳决策系统的创新设计技术。产品开发的决策与评价体系的建立。包括产品开发过程中的决策、生产决策、产品设计/制造过程决策；由此产生的效益和风险评价；针对产品开发的不同阶段，对产品性能、可制造性、可装配性、可维护性、可回收性等方面进行评估的产品评价体系的建立。

信息化制造的核心是管理方式的完善和提高，信息技术是其实现的主要工具。但是企业不能因技术而技术，成为技术的奴隶，而是要将技术作为提升企业竞争力的手段，驾驭技术，成为技术的主人。

4）信息化制造的作用

制造业开展信息化有如下实际作用：

（1）有利于企业适应国际化竞争。我国加入WTO以后，企业更直接地面对国际竞争和挑战，在全球知识经济和信息化高速发展的今天，信息化是决定企业成败的关键因素，也是企业实现跨地区、跨行业、跨所有制，特别是跨国经营的重要前提。

（2）实现企业快速发展的前提条件。信息化可以实现企业自身的快速发展。虽然各个企业的规模、所处的行业生态环境和发展阶段目标不尽相同，但每个企业终究有存在的社会价值和自我价值。企业存在的目标就是追求利润最大化，它们都渴望自身快速发展。利用信息化得到行业信息、竞争对手信息、产品信息、技术信息、销售信息等，同时及时分析这些信息，做出积极的市场反应，达到企业迅速发展的效果。

（3）有助于实现传统经营方式的转变。传统的加工业离不开生产和销售，传统的零售业也离不开供、销、存。但是在信息化发展的今天，这些关键环节都可以借助信息化去实现，信息化也可以派生新的销售手段。国内越来越多的企业也逐步开展网上经营的方式，在传统经营的基础上开辟了一种企业营销新模式。

（4）可以节约营运成本。信息化使传统经营方式发生了转变，有利于加速资金流在企业内部和企业间的流动速度，实现资金的快速、重复、有效的利用。

（5）可以提高工作效率。信息化使企业内部管理结构更趋于扁平化。信息化使信息资源得到共享，给企业决策层与基层、各部门之间的迅速沟通创造了条件。上级管理者可随时跟踪、监控下级的工作状况，管理更加直接。信息化拉近管理层与各基层之间的和谐关系，有助于改变企业内部的低效体制，提高了工作效率。

（6）可以提高企业的顾客满意度。信息化缩短了企业的服务时间，并可及时地获取客户需求，实现按订单生产，促使企业全部生产经营活动的运营自动化、管理网络化和决策智能化。

3.4.3　智能化运行分析与决策

智能车间在运行分析与决策方面，主要体现在实现面向生产制造过程的监视和控制。其涉及现场设备按照不同功能，可分为：① 监视：包括可视化的数据采集与监控系统、人机接口、实时数据库服务器等，这些系统统称为监视系统；② 控制：包括各种可编程的控制设备，如可编程逻辑控制器（programmable logic controller，PLC）、分布式控制系统

(distributed control system，DCS)、工业计算机(industrial personal computer，IPC)、其他专用控制器等，这些设备统称为控制设备。

3.4.4 目标：提质增效

对于制造业而言，企业所期待车间的目标主要为提质增效，即提升质量，增加效率。在提升质量方面，一般关注于产品质量提高、产品检验设备能力提高、安全生产能力提高、生产设备能力提高和车间信息化建设提高；在增加效率方面，一般关注于生产管理能力提高、客户需求导向的及时交付能力提高、车间物流能力提高和车间能源管理能力提高。最终实现产品生产整体水平的提升。

而智能车间的引入，对生产、仓库的检验、入库、出库、调拨、移库移位、库存盘点等各个作业环节的数据进行自动化的无线数据采集、无线数据更新，保证仓库管理各个环节数据输入的快速性和准确性，确保企业及时准确地掌握库存的真实数据，合理保持和控制企业库存，对产品生产在提质增效这两方面均有体现。

3.5 智能制造系统体系结构与关键技术

3.5.1 智能制造系统的总体结构

智能制造体现了信息技术和工业技术的深度融合，是"中国制造 2025"的主攻方向。但对于智能制造这样一个复杂的系统而言，需要一个相对复杂的系统框架来概括和凝练其主要环节和核心技术。

智能制造系统架构通过生命周期、系统层级和智能功能三个维度构建完成，主要解决智能制造标准体系结构和框架的建模研究，如图 3-6 所示。

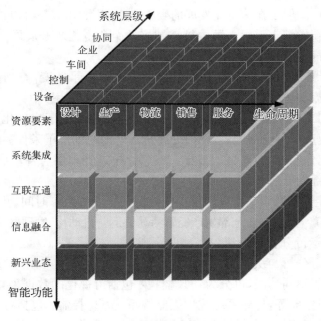

图 3-6 智能制造系统架构

（1）生命周期。生命周期是由设计、生产、物流、销售、服务等一系列相互联系的价值创造活动组成的链式集合。生命周期中各项活动相互关联、相互影响。不同行业的生命周期构成不尽相同。当传统的产品变成智能产品以后，它不仅体现在消费者使用时的智能性，也体现在生命周期中。例如，通过射频识别技术（radio frequency identification，RFID）技术记录产品从设计到服务整个过程的信息，通过网络自动跟踪每一件货物的去向等。

（2）系统层级。系统层级自下而上共五个层级，分别为设备层级、控制层级、车间层级、企业层级和协同层级。

① 设备层级包括传感器、仪器仪表、条码、射频识别、机器、机械和装置等，是企业进行生产活动的物质技术基础；

② 控制层级包括可编程逻辑控制器、数据采集与监视控制系统、分布式控制系统和现场总线控制系统等；

③ 车间层级实现面向工厂/车间的生产管理，包括制造执行系统等；

④ 企业层级实现面向企业的经营管理，包括企业资源计划、产品全生命周期管理（PLM）、供应链管理和客户关系管理等；

⑤ 协同层级由产业链上不同企业通过互联网络共享信息实现协同研发、智能生产、精准物流和智能服务等。

（3）智能功能。智能功能包括资源要素、系统集成、互联互通、信息融合和新兴业态等五层。

① 资源要素包括设计施工图纸、产品工艺文件、原材料、制造设备、生产车间和工厂等物理实体，也包括电力、燃气等能源。此外，人员也可视为资源的一个组成部分；

② 系统集成是指通过二维码、射频识别、软件等信息技术集成原材料、零部件、能源、设备等各种制造资源。由小到大实现从智能装备到智能生产单元、智能生产线、数字化车间、智能工厂，乃至智能制造系统的集成；

③ 互联互通是指通过有线、无线等通信技术，实现机器之间、机器与控制系统之间、企业之间的互联互通；

④ 信息融合是指在系统集成和通信的基础上，利用云计算、大数据等新一代信息技术，在保障信息安全的前提下，实现信息协同共享；

⑤ 新兴业态包括个性化定制、远程运维和工业云等服务型制造模式。

智能制造系统架构通过三个维度展示了智能制造的全貌。智能制造的产品生命周期与传统制造业是类似的，但是在设计等环节与传统制造业相比增加了企业间的协同合作，实现了水平集成；系统层级从设备到企业的四个环节与传统制造业企业也是类似的，只是每个环节的内涵和外延都有了相应的扩展。另外，协同是智能制造相对传统制造的一个新的特点；智能功能维度则是使产品和工厂更加数字化、网络化、智能化的一系列信息技术的集中体现。整个智能制造系统架构体现了工业化与信息化的深度融合。

3.5.2 智能制造系统的关键技术

理论上智能制造系统与人类的知识积累密切相关，归纳起来包括如下几个方面：

（1）知识库的建立。人类的发展过程是知识发展和积累的过程，几千年的发展有很多经验和教训，整理归纳后可建立较完整的知识库，从而使人们在生产中少走了许多弯路，使决策更加准确。

（2）代替人类工作的机器人的研究。加工业的发展过程是人类从繁重劳动中解脱出来的过程。许多环境恶劣的工作需要由机器来代替。

（3）能代替人类思考一些问题的智能系统。人类发展过程中，起先脑力劳动不为社会认可。当人类认识到知识的重要性时，许多历史的经验已被人们所忘却，致使许多的历史遗迹至今无法解释。计算机技术的发展，尤其是其强大的计算能力，完全可以代替人们进行分析、比较。

鉴于上述情况，我们认为智能制造系统的关键技术应包括如下内容：

（1）智能设计。工程设计中，概念设计和工艺设计是大量专家的创造性思维，需要分析、判断和决策。把大量的经验总结、分析，如果靠人们手工来进行，将需要很长的时间。把专家系统引入设计领域，将使人们从繁重的劳动中解脱出来。目前 CAD/CAPP/CAM 领域中应用专家系统已取得了一定进展，但仍未发挥出其全部能力。

（2）智能机器人。机器人技术虽然已经过许多年的发展，但仍然仅限于代替人们的劳动技能。一种是固定式机器人，可用于焊接、装配、喷漆、上下料，它其实就是一种机械手；另一种可以自由移动的机器人，但仍需人们的操作和控制。智能机器人应具备以下功能特性：① 视觉功能，机器人能借助其自身所带工业摄像机，像"人眼"一样观察；② 听觉功能，机器人的听觉功能实际上是话筒，能将人们发出的指令，变成计算机接受的电信号，从而控制机器人的动作；③ 触觉功能，就是机器人带有各种传感器；④ 语音功能，就是机器人可以和人们对话；分析判断功能（理解功能），机器人在接受指令后，可以通过对知识库中的资料进行分析、判断、推理，自动找出最佳的工作方案，做出正确的决策。

（3）智能诊断。除了计算机的自诊断功能（包括开机诊断和在线诊断）外，还可以进行故障分析、原因查找和故障的自动排除，保证系统在无人的状态下正常工作。

（4）自适应功能。制造系统在工作过程中，由于影响因素很多，如材料的材质、加工余量的不均匀、环境的变化等，都会对加工带来影响。由于目前人们仍是依靠经验来控制系统，所以加工时就不可能达到最佳状态，产品的质量就很难提高。要实现自适应功能，在线的自动检测和自动调整是关键技术。

（5）智能管理系统。加工过程仅是企业运行的一部分，产品的发展规划、市场调研分析、生产过程的平衡、材料的采购、产品的销售、售后服务，甚至整个产品的生命周期，都属于管理的范畴。需求趋向个性化、多样化，市场小批量、多品种占主导地位，因此，智能管理系统应具备对生产过程的自动调度，信息的收集、整理与反馈以及企业的各种情况的资料库等。

 思考题

（1）什么是智能制造？简述智能制造的发展过程。

（2）智能制造系统是如何定义的？其特征表现在哪些方面？

（3）什么是信息化制造？其基本内容是什么？

（4）简述智能制造系统的关键技术。

4

制造系统自动化

制造系统自动化是应用于制造行业的机电一体化产品,它的自动化水平代表了一个国家制造业的发达程度,它的普及应用会有效改善劳动条件,提高劳动生产率,提高产品质量,降低制造成本,提高劳动者素质,带动相关产业及技术发展,从而推动一个国家的制造业逐渐由劳动密集型产业向技术密集型产业发展。目前在我国乃至全球都非常重视制造自动化技术的发展。

4.1 制造系统自动化概述

制造系统自动化是指在较少的人工直接或间接干预下,将原材料加工成零件或将零件组装成产品,在加工过程中实现管理过程和工艺过程自动化。管理过程包括产品的优化设计;程序的编制及工艺的生成;设备的组织及协调;材料的计划与分配;环境的监控等。工艺过程包括工件的装卸、储存和输送;刀具的装配、调整、输送和更换;工件的切削加工、排屑、清洗和测量;切屑的输送、切削液的净化处理等。

4.2 自动化制造系统的常见类型

自动化制造系统包括刚性制造和柔性制造,"刚性"的含义是指该生产线只能生产某种或生产工艺相近的某类产品,表现为生产产品的单一性。刚性制造包括组合机床、专用机床、刚性自动化生产线等。"柔性"是指生产组织形式和生产产品及工艺的多样性和可变性,可具体表现为机床的柔性、产品的柔性、加工的柔性、批量的柔性等。

4.2.1 刚性自动线

刚性自动线(demand automation line,DAL)是由若干自动机床连成一体并配备自动化传送和搬运设备。线上的每台自动机床有材料自动传送机,无须人工操作,每台机器完成作业后,零件按固定顺序传给下台机器直至加工完毕。这类系统常用于生产产品的主要零部件。这类自动线属于固定自动化或刚性自动化,加工自动线专为生产某种零件或产品而设计,初始投资大,难以更改产品,只是在产量大且稳定时才应用它,这时单位产品成本较低。现今,技术发展快,产品生命周期缩短,这种刚性自动化的应用受到限制。

刚性自动线一般由刚性自动化加工设备、工件输送装置、切屑输送装置和控制系统以及刀具等组成。

1）自动化加工设备

组成刚性自动线的加工设备有组合机床和专用机床，它们是针对某一种或某一组零件的加工工艺而设计和制造的。刚性自动化设备一般采用多面、多轴和多刀同时加工，因此自动化程度和生产率均很高。在生产线的布置上，加工设备按工件的加工工艺顺序依次排列。

2）工件输送装置

刚性自动线中的工件输送装置以一定的生产节拍将工件从一个工位输送到下一个工位。工件输送装置包括工件装卸工位、自动上下料装置、中间储料装置、输送装置、随行卡具返回装置、升降装置和转位装置等。输送装置采用各种传送带，如步伐式、链条式或辊道式传送带等。

3）切屑输送装置

刚性自动线中常采用集中排屑方式，切屑输送装置有刮板式、螺旋式等。

4）控制系统

刚性自动线的控制系统对全线机床、工件输送装置、切屑输送装置进行集中控制，控制系统一般采用传统的电气控制方式（继电器-接触器），目前倾向于采用可编程逻辑控制器（PLC）。

5）刀具

加工机床上的切削刀具由人工安装、调整，实行定时强制换刀。如果出现刀具破损、折断，则进行应急换刀。

刚性自动线生产率高，但柔性较差，当被加工对象发生变化时，需要停机、停线并对机床、卡具、刀具等工装设备进行调整或更换，如更换主轴箱，通常调整工作量大，停产时间长。如果被加工件的形状、尺寸或精度变化很大，则需要对生产线进行重新设计和制造。

4.2.2 分布式数字控制

DNC 有两种英文表达，即 Direct Numerical Control 和 Distributed Numerical Control，前者译为"直接数字控制"，后者译为"分布式数字控制"。两种表达反映了 DNC 的不同发展阶段。DNC 始于 20 世纪 70 年代初期，DNC 的出现标志着数控加工由单机控制发展到集中控制。最早的 DNC 是用一台中央计算机集中控制多台（3～5 台）数控机床，机床的部分数控功能由中央计算机完成，组成 DNC 的数控机床只配置简单的机床控制器，用于数据传送、驱动和手工操作（见图 4-1，图中每种方案连接只画出一台机床），在这种控制模式下，机床不能独立工作，虽然能节省部分硬件，但现在的硬件价格很低，因此该方案已失去实用意义。

第二代 DNC 系统称为 DNC-BTR 系统，各机床的数控功能不变，DNC 的功能起着数控机床的纸带阅读机的功能，故称为读带机旁路控制（behind tape reader，BTR）。若 DNC 通信受到干扰，数控机床仍可用原读带机独立工作。

现代 DNC 系统称为 DNC-CNC 系统，它由中央计算机、CNC 控制器、通信端口和连接线路组成。现代 CNC 都具有双向串行接口和较大容量的存储器。通信端口在 CNC 一侧，通常是一台工控微机，也称 DNC 接口机。每台 CNC 都与一台 DNC 接口机相连（点对点式），通过串行口（如 RS232、20MA 电流环、RS422 和 RS449 等）进行通信，DNC 中央机与

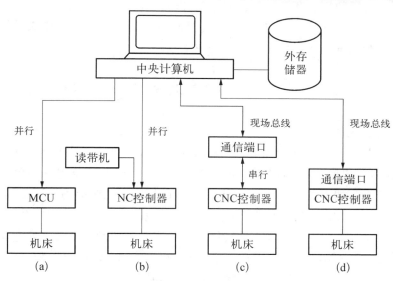

图 4 - 1　DNC 系统的组成方案

DNC 接口机通过现场总线如 Profibus、CAN bus、Bit bus 等进行通信,实现对 CNC(包括多制式 CNC)机床的分布式控制和管理。数控程序以程序块方式传送,与机床加工非同步进行。先进的 CNC 具有网络接口,DNC 中央计算机与 CNC 通过现场总线直接通信。DNC 中央计算机与上层计算机通过局域网(local area network,LAN)进行通信,如 MAP(manufacturing automation protocol)网、以太网等。DNC - CNC 系统的主要功能和任务如表 4 - 1 所示。

表 4 - 1　DNC - CNC 系统的主要功能和任务

功　能	任　务
系统控制	作业调度、数控程序分配、数控数据传送 机床负荷均衡、系统启动、系统停止
数据管理	作业计划数据管理、数控程序管理、程序参数管理 刀具数据管理、托盘零点偏移数据管理 生产统计数据管理、设备运行统计数据管理
系统监视	刀具磨损、破损检测和系统运行状态检测及故障报警

1) 系统控制

DNC 系统控制功能的主要任务是根据作业计划进行作业调度,将加工任务分配给各机床,要求在正确的时间,将正确的程序传送到正确的加工机床,即 3R(right time,right programmer,right position)。数控数据包括数控程序、数控程序参数、刀具数据、托盘零点偏移数据等。

2) 数据管理

DNC 系统管理的数据包括作业计划数据、数控数据、生产统计数据和设备运行统计数据等。数据管理包括数据的存储、修改、清除和打印。数控程序往往在机床上要通过仿真进行修改和完善,经过加工验证过的数控程序要存储,并回传 DNC 系统中央计算机。生产统计数据和设备运行数据需要在系统运行过程中生成。

3)系统监视

DNC 系统监视功能的主要任务是对刀具磨损、破损的检测和系统运行状态的检测及故障报警。

4.2.3　柔性加工单元

柔性加工(制造)单元(flexible manufacturing cell,FMC)是由单台数控机床/加工中心、工件自动输送及更换系统,刀具存储、输送及更换系统,设备控制器和单元控制器等组成。它是实现单工序加工的可变加工单元,单元内的机床在工艺能力上通常是相互补充的,可混流加工不同的零件。系统对外设有接口,可与其他单元组成柔性制造系统。

第 1 章的图 1-18 为一个以加工回转体零件为主的柔性制造单元。它包括 1 台数控车床,1 台加工中心,两台运输小车用于在工件 3 -装卸工位、1 -数控车床和 2 -加工中心之间的输送,4 -龙门式机械手用来为数控车床装卸工件和更换刀具,5 -机器人进行加工中心刀具库和 6 -机外刀库之间的刀具交换。控制系统由车 7 -床数控装置,8 -龙门式机械手控制器,9 -小车控制器,10 -加工中心控制器,11 -机器人控制器和 12 -单元控制器等组成。单元控制器负责对单元组成设备的控制、调度、信息交换和监视。

图 4-2 是加工棱体零件的柔性制造单元。单元主机是一台卧式加工中心,刀库容量为 70 把,采用双机械手换刀,配有 8 工位自动交换托盘库。托盘库为环形转盘,托盘库台面支承在圆柱环形导轨上,由内侧的环链拖动而回转,链轮由电机驱动。托盘的选择和定位由可编程控制器控制,托盘库具有正反向回转、随机选择及跳跃分度等功能。托盘的交换由设在环形台面中央的液压推拉机构实现。托盘库旁设有工件装卸工位,机床两侧设有自动排屑装置。

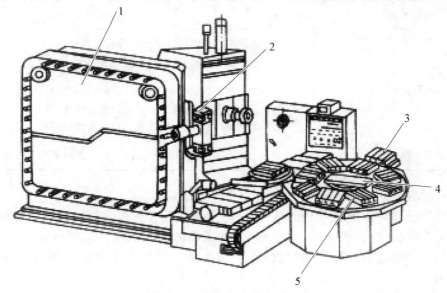

图 4-2　带托盘库的柔性制造单元

1—刀具库;2—换刀机械手;3—托盘库;4—装卸工位;5—托盘交换机构

4.2.4　柔性加工线

柔性加工线(flexible manufacturing line，FML)由自动化加工设备、工件输送系统和控制系统等组成。FML与柔性制造系统之间的界限也很模糊，两者的重要区别是前者像刚性自动线一样，具有一定的生产节拍，工作沿一定的方向顺序传送，后者则没有一定的生产节拍，工件的传送方向也是随机性质的。柔性制造线主要适用于品种变化不大的中批和大批量生产，线上的机床主要是多轴主轴箱的换箱式和转塔式加工中心。在工件变换以后，各机床的主轴箱可自动进行更换，同时调入对应的数控程序，生产节拍也会做相应调整。

柔性加工线的主要优点是：具有刚性自动线的绝大部分优点，当批量不是很大时，生产成本比刚性自动线低得多，当品种改变时，系统所需的调整时间又比刚性自动线少得多，但建立系统的总费用却比刚性自动线高得多。有时为了节省投资，提高系统的运行效率，柔性制造线常采用刚柔结合的形式，即生产线的一部分设备采用刚性专用设备(主要是组合机床)，另一部分采用换箱或换刀式柔性加工机床。

1) 自动化加工设备

组成FML的自动化加工设备有数控机床、可换主轴箱机床。可换主轴箱机床是介于加工中心和组合机床之间的一种中间机型。可换主轴箱机床周围有主轴箱库，根据加工工件的需要更换主轴箱。主轴箱通常是多轴的，可换主轴箱机床可对工件进行多面、多轴、多刀同时加工，是一种高效机床。

2) 工件输送系统

FML的工件输送系统和刚性自动线类似，采用各种传送带输送工件，工件的流向与加工顺序一致，依次通过各加工站。

3) 刀具

可换主轴箱上装有多把刀具，主轴箱本身起着刀具库的作用，刀具的安装、调整一般由人工进行，采用定时强制换刀。

图4-3为加工箱体零件的柔性自动线示意图，它由2台对面布置的数控铣床、4台两两对面布置的转塔式换箱机床和1台循环型换箱机床组成。采用辊道传送带输送工件。这条

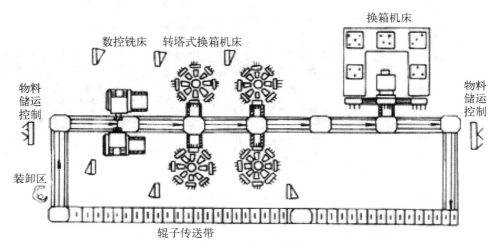

图4-3　柔性制造线

自动线看起来和刚性自动线没有什么区别,但它具有一定的柔性。

FML 同时具有刚性自动线和 FMS 的某些特征。在柔性上接近 FMS,在生产率上接近刚性自动线。

4.2.5 柔性装配线

柔性装配线(flexible assembly line, FAL)是由若干自动装配机器和自动材料装卸设备连成系统。材料或零部件自动传送给各台机器,每台机器完成装配工序后即送往下一台机器,直到产品装配完毕为止。适合手工装配的产品设计不一定能直接用于自动装配线,因为机器人不能完全重复手工操作,如人工可使用螺丝刀或用螺栓、螺母将两零件连接成一体等,柔性装配线上就需有新的连接方法,产品设计要适当修改与自动装配相适应。FAL 可降低产品成本,提高产品质量,初始投资不像自动生产线那么昂贵,因此,并不局限于产品很大的成本。

柔性装配线通常由装配站、物料输送装置和控制系统等组成。

1)装配站

FAL 中的装配站可以是可编程的装配机器人、不可编程的自动装配装置和人工装配工位。

2)物料输送装置

FAL 输入的是组成产品或部件的各种零件,输出的是产品或部件。根据装配工艺流程,物料输送装置将不同的零件和已装配成的半成品送到相应的装配站。输送装置由传送带和换向机构等组成。

3)控制系统

FAL 的控制系统对全装配线进行调度和监控,主要是控制物料的流向、自动装配站和装配机器人。

图 4-4 是柔性装配线示意图,投料工作站中有料库和取料机器人。料库有多层重叠放

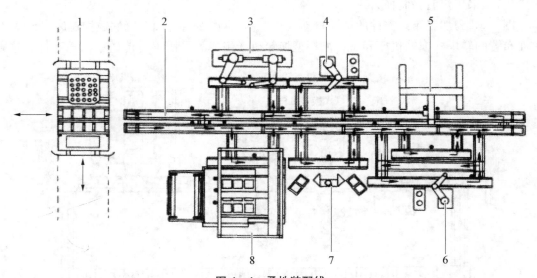

图 4-4 柔性装配线

1—无人驾驶输送装置;2—传送带;3—双臂机器人;4—装配机器人;
5—上螺栓机器人;6—自动装配站;7—人工装配工位;8—投料工作站

置的盒子,这些盒子可以抽出,也称为抽屉,待装配的零件存放在这些盒子中。取料机器人有各种不同的夹爪,它可以自动地将零件从盒子中取出,并摆放在一个托盘中。盛有零件的托盘由传送带自动地送往装配机器人或装配站。

4.2.6　柔性制造系统

柔性制造系统是指一组按次序排列的机器,由自动装卸及传送机器连接并经计算机系统集成一体,原材料和待加工零件在零件传输系统上装卸,零件在一台机器上加工完毕后传到下一台机器,每台机器接收操作指令,自动装卸所需工具,无须工人参与。FMS的初始投资很大,但单位成本低,产品质量高,柔性程度大。FMS具有如下市场竞争优势:在接收到订单后能及时和客户签单;可迅速扩大生产能力以满足用户高峰需求;具有快速引入新产品以满足需求的能力。这些能力均可归结到前述的产量柔性和产品柔性,而产品柔性往往更加重要,即生产系统可不用很大投入便能快速转向生产其他产品。随着产品和生产过程生命周期阶段的发展,生产系统会向高标准化产品、大量生产和生产线推进。这就存在一个问题,处于成熟期的产品需要花费高额投资达到大量的生产方式。一旦进入衰退期,原先高额投资建成的生产线由于柔性差,很可能会处于报废的困境。FMS为摆脱此困境开辟了新的途径,即设计的生产设备比较容易调整,一旦某种产品衰退,就转而生产其他产品。

"柔性"是指生产组织形式和自动化制造设备对加工任务的适应性。FMS在加工自动化的基础上实现物料流和信息流的自动化,主要由自动化加工设备、工件储运系统、刀具储运系统、辅助设备、多层计算机控制系统等组成。

1) 自动化加工设备

组成FMS的自动化加工设备有数控机床、加工中心、车削中心等,也可能是柔性制造单元。这些加工设备都是计算机控制的,加工零件的改变一般只需要改变数控程序,因而具有很高的柔性。自动化加工设备是自动化制造系统最基本也是最重要的设备。

2) 工件储运系统

FMS工件储运系统由工件库、工件运输设备和更换装置等组成。工件库包括自动化立体仓库和托盘(工件)缓冲站。工件运输设备包括各种传送带、运输小车、机器人或机械手等。工件更换装置包括各种机器人或机械手、托盘交换装置等。

3) 刀具储运系统

FMS的刀具储运系统由刀具库、刀具输送装置和交换机构等组成。刀具库有中央刀库和机床刀库。刀具输送装置有不同形式的运输小车、机器人或机械手。刀具交换装置通常是指机床上的换刀机构,如换刀机械手。

4) 辅助设备

FMS可以根据生产需要配置辅助设备。辅助设备一般包括:① 自动清洗工作站;② 自动去毛刺设备;③ 自动测量设备;④ 集中切屑运输系统;⑤ 集中冷却润滑系统等。

5) 多层计算机控制系统

FMS的控制系统采用三级控制,分别是单元控制级、工作站控制级、设备控制级。图4-5是一个具有柔性装配功能的柔性制造系统。

图4-5的右部是加工系统,有一台镗铣加工中心10,一台车削加工中心8,多坐标测量仪9,立体仓库7及装夹站14。图4-5的左部是一个柔性装配系统,其中有一个装载机器人

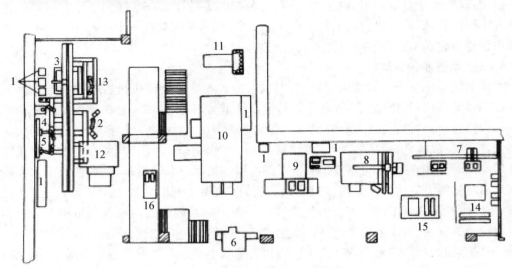

图4-5 具有柔性装配功能的柔性制造系统

1—控制柜;2—手工工位;3—紧固机器人;4—装配机器人;5—双臂机器人;6—清洗站;7—立体仓库;8—车削加工中心;9—多坐标测量仪;10—镗铣加工中心;11—刀具预调站;12—装卸机器人;13—小件装配机器人;14—装夹站;15—自动导向小车(AGV);16—控制区

12、三个装夹具机器人3、4、13,一个双臂机器人5,一个手工工位2和传送带。柔性加工和柔性装配两个系统由一个自动导向小车15作为运输系统连接。测量设备也集成在控制区16范围内。

4.3 自动化制造系统的构成单元与系统

4.3.1 自动化加工设备

1)组合机床

组合机床一般是针对某一种零件或某一组零件设计、制造的,常用于箱体、壳体和杂件类零件的平面、各种孔和孔面的加工,往往能在一台机床上对工件进行多刀、多轴、多面和多方位加工。

组合机床是一种以通用部件为基础的专用机床,组成组合机床的通用部件有床身、底座、立柱、动力箱、主轴箱、动力滑台等。绝大多数通用部件是按标准设计、制造的,主轴箱虽然不能做成完全通用的,但其组成零件(如主轴、中间轴和齿轮等)很多是通用的。

组合机床的下述特点对其组成自动化制造系统是非常重要的:

(1)工序集中,多刀同时切削加工,生产效率高。

(2)采用专用夹具和刀具(如复合刀具、导向套),加工质量稳定。

(3)常用液压、气动装置对工件定位、夹紧和松开,实现工件的装夹自动化。

(4)常用随行夹具,方便工件装卸和输送。

(5)更换主轴箱可适应同组零件的加工,有一定的柔性。

(6)采用可编程逻辑控制器控制,可与上层控制计算机通信。

（7）机床主要由通用部件组成，设计、制造周期短，系统的建造速度快。

2）数控机床

数控机床是由数字信号控制其动作的自动化机床，现代数控机床常采用计算机进行控制，即计算机数字控制机床（computerized numerical control machine，CNC）。数控机床是组成自动化制造系统的重要设备。

数控机床通常是指数控车床、数控铣床、数控镗铣床等，它们的下述特点对其组成自动化制造系统是非常重要的。

（1）柔性高。数控机床按照数控程序加工零件，当加工零件改变时，一般只需要更换数控程序和配备所需的刀具，不需要改换靠模、样板、钻镗模等专用工艺装备。数控机床可以很快地从加工一种零件转变为加工另一种零件，生产准备周期短，适合于多品种、小批量生产。

（2）自动化程度高。数控程序是数控机床加工零件所需的几何信息和工艺信息的集合。几何信息有走刀路径、插补参数、刀具长度半径补偿值；工艺信息有刀具、主轴转速、进给速度、切削液开/关等。在切削加工过程中，自动实现刀具和工件的相对运动，自动变换切削速度和进给速度，自动开/关切削液，数控车床自动转位换刀。操作者的任务是装卸工件、换刀、操作按键、监视加工过程等。

（3）加工精度高、质量稳定。CNC装有伺服系统，具有很高的控制精度。数控机床的进给伺服系统采用闭环或半闭环控制，对反向间隙和丝杠螺距误差以及刀具磨损进行补偿，因而数控机床能达到较高的加工精度。对中小型数控机床，定位精度普遍可达到0.03 mm，重复定位精度可达到0.01 mm。数控机床的传动系统和机床结构都具有很高的刚度和稳定性，制造精度也比普通机床高。当数控机床有3～5轴联动功能时，可加工各种复杂曲面，并能获得较高精度。由于按照数控程序自动加工，避免了人为的操作误差，因而同一批加工零件的尺寸一致性好，加工质量稳定。

（4）生产效率较高。零件加工时间由机动时间和辅助时间组成，数控机床加工的机动时间和辅助时间比普通机床明显减少。数控机床主轴转速范围和进给速度范围比普通机床大，主轴转速范围通常在10～6 000 r/min，高速切削加工时可达15 000 r/min，进给速度范围可达到10～12 m/min，高速切削加工进给速度甚至超过30 m/min，快速移动速度在30～60 m/min。主运动和进给运动一般为无级变速，每道工序都能选用最有利的切削用量，空行程时间明显减少。数控机床的主轴电动机和进给驱动电动机的驱动能力比同规格的普通机床大，机床的结构刚度高，有的数控机床能进行强力切削，有效地减少机动时间。

（5）具有刀具寿命管理功能。构成FMC和FMS的数控机床具有刀具寿命管理功能，可对每把刀的切削时间进行统计，当达到给定的刀具寿命时，自动换下磨损刀具，并换上备用刀具。

（6）具有通信功能。CNC一般都具有通信接口，可以实现上层计算机与CNC之间的通信，也可以实现几台CNC之间的数据通信，同时还可以直接对几台CNC进行控制。通信功能是实现DNC、FMC、FMS的必备条件。

3）车削中心

车削中心比数控车床工艺范围宽，工件一次安装，几乎能完成所有表面的加工，如内外圆表面、端面、沟槽、内外圆及端面上的螺旋槽、非回转轴心线上的轴向孔、径向孔等。

车削中心回转刀架上可安装如钻头、铣刀、铰刀、丝锥等回转刀具,它们由单独电动机驱动,也称自驱动刀具。在车削中心上用自驱动刀具对工件的加工分为两种情况,一种是主轴分度定位后固定,对工件进行钻、铣、攻螺纹等加工;另一种是主轴运动作为一个控制轴(C轴),C 轴运动和 x、z 轴运动合成为进给运动,即三坐标联动,铣刀在工件表面上铣削各种形状的沟槽、凸台、平面等。在很多情况下,工件无须专门安排一道工序,单独进行钻、铣加工,消除了二次安装引起的同轴度误差,缩短了加工周期。

车削中心回转刀架通常可装 12～16 把刀具,这对无人看管的柔性加工来说,刀架上的刀具数是不够的。因此,有的车削中心装备有刀具库,刀具库有筒形或链形,刀具更换和存储系统位于机床一侧,刀具库和刀架间的刀具交换由机械手或专门机构进行。

现代车削中心工艺范围宽,加工柔性高,人工介入少,加工精度、生产效率和机床利用率都很高。

4) 加工中心

加工中心通常是指镗铣加工中心,主要用于加工箱体及壳体类零件,工艺范围广。加工中心具有刀具库及自动换刀机构、回转工作台、交换工作台等,有的加工中心还具有可交换式主轴头或卧立式主轴。加工中心目前已成为一类广泛应用的自动化加工设备,它们可作为单机使用也可作为 FMC、FMS 中的单元加工设备。加工中心有立式和卧式两种基本形式,前者适合于平面形零件的单面加工,后者特别适合于大型箱体零件的多面加工。加工中心除了具有一般数控机床的特点外,它还具有其自身的特点。加工中心必须具有刀具库及刀具自动交换机构,其结构形式和布局是多种多样的。刀具库通常位于机床的侧面或顶部。刀具库远离工作主轴的优点是少受切屑液的污染,使操作者在调换库中刀具时免受伤害。FMC 和 FMS 中的加工中心通常需要大量刀具,除了满足不同零件的加工外,还需要后备刀具,以实现在加工过程中实时更换破损刀具和磨损刀具,因而要求刀具库的容量较大。换刀机械手有单臂机械手和双臂机械手。布置的双臂机械手应用最普遍。

加工中心刀具的存取方式有顺序方式和随机方式,刀具随机存取是最主要的方式。随机存取就是在任何时候可以取用刀具库中任意一把刀,选刀次序是任意的,可以多次选取同一把刀,从主轴卸下的刀被允许放在不同于先前所在的刀座上,CNC 可以记忆刀具所在的位置。采用顺序存取方式时,刀具严格按数控程序调用刀具的次序排列。程序开始时,刀具按照排列次序一个接着一个取用,用过的刀具仍放回原来的刀座上,以保持确定的顺序不变。正确地安放刀具是成功执行数控程序的基本条件。

加工中心的交换工作台和托盘交换装置配合使用,实现了工件的自动更换,从而缩短了消耗在更换工件上的辅助时间。

4.3.2　工件储运系统

1) 工件储运系统的组成

在自动化制造系统中,伴随制造过程进行着各种物料的流动,如工件或工件托盘、刀具、夹具、切屑、切削液等。工件储运系统是自动化制造系统的重要组成部分,它将工件毛坯或半成品及时准确地送到指定加工位置,并将加工好的成品送进仓库或装卸站。工件储运系统为自动化加工设备服务,使自动化制造系统得以正常运行,以发挥出系统的整体效益。

工件储运系统由存储设备、运输设备和辅助设备等组成。存储是指将工件毛坯、制品或成品在仓库中暂时保存起来,以便根据需要取出,投入制造过程,立体仓库是典型的自动化仓储设备。运输是指工件在制造过程中的流动,例如,工件在仓库或托盘站与工作站之间的输送,以及在各工作站之间的输送等。广泛应用的自动输送设备有传送带、运输小车、机器人及机械手等。辅助设备是指立体仓库与运输小车、小车与机床工作站之间的连接或工件托盘交换装置。图4-6是工件储运系统的组成设备及分类。

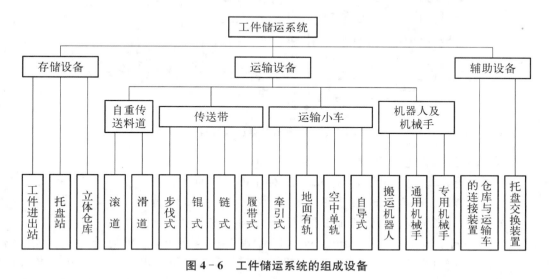

图4-6 工件储运系统的组成设备

2) 工件输送设备

(1) 传送带。传送带广泛用于自动化制造系统中工件或工件托盘的输送。传送带的形式有多种,如步伐式传送带、链式传送带、辊道式传送带、履带式传送带等。

(2) 托盘及托盘交换装置:

① 托盘。在FMS中广泛采用托盘及托盘交换装置,实现工件自动更换,缩短消耗在更换工件上的辅助时间。托盘是工件和夹具与输送设备和加工设备之间的接口。托盘有箱式、板式多种结构。箱式托盘不进入机床的工作空间,主要用于小型工件及回转体工件的储存和运输。板式托盘主要用于较大型非回转体工件,工件在托盘上通常是单件安装,大型托盘上可安装多个相同或不相同的工件。

② 托盘交换装置。托盘交换装置是加工中心与工件输送设备之间的连接装置,起着和接口的桥梁作用。托盘交换装置的常用形式是回转式和往复式,图4-7为往复式托盘交换装置。回转式托盘交换装置有两位和多位等形式。多位托盘交换装置可以存储多个相同或不同的工件,所以也称托盘库。

(3) 运输小车:

① 有轨小车(rail guide vehicle,RGV)。有轨小车是一种沿着铁轨行走的运输工具,有自驱和它驱两种驱动方式。自驱式有轨小车有电动机,通过车上小齿轮和安装在铁轨一侧的齿条啮合,利用交、直流伺服电动机驱动。它驱式有轨小车由外部链索牵引。

有轨小车的特点是:

a. 加速和移动速度都比较快,适合运送重型工件;

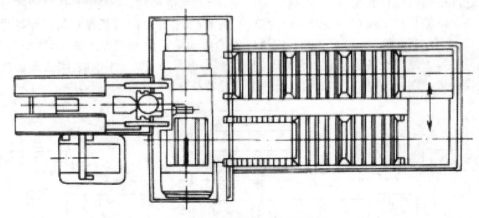

图 4-7　往复式托盘交换装置

　　b. 因导轨固定,行走平稳,停车位置比较准确;

　　c. 控制系统简单、可靠性好,制造成本低,便于推广应用;

　　d. 行走路线不易改变,转弯角度不能太小;

　　e. 噪声较大,影响操作工监听加工状况及保护自身安全。

　　② 自动导向小车(automatic guide vehicle,AGV)。AGV 自动导向小车是一种无人驾驶的以蓄电池供电的物料搬运设备,其行驶路线和停靠位置是可编程的。20 世纪 70 年代以来,电子技术和计算机技术推动了 AGV 技术的发展,如磁感应、红外线传感、激光定位、图形化编程、语音控制等。

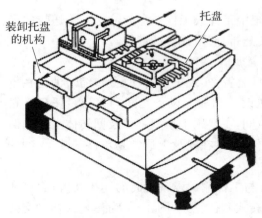

图 4-8　AGV 外形

　　在自动化制造系统中用的 AGV 大多数是磁感应式,由运输小车、地下电缆和控制器三部分组成(见图 4-8)。小车由蓄电池提供动力,沿着埋设在地板槽内的用交变电流激磁的电缆行走,地板槽埋设在地下。AGV 行走的路线一般可分为直线、分支、环路或网状。AGV 驱动电动机由安装在车上的工业级铝酸蓄电池供电,通常供电周期为 20 h 左右,因此必须定期到维护区充电或更换。蓄电池的更换是手工进行的,充电可以是手工的或者自动的,有些小车能按照程序自动接上电插头进行充电。

　　AGV 小车上设有安全防护装置,小车前后有黄色警视信号灯。当小车连续行走或准备行走时,黄色信号灯闪烁。每个驱动轮带有安全制动器,断电时,制动器自动接上。小车每一面都有急停按钮和安全保险杠,其上有传感器,当小车轻微接触障碍物时,保险杠受压,小车停止行走。自动导向小车的行走路线是可编程的,FMS 控制系统可根据需要改变作业计划,重新安排小车的路线,具有柔性特征。AGV 小车工作安全可靠,停靠定位精度可以达到±3 mm,能与机床、传送带等相关设备交接传递货物,在运输过程中对工件无损伤,噪声低。

3) 自动化立体仓库

自动化立体仓库是一种先进的仓储设备,其目的是将物料存放在正确的位置,便于随时向制造系统供应物料。自动化立体仓库在自动化制造系统中起着十分重要的作用。自动化立体仓库的主要特点有:① 利用计算机管理,物资库存账目清楚,物料存放位置准确,对自动化制造系统物料需求响应速度快;② 与搬运设备(如自动导向小车、有轨小车、传送带)衔接,供给物料可靠及时;③ 减少库存量,加速资金周转;④ 充分利用空间,减少厂房面积;⑤ 减少工件损伤和物料丢失;⑥ 可存放的物料范围宽;⑦ 减少管理人员,降低管理费用;⑧ 耗资较大,适用于一定规模的生产。自动化立体仓库主要由库房、货架、堆垛起重机、外围输送设备、自动控制装置等组成,如图 4-9 所示。

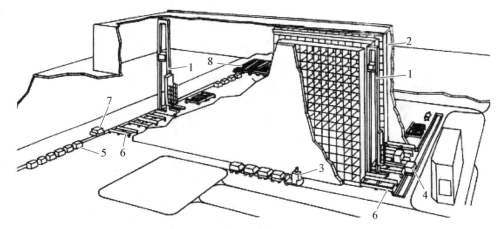

图 4-9 自动化立体仓库
1—堆垛起重机;2—高层货架;3—场内 AGV;4—场内有轨小车;
5—中转货位;6—出入库传送滚道;7—场外 AGV;8—中转货场

堆垛起重机是立体仓库内部的搬运设备。堆垛起重机上有货格状态检测器。它采用光电检测方法,利用零件表面对光的反射作用,探测货格内有无货箱,防止取空或存货干涉。

自动化立体仓库实现仓库管理自动化和出入库作业自动化。仓库管理自动化包括对账目、货箱、货位及其他信息的计算机管理。出入库作业自动化包括货箱零件的自动识别、自动认址、货格状态的自动检测以及堆垛起重机各种动作的自动控制等。

4.3.3 刀具准备及储运系统

1) 概述

刀具准备与储运系统为各加工设备及时提供所需要的刀具,从而实现刀具供给自动化,使自动化制造系统的自动化程度进一步提高。

在刚性自动线中,被加工零件品种比较单一,生产批量比较大,属于少品种大批量生产。为了提高自动线的生产效率和简化制造工艺,多采用多刀、复合刀具、仿形刀具和专用刀具加工,一般是多轴、多面同时加工。刀具的更换是定时强制换刀,由调整工人进行换刀。刀具供给部门准备刀具,并进行预调。调整工人逐台机床更换全部刀具,直至全线所有刀具都已更换,并进行必要的调整和试加工。换刀、调试结束后,交给生产工人使用。特殊情况和中途停机换刀作为紧急事故处理。

在 FMS 中,被加工零件品种较多。当零件加工工艺比较复杂且工序高度集中时,需要的刀具种类、规格、数量是很多的。随着被加工零件的变化和刀具磨损、破损,需要进行定时强制性换刀和随机换刀。由于在系统运行过程中,刀具频繁地在各机床之间、机床和刀库之间进行交换,刀具流的运输、管理和监控是很复杂的。

2) 刀具准备与储运系统的组成

刀具准备与储运系统由刀具组装台、刀具预调仪、刀具进出站、中央刀库、机床刀库、刀具输送装置和刀具交换机构、刀具计算机管理系统等组成。图 4-10 是刀具储运系统示意图。

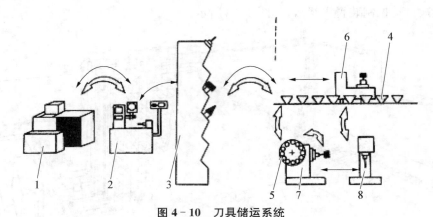

图 4-10 刀具储运系统

1—刀具组装台;2—刀具预调仪;3—刀具进出站;4—中央刀库;5—机床刀库;
6—刀具输送装置;7—加工中心;8—数控机床
注: ←——→ 刀具输送; ⌒⌒ 刀具交换

在数控机床和加工中心上广泛使用模块化结构的组合刀具。刀具组件有刀柄、刀夹、刀杆、刀片、紧固件等,这些组件都是标准件。如刀片有各种形式的不重磨刀片。组合刀具可以提高刀具的柔性,减少刀具组件的数量,充分发挥刀柄、刀夹、刀杆等标准件的作用,降低刀具费用。在一批新的工件加工之前,按照刀具清单组装一批刀具,刀具组装工作通常由人工进行。有时也会使用整体刀具,一般使用特殊刀具。整体刀具磨损后需要重磨。

(1) 刀具预调仪。刀具预调仪(又称对刀仪)是刀具系统的重要设备之一,其基本组成如图 4-11 所示。

① 刀柄定位机构。刀柄定位机构是一个回转精度很高、与刀柄锥面接触很好、带拉紧刀柄机构的主轴。该主轴的轴向尺寸基准面与机床主轴相同。刀柄定位基准是测量基准,具有很高的精度,一般与机床主轴定位基准的精度相接近。测量时慢速转动主轴,便于找出刀具刀齿的最高点。刀具预调仪主轴中心线对测量轴 z、x 有很高的平行度和垂直度。

② 测量头。测量头分为接触式测量和非接触式测量。接触式测量用百分表(或扭簧仪)直接测出刀齿的最高点和最外点,测量精度可达 $0.002 \sim 0.01$ mm。测量比较直观,但容易损伤表头和切削刃。

非接触式测量用得较多的是投影光屏,投影物镜放大倍数有 8、10、15 和 30 等。测量精度受光屏的质量、测量技巧、视觉误差等因素的影响,其测量精度在 0.005 mm 左右。这种测

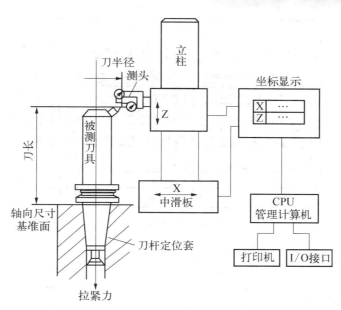

图 4 - 11　刀具预调仪

量不太直观,但可以综合检查切削刃质量。

③ z、x 轴测量机构。通过 z、x 两个坐标轴的移动,带动测量头测得 z 和 x 轴尺寸,即刀具的轴向尺寸和径向尺寸。两轴采用的实测元件有多种,机械式的有游标刻线尺、精密丝杠和刻线读数头;电测式有光栅数显、感应同步器数显和磁尺数显等。

④ 测量数据处理。在有些 FMS 中对刀具进行计算机管理和调度时,刀具预调数据随刀具一起自动送到指定机床。要做到这一点,需要对刀具进行编码,以便自动识别刀具。刀具的编码方法有很多种,如机械编码、磁性编码、条形码和磁性芯片。刀具编码在刀具准备阶段完成。此外,在刀具预调仪上配置计算机及附属装置,它可存储、输出和打印刀具预调数据,并与上一级计算机(刀具管理工作站、单元控制器)联网,形成 FMS 系统中刀具计算机管理系统。

(2) 刀具进出站。刀具经预调、编码后,其准备工作宣告结束。将刀具送入刀具进出站,以便进入中央刀库。磨损、破损的刀具或在一定生产周期内不使用的刀具,从中央刀库中取出,送回刀具进出站。

刀具进出站是刀具流系统中外部与内部的界面。刀具进出站多为框架式结构,设有多个刀座位。刀具在进出站上的装卸可以是人工操作,也可以是机器人操作。

(3) 中央刀库。中央刀库(见图 4 - 12)用于存储 FMS 加工工件所需的各种刀具及备用刀具,图 4 - 13 为刀具在储存架上的放置方法。中央刀库通过刀具自动输送装置与机床刀库连接起来,构成自动刀具供给系统。中央刀库容量对 FMS 的柔性有很大影响,尤其是混流加工(同时加工多种工件)和有相互替代的机床的 FMS。中央刀库不但为各机床提供后续零件加工刀具,而且周转和协调各机床刀库的刀具,提高刀具的利用率。当从一个加工任务转换到另一个加工任务时,刀具管理和调度系统可以直接在中央刀库中组织新加工任务所需要的刀具组,并通过输送装置送到各机床刀库中去,数控程序中所需要的刀具数据也及

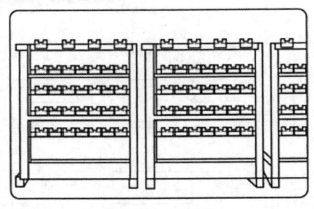

图 4-12　中央刀库

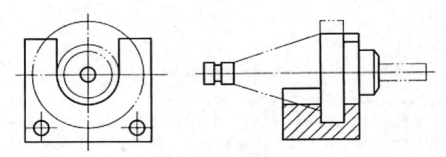

图 4-13　刀具在储存架上的放置方式

时送到机床数控装置中。

　　(4) 机床刀库及换刀机械手。机床刀库分为固定式和可换式两种。固定式刀库不能从机床上移开,其刀具容量较大(40 把以上)。可换式刀库可以从机床上移开,并用另一个装有刀具的刀库替换,刀库容量一般比固定式刀库要小。一般情况下,机床刀库用来装载当前工件加工所需要的刀具,刀具来源可以是刀具室、中央刀库或其他机床刀库。采用机械手进行机床上的刀具自动交换方式应用最广。机械手按其具有一个或两个刀具夹持器可分为单臂式和双臂式两种。双臂机械手又分为钩手、抱手、伸缩手和叉手。这几种机械手能完成抓刀、拔刀、回转、插刀、放刀及返回等全部动作。

　　(5) 刀具输送装置和交换机构。刀具输送装置和交换机构的任务是为各种机床刀库及时提供所需要的刀具,将磨损、破损的刀具送出系统。机床刀库与中央刀库,机床刀库与其他机床刀库,中央刀库与刀具进出站之间要进行刀具交换,需要相应的刀具输送装置和刀具交换机构。刀具的自动输送装置主要如下:

　　① 带有刀具托架的有轨小车或无轨小车;

　　② 高架有轨小车;

　　③ 刀具搬运机器人等类型。

　　刀具运输小车可装载一组刀具,小车上刀具和机床刀具的交换可由专门交换装置进行,也可由手工进行。机器人每次只运载一把刀具,取刀、运刀、放刀等动作均由机器人完成。

4.3.4　检测与监控系统

1) 概述

自动化制造系统的加工质量与工艺过程中的工艺路线、技术条件和约束控制参数有关。零件的加工质量是自动化制造系统各道工序质量的综合反映,不过有些工序是关键工序,有些因素是主导因素。质量问题主要来源于机床、刀具、夹具和托盘等,如刀具磨损及破损、刀具受力变形、刀具补偿值、机床间隙、刚性、热变形、托盘零点偏移等。国外统计资料表明,由于刀具原因引起加工误差的概率最高。为了保证自动化制造系统的加工质量,需要对加工设备和加工工艺过程进行监控,包括工艺过程的自适应控制和加工误差的自动补偿,目的是主动控制质量,防止产生废品。

为了保证自动化制造系统的正常可靠运行,提高加工生产率和加工过程安全性,合理利用自动化制造系统中的制造资源,需要对自动化制造系统的运行状态和加工过程进行检测与控制。检测与监控的对象包括加工设备、工件储运系统、刀具及其储运系统、工件质量、环境及安全参数等。检测与监控的对象如图4-14所示。

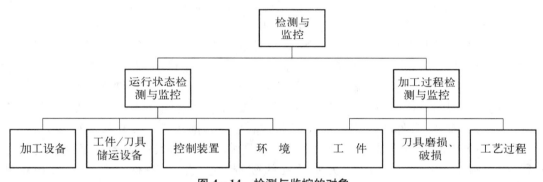

图 4-14　检测与监控的对象

检测信号有几何的、力学的、电学的、光学的、声学的、温度的和状态的(空/忙,进/出,占位/非占位,运行/停止)等。检测与监控的方法有直接的与间接的、接触式的与非接触式的、在线的与离线的、总体的与抽样的等。

2) 工件尺寸精度检测与监控

工件尺寸精度检测分为在线检测和离线检测两种。在加工过程中或在加工系统运行过程中对被测对象进行的检测称为在线检测。它在对测得的数据进行分析处理后,通过反馈控制调整加工过程以保证加工精度。例如,有些数控机床上安装有激光在线测量装置,在加工的同时测量工件尺寸,根据测量结果调整数控程序参数或刀具磨损补偿值,保证工件尺寸在允许误差范围内,这就是主动控制量。在线测量又分为工序间(循环内)检测和最终工序检测两种。循环内检测可实现加工精度的在线检测及实时补偿,而最终工序检测实现对工件精度的最终测量与误差统计分析,找出产生加工误差的原因,并调整加工过程。

在加工中或加工后脱离加工设备对被测对象进行的检测称为离线检测。离线检测的结果是合格、报废或可返修。经过误差统计分析可得到尺寸变化趋势,然后通过人工干预调整加工过程。离线检测设备在自动化制造系统中得到广泛应用,主要有三坐标测量机、测量机器人和专用检测装置等。

3) 刀具磨损和破损的检测与监控

在金属切削加工过程中,由于刀具的磨损和破损未能及时发现,将导致切削过程的中断,引起工件报废或机床损坏,甚至使整个制造系统停止运行,造成很大的经济损失。因此,应在制造系统中设置刀具磨损和破损的检测与监控装置。刀具磨损最简单的检测方法是记录每把刀具的实际切削时间,并与刀具寿命的极限值进行比较,达到极限值就发出换刀信号。刀具破损的一般检测方法是将每把刀具在切削加工开始前或切削加工结束后移近到固定的检测装置,以检测是否破损。在切削加工过程中对刀具的磨损和破损的检测与监控需要附加检测装置,技术上比较复杂,费用较高。常用的检测与监控方式有如下几种。

(1) 切削力检测。切削力的变化能直接反映刀具的磨损情况。如果切削力突然上升或突然下降,可能预示刀具的折断。

当刀具在切削过程中磨损时,切削力会随着增大,如果刀具崩刃或断裂,切削力会剧增。在系统中,由于工件加工余量的不均匀等因素也会引起切削力的变化。

(2) 声发射检测。固体在产生变形或断裂时,以弹性波形式释放出变形能的现象称为声发射。在金属切削过程中产生声发射信号的来源有工件的断裂、工件与刀具的摩擦、刀具的破损及工件的塑性变形等。因此,在切削过程中产生频率范围很宽的声发射信号,从几十千赫至几兆赫不等。声发射信号可分为突发型和连续型两种。突发型声信号在表面开裂时产生,其信号幅度较大,各声发射事件之间间隔时间较长;连续型声发射信号幅度较低,事件的频率较高。声发射信号受切削条件的变化影响较小,抗环境噪声和振动等随机干扰的能力较强。因此,声发射法识别刀具破损的精确度和可靠性较高,能识别出直径 1 mm 的钻头或丝锥的破损,是一种很有前途的刀具破损检测方法。

(3) 视觉检测。在检测领域近几年发展最快的是视觉检测。视觉检测的原理是利用高分辨率摄像头拍摄工件的图像,将拍摄得到的图像送入计算机,计算机对图像进行处理和识别,得到零件的形状、尺寸和表面形貌等信息。视觉检测属于非接触式检测范畴,目前的检测精度可以达到微米级,检测速度在 1 s 以内。视觉检测常用于对零件进行分类,对零件的表面质量和几何精度进行检测。视觉检测的缺点是对图像处理慢,因此,开发出速度更快、检测精度更高的算法是目前的研究重点。

(4) 环境及安全检测。为了保证自动化制造系统正常可靠运行,需要对自动化制造系统的生产环境和安全特性进行监测,主要监测内容有:① 电网的电压及电流值;② 空气的温度及湿度;③ 供水、供气压力和流量;④ 火灾;⑤ 人员安全等。

4.3.5 辅助设备

零件的清洗、去毛刺、切屑和切削液的处理是制造过程中不可缺少的工序。零件在检验、存储和装配前必须要清洗及去毛刺;切屑必须随时被排除、运走并回收利用;切削液的回收、净化和再利用,可以减少污染,保护工作环境。有些 AMS 集成有清洗站和去毛刺设备,实现清洗及去毛刺自动化。

1) 清洗站

从零件表面去除污染物可以利用机械、物理或化学的方式来进行。机械清洗是通过刷洗、搅拌、压力喷淋、振动、超声波等外力作用对零件进行清洗。物理与化学方式则是利用润湿、乳化、皂化、溶解等方式进行清洗。清洗机有许多种类、规格和结构，但是一般按其工作是否连续分为间歇式（批处理式）和连续通过式（流水线式）。批处理式清洗站用于清洗质量和体积较大的零件，属中小批量清洗，流水线式清洗机用于零件通过量大的场合。

清洗机有高压喷嘴，喷嘴的大小、安装位置和方向要考虑零件的清洗部位，保证零件的内部和难清洗的部位均能清洗干净。为了彻底冲洗夹具和托盘上的切屑，清洗液应有足够大的流量和压力。高压清洗液能粉碎结团的杂渣和油脂，能很好地清洗工件、夹具和托盘。对清洗过的工件进行检查时，要特别注意不通孔和凹入处是否清洗干净。确定工件的安装位置和方向时，应考虑到最有效清洗和清洗液的排出。吹风是清洗站重要的工序之一，它缩短干燥时间，防止清洗液外流到其他机械设备或先进制造系统的其他区域，保持工作区的洁净。有些清洗站采用循环对流的热空气吹干，空气用煤气、蒸汽或电加热，以便快速吹干工件，防止生锈。

2) 去毛刺设备

以前去毛刺一直是由手工进行的，是重复的、繁重的体力劳动。最近几年出现了多种去毛刺的新方法，可以减轻人的体力劳动，实现去毛刺自动化。最常用的方法有机械去毛刺、振动去毛刺、喷射去毛刺、热能去毛刺和电化学去毛刺。

3) 切屑和切削液处理

在自动化制造系统中，对切屑的排除、运输和切削液的净化、循环利用非常重要，这对环境保护、节省费用、增加废物利用价值有重要意义，许多先进制造系统装备有切屑排除、集中输送和切削液集中供给及处理系统。

切屑的处理包括 3 个方面的内容：① 把切屑从加工区域清除；② 把切屑输送到系统以外；③ 把切屑从切削液中分离出去。

4.3.6　自动化制造系统的控制系统

1) 自动化制造系统控制系统的作用

在自动化制造系统运行中，进入系统的毛坯在装卸站被装夹到夹具托盘上，再由物料传输装置将毛坯连同夹具托盘一起，按工艺路线的要求送到将要对零件进行加工的机床前等待，一旦机床空闲，零件即被送上机床加工。加工完后再被送到下一工序所需机床。上述设备的运行全部由控制计算机进行控制。其控制系统方案的优劣将直接影响到整个系统的运行效率与可靠性。因此，对控制结构体系及运行控制系统的设计有着十分重要的作用。

2) 自动化制造系统的递阶控制结构

自动化制造系统的控制系统是很复杂的。对复杂控制系统采用递阶控制结构是当今的常用方式。也就是说，人们通过对系统的控制功能进行正确、合理的分解，划分成若干层次，各层次分别进行独立处理，完成各自的功能，层与层间保持信息交换，上层向下层发布命令，下层向上层回送命令的执行结果，通过信息联系，构成完整的系统。从而把一个复杂的控制系统分解为分层控制,减少了全局控制的难度和开发的难度。例如,五层(即工厂层、车间层、单元层、工作站层、设备层)递阶控制结构,如图4-15所示。

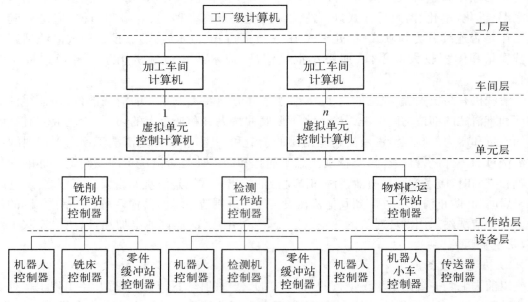

图4-15　五层递阶控制结构

实践证明,分层递阶控制是一种行之有效的方法。首先,把复杂控制过程的管理和控制进行分解,分为相对简单的过程,分别由各层计算机去处理,功能单一,易于实现,不易出错;其次,各层的处理相对独立,易于实现模块化,使局部增、减、修改简单易行,从而增加了整个系统的柔性和对新技术的开放性;最后,分层处理对实时性要求有很大差别的任务,可以充分有效地利用计算机的资源。不过,究竟是分几层好,这要视具体对象和条件而定,不可千篇一律。

在分级控制结构中,任务的安排是根据自身的功能或在系统中的作用而定的,不同的系统其控制结构的差别在于分配给系统各部分任务的方式不同,以及将控制程序分开或合并的组合方式不同。在具体选择控制结构时,可根据自动化制造系统的目标及发展规划来选择。对自动化制造系统来说,常用的控制结构是三级控制结构,例如,FMS就是这种控制结构。

4.4　自动化制造系统的总体设计

4.4.1　自动化制造系统的功能模型

1) 建立系统功能模型的目的

无论是用户自行研制还是与供应商联合设计,在进行复杂系统的设计时,为了使设计人员、用户以及维修人员对系统的功能达成一致的理解而采用一种通用性强、规则严格、没有歧义的工具对系统功能进行的描述,称为系统的功能模型。功能模型是分析和设计系统的有效工具,也是检查、验收系统的技术文件和依据之一。因此,建立系统的功能模型是总体方案设计的一项非常重要的内容。

2)系统具有的基本功能

自动化制造系统通常具有两大方面的功能:

(1)信息变换功能。各种数据的采集、加工和处理以及信息的储存和传送。信息变换的功能由系统控制器承担。

(2)制造变换功能。包括系统内所有物理的、化学的和空间位置的变换。制造变换的功能由各种加工设备、运输设备以及清洗设备等承担。

3)建立系统功能模型的方法与步骤

(1)建立系统功能模型的方法。一个好的建模方法必须满足以下条件:能够从各个侧面全面描述系统;系统描述简单明了,容易读懂,便于理解;具有严格的建模规则,不会产生歧义性;所建立的模型应能够用来进行系统的分析与设计。

(2)描述系统的功能可以有多种方法,如可用数学公式、图形或文字叙述等,常见的有如下 3 种方法:

① 结构化分析法(structured analysis,SA)是由美国 Yourdon 公司在 20 世纪 70 年代提出的,可用于分析大型数据处理系统,多用它来分析和定义用户的功能需求,基本方法是采用自顶向下、逐层分解的方式描述系统的功能。

② 结构化设计法(structured design,SD)是由 IBM 公司 W. Stevens 等人提出,基本方法是将系统设计成由相对独立、单一功能的模块组成的结构,以提高软件开发的质量。

③ 功能模型法 IDEF(ICAM definition method)是 1986 年由美国空军公布的工程中使用的结构化分析和设计方法。也是我国"863/CIMS"主题专家组推荐使用的方法。这种方法主要用于分析定义功能需求,以及建立系统功能模型。IDEF 方法使用图形语言建立系统功能模型,常称为 IDEF 模型,是复杂大系统建立功能模型时最普遍使用的方法。

4.4.2 车间布局与设施规划

自动化制造系统的类型不同,其设备配置及总体布局是不一样的。一个典型的自动化制造系统如 FMS 有 3 个重要组成部分。

(1)能独立工作的工作站,如机械加工工作站、工件装卸工作站、工件清洗工作站与工件检测工作站等。

(2)物料运储系统,如工件与刀具的搬运系统、托盘缓冲站、刀具进出站、中央刀库、立体仓库。

(3)FMS 运行控制与通信网络系统。

自动化制造系统的设备配置与布局是千变万化的,需视具体情况而定,下面仅介绍一般的配置与布局原则。

1)设备配置

(1)设备的选择原则。制造设备的选择是一个综合决策问题。选择的基本思想是将质量、时间、柔性和成本作为优化目标统筹兼顾,综合考虑,而将环境性作为约束条件,进行多目标优化,具体考虑原则如表 4 - 2 所示。

表 4-2 设备选择原则

序 号	原 则	内 容
1	质量	在选择设备时所涉及的质量是一种广义的质量。它包括：① 制造的产品满足用户期望值的程度；② 设备使用者对设备功能的基本要求，可以称这种要求为功能要求。设备的选择应满足这两个要求
2	生产率（时间）	根据自动化制造系统的设计产量、利润、市场等因素可以规定其生产率，在满足质量约束的方案集内，找出满足生产率约束的方案集
3	柔性	当环境条件变化时，如产品品种改变、技术条件改变、零件制造工艺改变等，如果系统不需要多大的调整，不需花费多长时间就可以适应这种变化，仍然低成本高效率地生产出新的产品，我们说这种系统柔性好，反之则柔性差。在自动化制造系统决策过程中，将柔性作为主要因素加以考虑
4	成本	在满足以上约束条件的可行方案集内，应按成本最低的原则选择设备，可以采用数学规划法求解

（2）独立工作站的设备配置。自动化制造系统有多个能独立工作的工作站，其配置方案取决于企业经营目标、系统生产纲领、零件族类型及功能需求等。

① 机械加工工作站。机械加工工作站一般泛指各类机床。机床的数量及其性能，决定了自动化制造系统的加工能力。机床数量是由零件族的生产纲领、工艺内容、机床结构形式、工序时间和一定的冗余量来确定的。

加工设备的类型应根据总体设计中确定的典型零件族及其加工工序来确定。每一种加工设备都有其最佳加工对象和范围。如车削中心用于加工回转体类零件，板材加工中心用于板材加工，卧式加工中心适用于加工箱体、泵体、阀体和壳体等需要多面加工的零件，立式加工中心适用于加工板料零件，如箱盖、盖板、壳体和模具型腔等单面加工零件。

选择加工设备类型也要综合考虑价格与工艺范围问题。通常卧式加工中心工艺性比较广泛，同类规格的机床，一般卧式机床的价格比立式机床贵 80%～100%。有时可考虑用夹具来扩充立式机床的工艺范围。

此外，加工设备类型选择还受到机床配置形式的影响。在互替形式下，强调工序集中，要有较大的柔性和较宽的工艺范围。而在互补形式下，主要考虑生产率，较多用立式机床甚至专用机床。

选择加工中心机床时还应考虑它的尺寸、精度、加工能力、控制系统、刀具存储能力以及排屑装置的位置等。

② 工作装卸站。装卸站设有机动、液动或手动的工作台。工件自动导引小车可将托盘从工作台上取走或将托盘推上工作台；工作台至地面的高度以便于操作者在托盘上装卸夹具及工件为宜。

在装卸站设置计算机终端，操作人员通过终端可以接收来自自动化制造系统各单元控制器的作业指令或提出作业请求。也可以在装卸站设置监视识别系统，防止错装的工件进入自动化制造系统。

装卸站的数目取决于自动化制造系统的规模及工件进出自动化制造系统的频度。

对于过重无法用人力搬运的工件,在装卸站还应设置吊车或叉车作为辅助搬运设备。

在装卸站还应设置自动开启式防护闸门或其他安全防护装置,避免自动导引小车取走托盘时误伤操作者。

③ 工件检测站。检测完工或部分完工的工件,通常是在三坐标测量机或其他自动检测装置上进行。检测站设在自动化制造系统内时,可完成对工件的线内检测。在线检测时测量机的检测过程由 NC 程序控制。测量结果反馈到自动化制造系统的控制器,用以判断刀具性能的变化,控制刀具的补偿量或实施其他控制行为,迅速判定工件加工中的问题。

离线检测时,检测站的设置往往距加工设备较远。通过计算机终端人工将检测信息送入系统。由于整个检测时间及检测过程的滞后性,其检测信息不能对系统进行实时反馈控制。

④ 清洗工作站。设置在线检测工作站的自动化制造系统,一般都设置清洗工作站,以彻底清除切屑及灰尘,提高测量的准确性。如机械加工工作站本身具有清洗站的功能,则清洗工作站可不必单独设置。

(3) 物料运储系统的设备配置。自动化制造系统的物料系指工件(含托盘与夹具)和刀具(含刀柄)。工件运储系统包括工件搬运系统、托盘及托盘缓冲站等设备。刀具运储系统包括刀具搬运系统、刀具进出站及中央刀库等设备。

① 工件运储系统的设备配置如下:

a. 工件搬运系统。在自动化制造系统内担任输送任务的有有轨小车和无轨自动导引小车等。有轨小车只沿安装在地面上的固定轨道运行,通常适用于机床台数较少且加工设备成直线布局的工件输送系统。无轨自动导引小车输送系统,多用在设备成环行或网络形布局的系统。

加工回转体类工件的自动化制造系统,除采用自动导引小车完成工件搬运外,还必须采用机器人作为机床上下工件的搬运工具。

加工钣金类工件的自动化制造系统,通常采用带吸盘的输送装置来搬运板料。

b. 托盘。托盘也称为托板,是操作者在装卸站上安装夹具和工件的底板。其结构可根据需要选择标准形式或自行设计非标准形式。

c. 托盘缓冲站。托盘缓冲站是自动化制造系统内工件排队等待加工的暂存地点。托盘缓冲站的数目,以不使工件在系统内排队等待而产生阻塞为原则,有利于提高机床的利用率。具体确定时应考虑工件的装卸时间、切削时间、输送时间以及无人或少人看管系统时间(如节假日、第三班)等多种因素。托盘缓冲站的安放位置应尽可能靠近机床,以减少工件的输送时间。

d. 夹具。对于上线加工的工件来说,往往要求尽快设计和制造出成本尽可能低的所需夹具。因此,采用模块化的夹具,即通用零部件加上少量专用零部件组成的夹具或组合夹具,使用方便,经济性好。

设计和选用自动化制造系统用的托盘夹具应遵循如下原则:

● 为简化定位和安装,夹具的每个定位面相对加工中心的坐标原点,都应有精确的坐标尺寸。

● 夹具元件数应尽可能少,元件的强度和刚度要高,使用方便、合理,应设有能将工件托起一定高度的等高元件,便于冲洗和清除切屑。

● 夹具与托盘一起移动、上托、下沉和旋转时,应不与机床发生干涉。

● 尽可能采用工序集中的原则,在一次装夹中能对工件多面进行加工,以框架式或台架式夹具为好。

当工件结构尺寸较小时,应尽可能在一个夹具上装夹多个(或多种)工件,以减少夹具数量或种类、提高机床的利用率。

② 刀具运储系统的设备配置如下:

a. 刀具搬运系统。换刀机器人是刀具搬运系统的重要设备。换刀机器人的手爪既要抓住刀具柄部,又要便于将刀具置于进出站、中央刀库和机床刀库的刀位上,以及从其上取走刀具。换刀机器人的自由度数目按需换刀的动作设定,其纵向行走可沿地面轨道或空架轨道进行。

如果自动化制造系统是用较大型的加工中心机床,机床刀库容量较大,由于在机床上加工的工件也较大,工序时间长,因而换刀并不频繁,换刀机器人利用率太低,很不经济。这种情况下可不配置庞大价昂的换刀机器人、刀具进出站及中央刀库等刀具运储系统,而在机床刀库附近设置换刀机械手。进入系统的刀具先置于托盘上特制的专门刀盒中,经工件装卸站由自动导引小车拉人系统送到加工中心指定位置,然后由换刀机械手将刀具装到机床刀库的刀位中,或者从机床刀库取下刀具置于刀盒中,由自动导引小车送到工件装卸站退出系统。

b. 刀具进出站。刀具进出站是刀具进出加工系统的界面,其上设置许多(根据需要而定)放置刀具的刀位,每一刀位装有拾取信号的传感器及不同颜色的两种指示灯。

凡进入系统的刀具必须先经刀具预调仪检测,操作人员将检测完毕的刀具置于进出站刀位上,当换刀机器人得到调度指令后便会迅速移动到刀具进出站将此刀取走进入系统。损坏或不用的刀具也由换刀机器人将其置于进出站刀位中,由操作人员取走该刀具,退出系统。

在刀具进出站处,通常设置一个条码阅读器,以识别成批置于刀具进出站的刀具,使进入系统的刀具与刀具预调仪的对刀参数相吻合。

c. 中央刀库。中央刀库是自动化制造系统内刀具的存放地点,是独立于机床的公用刀库。

中央刀库的刀位数设定,应综合考虑系统中各机床刀库容量、采用混合工件加工时所需的刀具最大数量、为易损刀具准备的备用刀具数量以及工件的调度策略等多种因素。如系统加工中心自身刀库容量大,也可以不设中央刀库。

中央刀库的安放位置以便于换刀机器人在刀具进出站、机床刀库和中央刀库三者中抓放刀具为准。

③ 立体仓库。立体仓库是毛坯和成品零件的存放地点,也可看成是托盘缓冲站的扩展与补充。系统中使用的托盘及大型夹具也可在立体仓库中存放。

立体仓库通常以巷道、货架型结构设置。巷道数与货架数应综合考虑车间面积、车间高度、车间中各种加工设备的数量和能力以及车间的管理模式等多种因素。

立体仓库中依靠堆垛机来自动存取物料。它应能把盛放物料的货箱推上滚道式输送装置或从其上取走。有时,还应与无轨自动导引小车进行物料传递。

立体仓库的管理计算机能对物料进出货架,以及货架中的物料进行管理与查询。

钣金加工的自动化制造系统通常都设置存放钣材的立体仓库,而不设置其他缓冲站。

2)总体平面布局设计

(1)平面布局原则。自动化制造系统的组成设备较多,设备布局设计可根据主导产品的产量、工艺特性和车间平面结构等系统特性来进行。其布局形式有一维和多维布局方式。在进行设备布局优化时,除了考虑加快加工运输时间、降低运输成本外,还应考虑有利于信息沟通,平衡设备负荷,具体原则如下:

① 有利于提高机床的加工精度。一般来说,清洗站应离加工机床和检测工位远一些较好,以免清洗工件时的振动和泄漏对零件加工与测量产生不利影响。同样道理,三坐标测量机的地基应具有防振沟和防尘隔离室。

② 加工机床与物料运输设备(有轨小车或无轨自动导引小车)之间的空间位置应相互协调。一方面应注意减少占地面积与方便设备维修的兼容性;另一方面应考虑物料运输的最佳路径以及工件与刀具运输系统在空间位置上的协调性和互容性(不撞车等),确保整个系统内物料流动的畅通和自动化。

③ 计算机工作站应有合理的空间位置,通信线路畅通且不受外界强磁场干扰。

④ 确保工作人员的人身安全,应设置安全防护栅栏。

⑤ 为便于系统扩展,以模块化结构布局为好。

⑥ 物料运输路线愈短愈好。

(2)设备布局的基本形式及运输调度策略。系统平面布局特点如下:

① 加工设备采用一维直线平面布局——工件运储系统和刀具运储系统分别在机床的两侧。

② 有轨小车沿地面直线导轨运行,可将工件(含托盘和夹具)在工件进出站、加工中心、清洗机和托盘缓冲站之间运行和交换。

③ 配置的12个托盘缓冲站安装在导轨的一侧并靠近加工中心。

④ 根据加工中心的机械结构特点,换刀机器人纵向移动导轨采用空架式。其主要好处是无须改动加工中心的排屑系统,就可以使盛屑小车易于推出线外;减少系统占地面积且便于对敷设在空架导轨下方地面下的电源线和信号线进行检修。

⑤ 控制室建在厂房的顶头约2 m高度处,以便于观察现场。

⑥ 平面布局考虑了系统配置向一端扩充的可能性。

4.4.3 控制结构体系及通信网络方案设计

自动化制造系统的网络方案。自动化制造系统的信息传递是通过计算机网络将有关的计算机设备连接起来形成相应的硬件体系结构(包括通信网络),并在相应的软件体系结构支撑下完成的。自动化制造系统信息系统的物理配置内容包括如下:

(1)自动化制造系统控制体系结构的选择与设计。

(2)自动化制造系统计算机硬件系统与通信网络的体系结构设计。

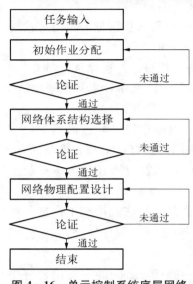

图 4-16 单元控制系统底层网络

（3）自动化制造系统计算机软件系统的设计。

上面是功能完善的自动化制造系统物理配置内容。在实际中并不是任何一个自动化制造系统都涉及上述各个方面的问题，对于相对简单的系统，如 DNC，一般就没有自动物料传输系统。

自动化制造系统的递阶控制结构在前面已详细讨论过。以下重点讨论如何根据信息需求确定自动化制造系统的通信网络（拓扑）结构和总体方案。

1）网络选择的基本步骤

单元控制器底层网络方案选择的一般步骤如图 4-16 所示。主要包括信息传输需求分析、网络功能模型设计、网络体系结构选择、网络物理配置设计等内容。

2）信息传输需求分析

单元运行过程中所涉及的信息可以分成三类，即基本信息、控制信息和系统状态信息，如表 4-3 所示。

表 4-3 信 息 分 类

序 号	信 息	内 容
1	基本信息	在制造单元开始运行时建立的，并在运行中逐渐补充，它包括：① 制造单元系统配置信息，如加工、清洗或检测设备编号、类型、数量等；② 物料流等系统资源基本信息，如刀具几何尺寸、类型、寿命数据，托盘的基本规格，相匹配的夹具类型、尺寸等
2	控制信息	控制系统运行状态，特别是有关零件加工的数据，包括：① 工程控制数据，如零件的工艺路线、NC 加工程序代码等；② 计划控制数据，如零件的班次计划、加工批量、交货期等
3	系统状态信息	反映系统资源的利用情况，包括：① 设备的状态数据，如机床、装卸系统、物料传输系统等装置的运行时间、停机时间、故障时间及故障原因等；② 物料的状态数据，如刀具剩余寿命、破损断裂情况及地址识别、零件实际加工进度等

上述信息将由各级控制器分别进行处理，并通过计算机网络在各层之间进行传输。单元控制器与工作站控制器之间的信息传输。

（1）下达零件加工任务（信息包括基本信息和控制信息）。

（2）工作站反馈的状态信息。

（3）工作站控制器与设备控制器之间的信息传输如下：

① 下达的 NC 程序；

② 向设备层发出的控制命令；

③ 设备层状态信息反馈。

3）网络功能设计

根据上述信息传输的需求，可设计网络功能。以 FMS 为例，为了满足单元控制系统中信息递阶控制的分层结构,单元控制系统中的通信网络可以划分为两个层次,一是单元控制器与工作站之间的网络;二是工作站控制器与设备控制器之间的网络,两者在功能及性能上的要求不完全相同,如表4-4所示。

表4-4 网络功能和性能要求

序　号	功能和性能要求		内　　容
1	单元控制器与工作站之间的网络功能和性能要求	网络体系结构功能	① 支持异种机及异种操作系统(如 VMS、UNIX、DOS)等上网;② 网络协议符合国际标准或工业标准;③ 能与异构网连接
		网络功能	① 文件传递;② 报文传送;③ 电子邮件;④ 虚拟终端;⑤ 进程间通信;⑥ 分布式数据处理与查询
		网络性能	① 传输速率:1～10 Mbps;② 误码率:10^{-7}以下;③ 响应时间:秒级;④ 传输距离:100～1 000 m
		网络管理保障功能	① 网络管理服务;② 计算机及网络安全;③ 网络平均无故障时间至少一年以上
2	工作站控制器与设备层网络的功能和性能要求		传送 NC 程序,控制命令,应答状态反馈信息;进程间通信;误码率:10^{-7}以下;响应时间:毫秒级;传输距离:50 m 以内

4) 网络的物理结构

(1) 自动化制造系统单元的网络结构。中、大型自动化制造系统单元网络物理结构如图4-17所示。

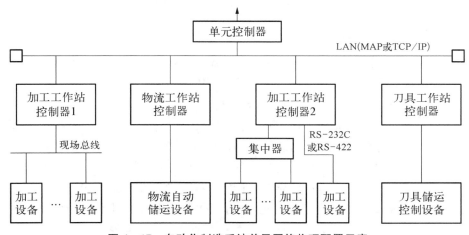

图4-17 自动化制造系统单元网络物理配置示意

对物理结构的说明如下:

单元控制器与工作站控制器之间一般用 LAN 连接,选择的 LAN 应符合 ISO/OSI 参考模型,网络协议最好选用 MAP3.0。如条件不具备,也可以选用 TCP/IP 与其他软件相结合的方式,如 Ethernet 标准。

工作站控制器与设备层之间的连接可采用几种方式,一是直接采用 RS-232C 或 RS-422 异步通信接口;二是采用现场总线;三是使用集中器将几台设备连接在一起,再连接到工作站控制器上。

(2) DNC 型单元网络结构。DNC 型单元是组成制造单元的另一种形式,在这种结构的制造单元中,由于系统内没有物料自动传输系统,因此设备间的信息交往要少得多。

DNC 型单元的通信结构主要指数控系统的接口通信能力和数控系统与计算机间的物理连接、通信协议、数据结构、系统作业时序及联网能力等。从现在的情况看,计算机与机床控制器之间互连的拓扑结构主要有几种形式,如点-点型、现场总线型等。

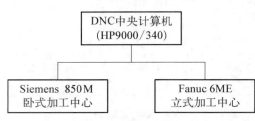

图 4-18　点-点拓扑结构的一个例子

① 点-点型。点-点型拓扑结构连接形式的一个例子如图 4-18 所示。其中 DNC 中央计算机和数控机床(加工中心)分别称为连接中的节点,连接接口常采用 RS-232C 和 20 mA 电流环,也可用 RS-422 或 RS-485,通信速率一般在 100～9 600 bit 之间。

② 现场总线型。现场总线相当于"底层"工业数据总线,常用于分布式控制系统和实时数据采集系统中。它有以下特点:该连接方式造价较低,可用于组合成中小型 DNC 系统;与 LAN 连接方式相比,现场总线只发送或接收规模较小的数据报文,并且以这种数据报文作为与较高一级的控制系统实现设备数据往返传送的有效手段。

4.4.4　自动化制造系统可靠性分析

1) 系统可靠性分析的目的

自动化制造系统是具有高柔性和高度自动化的生产加工线,它至少应具备如下基本功能:

(1) 自动变换加工程序。

(2) 自动完成多品种零件族加工。

(3) 对作业计划和加工顺序能够按某些策略随机应变。

(4) 高效率自动换刀。

(5) 自动监测、质量自动控制和故障自动诊断等。

这些功能是否能得到可靠保证,与自动化制造系统设计和运行质量有极大关系。自动化制造系统的设计可靠性是实现其功能的基础,运行可靠性是实现功能的保证,两者共同决定了系统的可靠性。设计可靠性分析可以预测自动化制造系统可靠性的预期水平,并可对系统的可靠性进行合理分配。运行可靠性分析则是确定自动化制造系统实际达到的可靠性水平是否与技术任务书规定的相符。因此,对自动化制造系统设计和运行可靠性进行分析显得十分必要。这项工作不仅是对设计和运行可靠性的评价,也为设计和运行的不足之处给出了分析的依据。可靠性分析的目的就在于计算所设计的自动化制造系统所能达到的可靠度、可用度、MTBF(mean time between failures,平均无故障间隔时间)等可靠性指标,为系统的可靠运行和进行可靠性设计提供必要的依据,是系统设计不可缺少的重要环节。

2) 系统可靠性分析的主要内容

系统可靠性分析的主要内容,如表4-5所示。

表4-5　系统可靠性分析内容

序号	类　别	内　容
1	系统设计 可靠性分析	① 分析系统的性能是否满足规定的要求 ② 分析可靠性目标是否符合用户要求,现实性怎样 ③ 分析工作环境对系统可靠性有何影响 ④ 分析是否考虑了系统安全性要求 ⑤ 分析是否对系统各组成部分有可靠性要求,设计的薄弱环节是什么 ⑥ 分析系统的安装工艺和系统调试考虑得怎样 ⑦ 分析系统是否需要作试运行试验 ⑧ 分析资金投入是否合理等
2	系统运行 可靠性分析	① 分析制造工艺的可靠性 ② 分析安全操作规程 ③ 分析系统中的各个设备、装置以及刀、夹、量具和检测设备的可靠性 ④ 分析工作环境的严格控制 ⑤ 分析异常状态的监测和报警 ⑥ 分析人员安全防护装置的可靠性 ⑦ 分析外购件、外协件的可靠性等

3) 自动化制造系统可靠性分析的特点与一般要求

(1) 自动化制造系统可靠性分析的特点。对自动化制造系统设计与运行进行可靠性分析时,必须考虑下列特点:

① 自动化制造系统是一种多功能系统,各功能起着不同的作用,因此,对各种功能有不同程度的可靠性要求;

② 在自动化制造系统运行中可能发生异常情况(紧急、危险),这些异常情况是系统工作故障或错误的产物,它们可导致系统功能和性能的严重破坏(事故);

③ 参与自动化制造系统工作的有各种保障机构和人员,这些保障机构和人员对自动控制系统的可靠性水平都可能有不同程度的影响;

④ 每一套自动化制造系统由大量各种不同的组元(硬件、软件和人员)组成,在完成自动化制造系统的某一功能时一般有多种不同的组元参与工作,而同一个组元也可能同时参与完成几种功能。

(2) 自动化制造系统可靠性分析的一般要求。分析自动化制造系统设计和运行的可靠性时,应按照自动化制造系统的每种功能,采用适当的方法单独地对可靠性基础数据进行统计处理,求得系统的可靠性指标数值,如可靠度、失效率和平均寿命等,从而对整个系统的可靠性进行评估。必要时,还应进行系统发生紧急情况的可靠性分析。

① 由于自动化制造系统是一个复杂的系统,在描述系统的失效模式时,要尽量以零部件故障模式来表征,只有在难以用零部件故障模式进行描述或无法确认是某一零部件发生故障时,才可以用子系统或系统本身的故障模式进行描述。

② 失效模式及影响分析是自动化制造系统可靠性分析方法之一,自动化制造系统用户

应根据同自动化制造系统设计方所达成的协议编制自动化制造系统功能一览表,由合同承包商(设计方和生产厂)提供详细的失效模式及影响分析一览表(根据此表对具体的自动化制造系统提出可靠性要求以及失效模式判别准则),并列入自动化制造系统技术任务书。

③ 自动化制造系统设计方必须向自动化制造系统用户提供详细的故障树分析,以此作为管理人员和维修人员的指南。

④ 为了合理地、科学地分析自动化制造系统设计与运行的可靠性,必须对自动化制造系统所有的自动化制造模块逐一完成下列工作:a. 每一自动化制造模块的可靠性数据收集、可靠性指标确定以及维修性设计,人机工程设计、安全性设计、以期达到高的可靠性,最终完成可靠性分配;b. 每个自动化制造模块的可靠性均应单独获得定量描述、分析和评估;c. 分析、确定自动化制造模块的失效模式;d. 给出自动化制造模块故障树,并考虑自动化制造模块的所有元件对于失常状态具有一种互相补偿的功能,可以防止失常状态在完成相应功能时变成故障,或将其不良后果降低到最低限度。

⑤ 在自动化制造系统设计和运行的各个阶段应对自动化制造系统可靠性进行分析,做到:a. 在研制自动化制造系统过程中应对系统可靠性进行设计(先验)分析,在自动化制造系统试运行和工业运行中应对系统可靠性进行实验(事后)分析;b. 在自动化制造系统设计与运行的各阶段对其可靠性进行分析时,是否要考虑自动化制造系统软件和人员工作可靠性,应由自动化制造系统技术任务书予以规定。

⑥ 在编写自动化制造系统技术任务书时,应指出为保证新研制(或新型的)自动化制造系统而规定的可靠性及所要做的一系列工作,并把这些工作编制成《自动化制造系统可靠性保障计划》。

4) 自动化制造系统可靠性分析有关的术语定义

自动化制造系统可靠性分析有关的术语定义,如表 4-6 所示。

表 4-6　可靠性分析有关的术语定义

序号	术语	定义
1	可靠性	在规定时间内并在符合使用规范的条件下,自动化制造系统完成规定功能能力的参数保持在规定范围内的性能。自动化制造系统设计与运行可靠性包括无故障性和维修性,在某些情况下,还应包括寿命
2	可靠度	系统在规定的条件下和规定的时间内,完成规定功能的概率,记为 R,它是时间 t 的函数,故也记为 $R(t)$。$R(t)$ 称为可靠度函数。如果用随机变量 T 表示系统从开始工作到发生失效或故障的时间,其分布密度是 $f(t)$,若用 t 表示某一指定时刻,则该系统在时刻的可靠度为 $$R(t) = P(T > t) = \int_t^\infty f(t)\mathrm{d}t$$
3	维修度	可修复系统在规定条件下使用,在规定时间内按照规定的程度和方法进行维修时,保持和恢复到能完成规定功能状态的概率,记为 M。它是维修时间 f 的函数,故也记为 $M(\tau)$,称为维修度函数。如果维修时间用随机变量 T 表示,系统从发生故障后开始维修,到某一时刻 τ,以内能完成维修的概率为 $$P(T > t) = M(\tau)$$

（续表）

序号	术语	定　　义
4	失效模式及影响分析	对可能发生失效的自动化制造系统进行分析，其任务是找出系统可能发生何种失效模式，鉴别或推断其失效的机理，研究该失效模式对系统可能产生什么影响，以及分析这些影响是否是致命性的（即影响和后果分析）
5	失效模式	它为故障的表现形式，这种表现形式是可以通过人的感官或测量仪器、仪表观测到的失效形式
6	失效判据	技术标准和（或）设计文件中规定的用于确定自动化制造系统在完成某种功能时有无失效特征或组合特征
7	可靠性分配	在自动化制造系统作系统设计或改进某一分系统时，要求达到一定的可靠性指标。由于系统的可靠度与其组元的可靠度有关，所以，当系统的可靠性指标确定以后，就存在一个如何把系统规定的可靠度（或有效度）指标合理地分配给各个组元的问题
8	故障树	用各种事件的代表符号和描述事件间逻辑因果关系的逻辑符号组成的倒立树状逻辑因果关系图。故障树分析的结果事件为顶事件；导致其他事件发生的原事件称为底事件；位于顶事件和底事件中间的结果事件为中间事件
9	紧急情况	紧急情况是指自动化制造系统出现的某些特殊情况，它是系统元件某些故障和（或）错误的结合，它能破坏整个系统的工作，而且造成巨大的技术、经济或社会损失
10	失效与故障	在国标中规定，失效就是产品丧失规定的功能，对可修复产品通常也称故障，即可修复的失效

4.4.5　自动化制造系统仿真

1) 仿真的基本概念

现代科学研究、生产开发、社会工程、经济运营中涉及的许多项目，都具有较大的规模和较高的复杂度。在进行项目的设计和规划时，往往需要对项目的合理性、经济性加以评价。在项目实际运营前，也希望对项目的实施结果加以预测，以便选择正确、高效的运行策略或提前消除该项目设计中的缺陷，最大限度地提高实际系统的运行水平。采用仿真技术可以省时、省力、省钱地达到上述目的。

仿真应用很广。例如，在进行军事战役之前，进行沙盘演练和实地军事演习就是对该战役的一种仿真研究。设计飞机时，用风洞对机翼进行空气动力学特性研究，就是在飞机上天实际飞行前，对其机翼在空中高速气体流场中受力状态和运行状态的一种仿真。在制造系统的设计阶段，可以通过某一种模型来研究该系统在不同物理配置情况下不同物流路径和不同运行控制策略的特性，从而预先对系统进行分析和评价，以获得较佳的配置和较优的控制策略。在制造系统建成后，通过仿真，可以研究系统在不同作业计划输入下的运行情况，以比较和选择较优的作业计划，达到提高系统运行效率的目的。

根据仿真与实际系统配置的接近程度，将其分为计算机仿真、半物理仿真和全物理仿真。在计算机上对系统的计算机模型进行试验研究的仿真称为计算机仿真。用以研制出来的系统中的实际部件或子系统去代替部分计算机模型所构成的仿真称为半物理仿真。采用与实际系统相同或等效的部件或子系统来实现对系统的试验研究,称为全物理仿真。一般说来,计算机仿真较之半物理、全物理仿真在时间、费用和方便性等方面都具有明显的优点。而半物理仿真、全物理仿真具有较高的可信度,但费用昂贵且准备时间长。

2) 自动化制造系统仿真的作用

计算机仿真在自动化制造系统的设计、运行等阶段可以起重要的决策支持作用。在自动化制造系统的设计阶段,通过仿真可以选择系统的最佳结构和配置方案,以保证系统建成后既可以完成预定的生产任务,又具有很好的经济性、柔性和可靠性;在系统建成后,通过仿真可以预测系统在不同调度策略下的性能,从而为系统运行选择较好的调度方案;还可以通过仿真选择合理、高效的作业计划,从而充分地发挥自动化制造系统的生产潜力,提高经济效益。

在自动化制造系统的设计和运行阶段,通过计算机仿真能够辅助决策的方面主要如下:

(1) 确定系统中设备的配置和布局:

① 机床的类型、数量及其布局;

② 运输车、机器人、托盘和夹具等设备和装置的类型、数量及布局;

③ 刀库、仓库、托盘缓冲站等存储设备容量的大小及布局;

④ 评估在现有的系统中引入一台新设备的效果。

(2) 性能分析:

① 生产率分析;

② 制造周期分析;

③ 产品生产成本分析;

④ 设备负荷平衡分析;

⑤ 系统瓶颈分析。

(3) 调度及作业计划的评价:

① 评估和选择较优的调度策略;

② 评估合理和较优的作业计划。

3) 计算机仿真的基本理论及方法

仿真就是通过对系统模型的实验去研究一个真实系统,这个真实系统可以是现实世界中已存在的或正在设计中的系统。因此,要实现仿真,首先得采用某种方法对真实系统进行抽象,得到系统模型,这一过程称为建模。其次对已建成的模型进行实验研究,这个过程称为仿真实验。最后要对仿真的结果进行分析,以便对系统的性能进行评估或对建模进行改进。因此,计算机仿真过程可以概括为如下几个步骤:

(1) 建模。建模包含以下几个步骤:

① 收集必要的系统数据,为建模奠定基础;

② 采用文字(自然语言)、公式、图形对系统的功能、结构、行为和约束进行描述;

③ 将前一步的描述转化为相应的计算机程序(计算机仿真模型)。

(2) 进行仿真实验。输入系统的运行数据,在计算机上运行仿真程序,并记录仿真的结果数据。

(3) 结果数据统计及分析。对仿真实验结果数据进行统计分析,以期对系统进行评价。

在自动化制造系统中,通常评价的指标有系统效率、生产率、资源利用率、零件的平均加工周期、零件的平均等待时间、零件的平均队列长度等指标。图4-19为计算机仿真的一般过程。

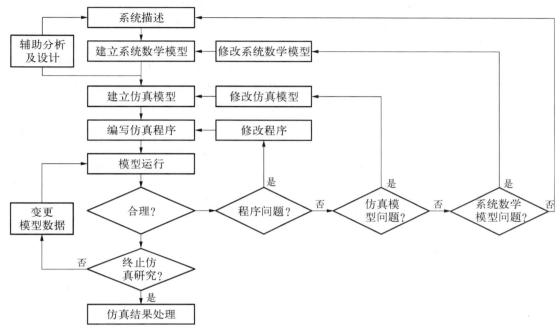

图4-19　计算机仿真的一般过程

4.5　自动化制造系统的分系统设计

4.5.1　工件储运系统设计

自动化制造系统,特别是柔性制造系统的工件储运及管理系统对制造系统的生产效率、复杂程度、投资大小、系统运行可靠性等影响很大,方案设计时应进行多方案分析论证。下面讨论其中的几个主要问题。

1)工件输送系统

通常工件输送系统主要完成零件在制造系统内部的搬运。零件的毛坯和原材料由外界搬运进系统以及将加工好的成品从系统中搬走,一般需人工完成。在大多数情况下,系统所需的工装(夹具等)也由工件输送系统输运。

自动化制造系统,特别是柔性制造系统,一般采用自动化物流系统。但值得注意的是,近年来允许大量人工介入的简单物流系统应用越来越多,这是因为其投资少、见效快、可靠性也相对较高的缘故,在我国现阶段使用比较合适。

(1)输送系统类型。选择输送类型时主要考虑自动化制造系统的规模、输送功能的柔性、易控制性和投资等因素。直线型一般适用于小型的自动化制造系统。直线型和环型输送方式的柔性是有限的,输送柔性最大的是网型和树型,但它们的控制系统比较复杂。此外，直线型、网型和树型的输送方式因工件储存能力很小，一般要设置中央仓库或具有储存功能的缓冲站及装卸站，而环型因工件线内储存能力较大，很少设置中央仓库。从投资角度来说，需用自动导向车的网型和树型，输送系统的投资相对较大。

从已运行的自动化制造系统如柔性制造系统来看，环型输送型应用最多，其次是直线型。从发展情况看，随着各种自动导向小车的研制和应用，网型和树型的应用会逐渐增多，特别适合于中小批量多品种生产的自动化制造系统。

（2）工件输送设备的选择。搬运机器人常用于转运工件及输送回转体工件和刀具。同时由于搬运机器人工作的灵活性强，具有视觉和触觉能力，以及工作精度高等一系列优点，近年来在自动化制造系统中应用越来越广。常用工件输送设备的特点及适用范围，如表4-7所示。

表 4-7　常用工件输送设备的特点及适用范围

输 送 设 备	适应范围及特点
步伐式输送带	适用于 FML；有方向性的刚性输送；输送带节拍固定
空中或地面有轨运输车	适用于 2～7 个机械加工工作站组成直线布局的小型 FMS；适用于 FMC 承载能力可达 10 t，运行速度 30～60 m/min
自动导向小车	适用于非直线布局的较大规模的 FMS；承载能力一般在 2 t 以下；对车间地面及周围环境要求较高
驱动辊道	适用于加工批量较大的 FML 或 FMS；承载能力大，集运输储存于一体；敞开性差，多为环形布局
地链式有轨车	适用于非直线布局的大型 FMS；灵活性介于有轨运输车与无轨运输车之间；控制简单，但地下工程较大，早期的 FMS 有应用

值得指出的是，近年来自动导向小车开始广泛应用于自动化制造系统的实际工作，它具有以下几个方面的优点：

① 较高的柔性。很容易改变、修正和扩充移动路线。

② 实时监视和控制。控制计算机可以实时地对自动导向小车进行监视与控制。当作业计划改变时，可以很方便地重新安排小车路线或为紧急需要服务。

③ 安全可靠。自动导向小车通常由微处理器控制，能与控制器通信，防止碰撞，能低速运行，定位精度高，具有安全保护装置等。

④ 维护方便。选用自动导向小车时主要考虑以下指标：a. 外形尺寸（一般长度为 750～2 500 mm，宽为 450～1 500 mm，高为 550～650 mm）；b. 载重量（50～2 000 kg，选择载重量时除了工件重量外还应考虑托盘和夹具的重量）；c. 运行速度（10～70 m/min）；d. 转弯半径；e. 蓄电池的电压以及每两次充电之间的平均寿命；f. 安全设备（是否有安全杠、警报扬声器及警告灯，全速行驶时的紧急刹车距离）；g. 载物平台的结构；h. 控制方式；i. 定位方式；j. 兼容的控制计算机类型等。

2）自动化仓库

自动化仓库在自动化制造系统中占有非常重要的地位，以它为中心组成了一个毛坯、半成品、配套件和成品(有时也包括工艺装备)的自动存储和自动检索系统。国内外经验表明,尽管以自动化仓库为中心的物流管理自动化系统耗资较大,但它在实现物料的自动化管理、加速资金周转、减少库房面积、保证生产均衡诸方面所带来的效益也是巨大的。因此在自动化制造系统规划时,可以根据实际需求和投资规模考虑采用自动化仓库。

(1) 仓库形式的选择。自动化仓库一般分为立体库和平面库两类。除了大型工件往往采用平面库外,一般工件常用立体库。

平面库是在车间输送平面内的布局形式,通常有直线型和环型两种。

立体仓库由存放货架、自动存取的搬运设备和输入输出站组成。所使用的自动存取搬运设备为堆垛起重机。

当自动化制造系统规模较小,而又不要求无人化运行时,也可以利用缓冲存储,即利用物流系统内各环节(装卸站、输送系统、物料交换站、缓冲存储器等)的储存能力来满足系统运行的需要,而不设置自动化仓库。

(2) 立体仓库布局形式的选择。立体仓库布局形式的选择主要与仓库的存储数量、进出库频率、系统的总体布局、外部设备以及存放物料的规格等有关。仓库的存储数量可由下式计算:

$$N \geqslant \frac{Tn}{t} + a + b$$

式中,N 为中央仓库存储数量,N 的单位为个;T 为无人化生产时间,T 的单位为 h,若系统每天运转 24 h 且 8 h 由工人备料,则 $T=16$ h,若要考虑每周末无人化生产,则 $T=64$ h;n 为系统中机床台数,n 的单位为台;t 为托盘上所装工件的平均加工时间,t 的单位为 h/个;a 为待用托盘数,a 的单位为个;b 为储存刀具所用托盘数,b 的单位为个,若系统具有中央刀库,刀具不在立体库储存,则 $b=0$。

如果考虑系统内缓冲存储的存放数量,中央仓库的库存数可适量减少。出入库频率 P(个/h)可由下式估算:

$$P = n/t$$

以上的计算是很粗略的,应根据自动化制造系统的生产纲领、合理库存量、工艺规划及系统总体情况综合考虑确定。当零件对象明确且相对稳定时,可用仿真计算的方法加以确定。

3) 工件储运管理系统功能

自动化制造系统的工件储运管理系统的功能主要包括对工件物流系统各部分的控制,控制信息的处理和对自动导向小车及自动化仓库的管理。作为管理系统,应具备信息存储和处理等方面的功能。如与上层的信息交换,数据库的维护、统计、查询及报表处理等功能。下面仅讨论其主要功能。

(1) 物流系统的控制。一般来说,工件物流系统由自动化仓库、物料识别装置、物料运输系统和上下料站组成。其中主要部分是自动化仓库和运输系统,它们通常由专业厂提供。相应的控制装置不需用户设计,用户只需通过通信接口,对其动作进行控制并接收反馈信息。物流系统的控制功能体系如图 4 - 20 所示。

(2) 自动导向小车系统的管理。自动导向小车系统管理的目的就是确保系统可靠运行,最大限度地提高物料通过量,使系统生产效率达到最高水平。

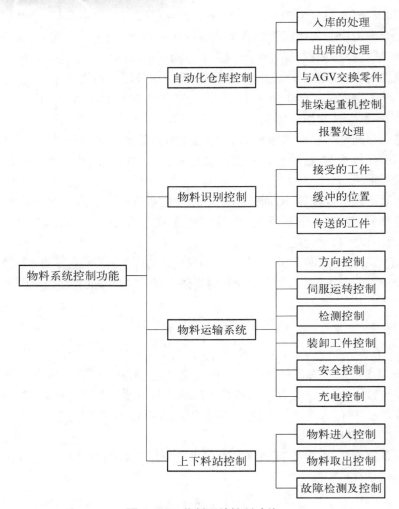

图 4-20　物料系统控制功能

① 交通管制。在多车系统中,为了避免车辆之间的碰撞,系统必须具备交通管制功能。当前最广泛流行的自动导向小车交通管制与火车运行相似,采用区间控制法。它将导引回路划分为若干个区间,由软件进行控制,使任何时刻只允许一辆车位于给定的区间内。

② 车辆调度。车辆调度的目的就是使自动导向小车系统实现最大物料通过量的目标。在工件储运管理系统调度时需遵循一定的调度法则。

③ 系统监控。为了保证系统的正常运行,避免因故障等原因造成损坏,需对自动导向小车系统进行监控。目前实现监视可有两个途径:定位器面板和工业摄像机。

(3) 自动化仓库的管理。自动化仓库的管理除了实现控制功能以及有关信息的输入与预处理外,还应具备以下主要功能:

① 台账管理。对仓库中货物的品种、数量、价格等大量的数据进行管理,使管理人员掌握库存货物的全貌。

② 库存管理。为了满足生产的需要,仓库库存货物应有一定的数量,库存量太多,会造

成资金积压及管理费用增加;库存量太少,则会影响正常生产。不同的物料要求的储存量不同,其最佳值的选择要通过优化设计来确定。也可以通过对各物料的存放时间、最大和最小数量、生产缺件统计等方式来控制库存数量。

③货位管理。货位管理是计算机管理系统的一个重要功能。出入库的货位应按照一定的原则来分配。货物存放方式如表4-8所示。

表4-8　货位存放方式

序号	方　式	内　　容
1	固定货位存放方式	对每个品种的货物分配固定的货位。一旦计算机有了故障,管理人员对货物的存放地址仍很清楚,不会造成混乱。但由于对每种货物都要按最大进货量来分配货位,所以要求的货位较多,使货位利用率降低
2	自由货位存放方式	各种货物并无固定的存放货位。出入库货物的存放地址是按照一定的出入库原则确定的。入库原则一般是先近后远,先用的近、后用的远,常用的近、不常用的远,均匀分配,先存放低层,后存放高层,上轻下重等;出库原则是先进先出,先出零散货物,尽量腾出货位。除了遵循上述原则外,还与工艺要求密切相关。此种存放方式节约储存空间,是用得较多的货位管理方式。但当计算机出故障时,则可能引起数据混乱。所以必须做好数据备份
3	划分区域随机存放方式	对于品种较多或每个品种要求存放货物规格大小不同时可用这种方式。这是前面两种存放方式的混合应用
4	信息跟踪的数据管理	由于同一物品在原料、半成品、成品状态有不同的要求,应按不同品种处理。因此必须将每一物品在每一工艺流程中的技术数据记录在案。计算机对物品的技术数据进行管理时,要跟踪每一物品在每一生产环节中的数据变化、存放地址以及目前的工艺状况等,作为进一步加工时区分不同品种和技术分析的依据

4.5.2　刀具管理系统设计

刀具储运及管理系统是自动化制造系统的一个重要组成部分。它完成加工单元所需刀具的自动运输、储存和管理任务。其中刀具的运输和储存系统及其设备组成及功能已进行了介绍,本节主要从刀具管理的角度讨论刀具储运及管理系统方案设计。

通过对各种自动化制造系统的分析,人们发现刀具系统的投资和可靠性应是自动化制造系统规划和设计时应充分考虑的两个因素。在自动化制造系统中,以每台加工中心配备60把刀具计算,若每把刀具平均有3把备用刀,那么一台加工中心就可能需要180把刀具和相应数量的刀柄,再加上刀具准备和交换等费用,刀具系统方面的投资非常大。另外,在典型的加工系统中,安装刀具、更换刀具和装夹工件的非生产性时间通常大于实际切削时间。因此,最优管理自动化制造系统中的刀具对提高系统总体效率起着不可忽视的重要作用。

1) 刀具储存策略

自动化制造系统的刀具储运和管理系统的设计逐渐形成了两种主流形式。一种是只在机床上配置一定容量的刀库,这种配置形式的缺点是每台机床的刀库存刀容量有限,当自动化制造系统加工的工件种类增加时,加工机床经常不得不停下来更换刀具,因而不能有效并长时间地连续生产;另一种形式是除了机床刀库外设置独立的中央刀库,采用换刀机器人或刀具输送系统(有时刀具输送、工件输送和工具输送可以公用一套输送系统),为若干台加工机床进行刀具交换服务。采用这种形式的设计,中央刀库容量可以增大。不同的机床,可以共享中央刀库的资源,以保证加工机床连续加工,并提高了系统的柔性程度。

　　不论采用哪种形式,刀库中除了各种所需刀具分别至少配置 1 把外,还要考虑为了保证连续加工所需的替换刀具。这就存在刀具储存策略问题。为了不失一般性,下面以 3 台相同加工中心组成的柔性制造单元为例,分析 4 种不同的刀具储存策略(见表 4-9 和图 4-21)。这三台加工中心由一台 147 自动导向小车完成刀具的输送。假设每台加工中心有一个固定式刀库,容量为 $MC=6$。

表 4-9　刀 具 策 略

策　略	内　　容	特　　点
刀具储存 策略 1	每台机床的刀库装有 6 把不同的刀具。在这种刀具储存策略下,不论加工任务在 3 台机床上如何分配,在这个加工单元上完成的加工任务所需的刀具在 3 台机床上均拥有	优点: (1) 有备用刀具组(其他机床上有相同的刀具组,可作为备用) (2) 有备用机床(某机床发生故障时,它的任务可直接由其他机床承担) (3) 刀具传送系统简单(无中央刀库,只需将刀具输送并装入机床刀库即可) 缺点: (1) 需要有一组以上的相同刀具,刀具需求量大 (2) 同样的 NC 程序存储在一台以上的机床中,重复存储,占用存储单元多 (3) 要求机床刀库的容量大
刀具储存 策略 2	每台机床装有两把不同类型的刀具。此外,这些刀具每一种都要有一把备用刀。在这种策略下,各台机床上的刀具是按加工任务分配情况配置的,备用刀具在同一台机床上	优点: (1) 有备用刀具 (2) 每个 NC 程序只存储在一台机床中(不具备相应刀具的 NC 程序显然不必要存储) (3) 刀具传送系统简单 缺点: (1) 需要有一组以上的相同刀具 (2) 没有备用机床
刀具储存 策略 3	每台机床的刀库中只装两把不同的刀具,所有备用刀具与一些别的刀具储存在刀具储存和输送系统中。 在这种策略下,各台机床上的刀具也是按加工任务分配情况配置的,但备用刀具放在中央刀库中	优点: (1) 有备用刀具组 (2) 每个 NC 程序只储存在一台机床中 (3) 对机床刀具库容量的要求低 (4) 更换机床刀库中的刀具就可形成备用机床 缺点: 需要有较复杂的刀具储存和管理系统
刀具储存 策略 4	每台机床的刀库只装两把刀具,在中央刀库中不储存所有的备用刀具,而只储存下面两组备用刀具。 (1) 易于断裂的刀具(存在各刀库中的刀具的备用组)。 (2) 为零件的替代加工路线(替代的工艺计划)提供的刀具。 优缺点同刀具储存策略 3,它的特点是减少了存放在刀具储运系统中的刀具数量	

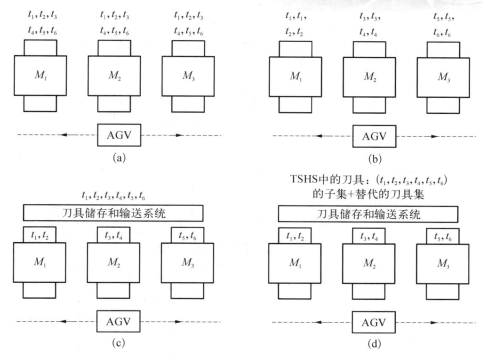

图 4-21 刀具储存策略

(a) 刀具储存策略 1；(b) 刀具储存策略 2；(c) 刀具储存策略 3；(d) 刀具储存策略 4

2) 刀具管理系统构成

(1) 刀具管理系统的设备构成。一个典型的、具有自动刀具供给系统的刀具管理系统的设备构成如表 4-10 所示。它由刀具准备车间(室)、刀具供给系统和刀具输送系统等三部分组成(见图 4-22)。

表 4-10 刀具管理系统设备组成表

	构　　成	说　　　　明
刀具管理系统	刀具准备车间	包括存放暂时不用的刀具、刀柄及附件的部件库、条形码打印机、刀具装卸站、刀具刃磨设备、刀具预调仪等
	刀具供给系统	包括条形码阅读器、刀具进出站和中央刀库等部分
	刀具运输系统	包括装卸刀具机械手、传送链(或运送小车)等刀具输送装置

(2) 刀具管理系统的功能构成。刀具管理系统的功能可分为刀具信息管理、刀具计划管理、在线刀具静态管理和在线刀具动态管理 4 个部分，如图 4-23 所示。

(3) 刀具管理系统软件构成。刀具管理系统软件构成如图 4-24 所示，它主要描述软件模块的组成及与外部软件的关系。

3) 刀具管理系统功能设计

(1) 刀具信息管理。刀具信息除了为刀具管理服务外，还要作为信息源向实时过程控制系统、生产调度系统、CAPP 系统、刀具供应系统等提供服务。刀具信息表如表 4-11 所示。

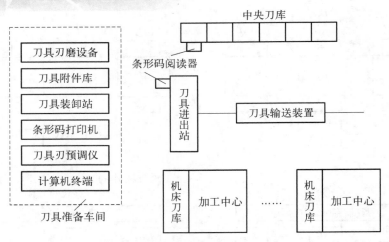

图 4-22　刀具管理系统设备构成

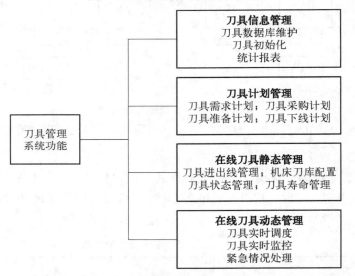

图 4-23　刀具管理系统功能构成

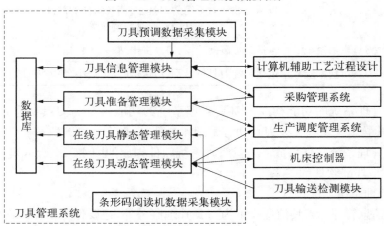

图 4-24　刀具管理系统软件构成

表 4－11　刀具信息表

序　号	名　　　称	内　　　容
1	刀具编码信息	包括刀具分类编码、刀具组件编码、在线刀具编码等。其中在线刀具编码必须与刀具一一对应，即不论刀具是否相同，每个刀具都应有一个专属的在线刀具编码。通常在刀具组装后，粘贴由条形码打印机打印的条形码，作为刀具的唯一标识，以便对刀具进行管理
2	刀具基本属性	包括几何参数（如铣刀的长度、直径）、刀具寿命、刀具材料等
3	刀具组件结构参数	包括刀柄、刀具或刀杆、附件 3 部分及其组装成的刀具组件的结构描述
4	刀具切削参数	包括刀具进给量、切削速度等
5	刀具补偿信息	这是由刀具预调仪在预调后产生的刀具补偿信息，如长度补偿、刀具直径补偿等
6	刀具实时位置信息	描述每一把在线刀具当前所处的位置，如中央刀库库位号或机床刀库库位或运输途中标识
7	刀具实时状态信息	包括累计使用时间、磨损状态、破损状态等

（2）刀具信息管理功能。由于自动化制造系统需要的刀具品种和数量非常之多，每一刀具的信息量又很大，只有采用刀具数据库来管理。根据刀具管理系统的功能划分，除了动态的实时信息由其他模块生成并存入刀具数据库外，其余信息的采集、维护和使用主要由刀具信息管理功能实现，其主要功能如表 4－12 所示。

表 4－12　刀具信息管理功能

序　号	名　　　称	功　　　能
1	刀具数据库维护	① 数据库字段权限管理。对使用数据库的人员按其职责，设置各人员对各字段的使用权限，权限分为有权读取、有权修改等，以保证数据库的安全。② 数据库备份。③ 数据库修改。④ 数据库维护
2	刀具初始化	对组装完毕准备上线的刀具，根据其性质（新刀具、重磨刀具、重装配刀具）对刀具编码信息、刀具基本属性、刀具组件结构参数等进行相应的初始化（输入、修改、确认、置初值等）
3	刀具预调	数据采集与处理刀具预调仪（对刀仪）用来对组装好的刀具进行预调（对刀），所测得的刀具尺寸通过通信接口，处理后记录到刀具数据库。当机床刀库装上一把刀后，计算机将相应的刀具补偿程序送至机床控制器
4	统计、查询、报表生成	可根据需要进行各种统计、查询并生成相应的报表，如刀具实时状态、刀具剩余寿命、刀具交换次数、各机床刀库配置等

（3）刀具计划管理。刀具计划管理的目的是保证刀具的正常供应。刀具管理计划如表 4－13 所示。

表 4 - 13　刀具管理计划

序　号	名　　称	含　　义
1	刀具需求计划	与生产作业计划相对应,通过查询工艺数据库,建立班次、单日、双日、周等的刀具需求计划
2	刀具采购计划	(1) 现有刀具的寿命将到期,且已列入刀具需求计划的刀具 (2) 因刀具破损需补充 (3) 列入近期需求计划的刀具缺件
3	刀具准备计划	根据下班次的刀具需求计划,考虑当前在线刀具及预测可继续使用的情况,列出需组装、预调刀具的清单,并安排时间计划
4	刀具下线计划	统计损坏的刀具或到寿命期的刀具,做退出生产线的计划。当根据刀具准备计划确定的需要上线的刀具数量大于中央刀库中的空余位时,需将暂时不用的刀具退出生产线,这时需按照刀具储存策略、生产计划等做出决策,完成刀具下线计划

(4) 在线刀具静态管理,如表 4 - 14 所示。

表 4 - 14　在线刀具静态管理

序　号	名　　称	内　　容
1	刀具上下线管理	根据刀具准备(上线)计划和刀具下线计划,控制刀具的上线与下线,包括进出站的控制、刀具识别等,并将因上下线引起的刀具信息的变化,记录到刀具数据库
2	机床刀库配置	根据机床加工作业计划,对机床刀库配置做出决策。一般可认为所需刀具数量大于机床刀库容量的问题在生产调度决策时已通过分解加工任务得到解决。这里需解决的问题是当刀库容量大于所需刀具情况下,保留机床刀库中哪些刀具能使换刀次数最少(考虑后续加工)
3	刀具状态管理	对中央刀库、机床刀库及刀具交换进行管理控制,并对计算机内记录的刀具实时状态表、机床及工件实时状态表进行维护,保证其与系统的实际状态相一致
4	刀具寿命管理	接收机床发送来的刀具使用时间累计数据,修改刀具数据库中的刀具寿命值,当到达寿命极限时报警。同时具有刀具剩余寿命统计等功能。注意,这里的寿命是指刀具两次刃磨之间可正常使用的时间

(5) 在线刀具动态管理,如表 4 - 15 所示。

表 4 - 15　在线刀具动态管理

序　号	名　　称	内　　容
1	刀具实时调度	在加工作业计划中插入临时性作业时,要求同时提出加工该零件所需的刀具,完成加工过程中刀具信息的处理
2	刀具实时监控	刀具实时监控主要有刀具破损监控、磨损监控和刀具寿命监控。实现刀具寿命监控的必要条件是 CNC 系统应具有刀具使用时间累计的功能,并作为刀具数据记录中的一项内容
3	紧急情况处理	保证机床在出现刀具破损等突发事件时,能最快地恢复正常加工

4.5.3 作业计划与调度系统设计

对于复杂的、高柔性的自动化制造系统,生产作业计划和调度技术是系统能否取得预期经济效益的关键技术之一。它的目标是通过对物流的合理规划、调度与控制,达到提高生产效率、缩短制造周期、减少在制品、降低库存,提高生产资源利用率的目的,保证生产任务的完成。

自动化制造系统的生产计划与调度技术与制造系统的生产类型和生产过程的组织控制形式密切相关,也就是说不同的生产类型和组织控制形式需要不同结构的管理系统来实现。本节主要针对多品种、中小批量的生产类型,讨论自动化制造系统作为单元层的生产作业调度与控制问题。

1) 上层的生产作业计划

制订单元层生产作业计划的依据是工厂层的生产计划和车间层的生产作业计划。

(1) 工厂层生产计划。在多品种中小批量生产的情况下,工厂层的生产计划通常采用企业资源计划(ERP)的方法编制。它具有如下特点:

① 它是零件级的生产计划,规定了整个零件的开工期、完工期及数量。

② 计划是按时段编制的,时段可以是日、周、旬、月等。作为工厂层计划一般没有必要安排得太细,但是执行期的计划时段也不能太长,否则无法发挥其优点。

③ 计划的编制体现了在需要的时间加工所需数量零件的思想,具有减少在制品数量、减少库存和流动资金占用的作用。

④ 已经以工作中心为单位(通常自动化制造系统作为一个工作中心),初步考虑了能力的平衡。

(2) 车间生产作业计划。车间生产作业计划的任务是根据本车间的资源、实际生产作业完成情况、毛坯准备情况等,为落实工厂层生产计划而进行规划。车间生产作业计划的内容如下:

① 核实 ERP 下达的任务。如果任务是按月计划形式下达的,还需分解出周或旬计划。

② 综合各种计划(订单),明确本周的任务。以 RRP 下达的本周作业任务为主体,在此同时应考虑拖期订单(如因毛坯未到而未安排的上周应安排的部分任务)、紧急订单(如因用户的紧急订货引起的加工订单或装配缺件)、未列入 ERP 的配件订单等。

③ 检查毛坯及半成品(多个车间协作完成的零件或有工序外协的零件,以半成品供应给本车间继续加工)的供应情况。首先,检查毛坯或半成品入库情况;其次,对于尚未入库的则继续检查其加工、采购或外协的情况,判断及时入库的可能性;最后,对于不能保证及时入库的毛坯或半成品应对相应的加工任务在周计划中做出标记,并发出催件单。

④ 计算与确定各零件在本车间的开工与完工时间,由于 ERP 已确定了零件的开工与完工时段,因此对于全部工序在本车间加工的零件,不需重新计算,但对部分工序在本车间加工或已拖期的零件需重新计算。

⑤ 确定各零件的优先级,以确保交货期。

⑥ 根据计算机辅助工艺过程设计的要求,将任务分配给各单元,对于需要几个单元协作完成的零件,还需对工序进行划分,并分别确定该零件在各单元的开工与完工期。

⑦ 进行能力平衡与调整,对于能力与负荷之间关系,应考虑下列几个方面:本周与以后

若干周之间的平衡、各单元自身能力与负荷之间的平衡以及各单元之间的平衡。必要时进行调整,包括各单元之间任务分配的调整,能力过剩时从下周计划中提取部分有毛坯的加工任务,以及对能力作短期调整等。

⑧ 完成车间周作业计划,并下达订单。

2) 自动化制造系统的调度

自动化制造系统的调度是一种实时的动态调度,它是在系统加工过程中根据系统当前的实时状态,对生产活动进行动态优化控制。

自动化制造系统的生产作业计划(含静态调度)虽然已对生产活动进行了规划和安排,且这种规划在一定程度保证了自动化制造系统运行达到规划的最优目标。但这是在系统开始运行之前进行的。开始运行后,实际状况与做生产计划时所假定的情况不一定完全吻合,因而需要进行实时动态调度。

此外,前面所述的生产作业计划主要是针对工件在系统中的流动而做的。但是零件在系统中的流动和加工必须依靠系统资源的活动来实现,这些资源包括机床、物料输送装置、缓冲存储站、刀具、夹具、机器人以及操作人员等。因此需要在加工过程中对系统资源进行实时动态调度。

调度决策。自动化制造系统的实时动态调度是非常复杂的任务。首先,在进行调度之前必须搜集相对完整的系统实时状态数据,并对数据进行分析;其次,在数据分析的基础上才能做出适当的决策,并尽可能选择最优的决策方案。自动化制造系统(以柔性制造系统为例)通常有如下的决策点:

① 工件进入系统的决策点。在此决策点,根据系统的作业计划,决定应向系统输入哪类工件。决策规则包括工件优先级、工件混合比、工件交货期、托盘应匹配哪种工件、先来先服务等。

② 工件选择加工设备的决策点。在此决策点,根据加工设备的负荷和工件加工计划,决定在能够完成工序的各加工设备中选择一台合适的加工设备。决策规则包括确定设备、最短加工时间、最短队长、最早开始时间、加工设备优先级等。

③ 加工设备选择工件的决策点。在此决策点,根据系统的加工负荷分配,决定某时刻加工设备应该从其队列中选择哪个工件,它可以决定各工件在加工设备上的加工顺序。决策规则包括先到先加工、后到后加工、最短加工时间、最长加工时间、宽裕时间最短、宽裕时间最长、剩余工序最少、剩余工序最多、最早交货期、最短剩余加工时间、最长剩余加工时间、最高优先级等。

④ 小车运输方式的决策点。在此决策点,根据申请小车服务的对象的优先级或小车与服务对象的距离等因素,决定在所有申请小车服务信号中响应哪个信号。决策规则包括先申请先响应、就近响应、最高优先级响应、加工设备空闲者响应等。

⑤ 工件选择缓冲站的决策点。在此决策点,根据工件下一加工设备与缓冲站的位置以及缓冲站空闲情况,决定工件(装夹在托盘上)选择哪一个缓冲站。决策规则包括固定存放位置规则、就近存放、先空的位置先放等。

⑥ 选择运输小车的决策点。在此决策点,根据小车的空闲情况和其当前位置,决定在多辆小车的条件下选择哪一辆小车。决策规则包括固定小车运输范围的规则、最早空闲的

小车、最低利用率的小车、最短达到时间的小车、最高优先级的小车等。

⑦ 加工设备选择刀具的决策点。在此决策点，根据刀具的使用情况和刀具的当前位置等，决定在能够完成工序加工的刀具中选择哪一把刀具。决策规则包括刀具的利用率最低、刀具的距离最近、刀具的使用寿命最长等。

⑧ 刀具选择加工设备的决策点。在此决策点，根据机床上加工零件的情况和机床本身情况，决定有几台机床争用同一把刀具时，刀具去哪一台机床。决策规则包括最早申请刀具的加工设备优先、加工设备利用率最低的优先、加工设备上零件加工时间最短的优先、加工时间最长的优先、剩余工序最少的优先、剩余工序数最多的优先、剩余加工时间最短的优先、剩余加工时间最长的优先、优先级最高的优先、工件交货期最早的优先等。

⑨ 刀具选择中央刀库中刀位的决策点。在此决策点，根据刀具从当前位置到中央刀库的距离或该刀具下一步应在哪台机床上使用等情况，决定从刀具进出站或加工设备上运送到中央刀库的刀具存放在刀库的哪一刀位。决策规则包括固定位置规则、随机存放、就近存放等。

⑩ 刀具机器人运刀的决策点。在此决策点，根据申请服务对象的情况，决定在所有申请刀具机器人服务信号中响应哪个信号。决策规则包括先申请先响应、最高优先级先响应、加工设备利用率最高先响应、加工设备利用率最低先响应、最早交货期先响应、就近响应等。

3）调度规则

由于动态调度实时性的要求，难以用运筹学或其他决策方法在满足生产实时性要求的情况下求得问题的最优解。因而在动态调度中人们广泛研究和采用从具体生产管理实践中抽象提炼出来的若干经验方法和规则进行调度，即解决前面提出的需决策的问题。常见的调度规则如下：

（1）处理时间最短（shortest processing time，SPT）。该规则使得服务台在申请服务的顾客队列里选择处理时间最短的顾客进行服务。例如，加工设备选择工件时，首先选择所需加工时间最少的工件进行加工，小车、机器人在响应服务申请时，首先响应运行时间最短的服务申请等。

（2）处理时间最长（longest processing time，LPT）。该规则使得服务台在申请服务的顾客队列里选择处理时间最长的顾客进行服务。例如，加工设备首先选择加工时间最长的工件进行加工，小车、机器人响应运行时间最长的服务对象等。

（3）剩余工序加工时间最短（shortest remaining processing time，SR）。该规则使得服务台在申请服务的顾客队列里选择剩余工序加工时间最短的顾客进行服务。例如，加工设备首先选择剩余工序加工时间最短的工件加工。

（4）剩余工序加工时间最长（longest remaining processing time，LR）。该规则使得服务台在申请服务的顾客队列里选择剩余工序加工时间最长的顾客进行服务。例如，加工设备首先选择剩余工序加工时间最长的工件处理。

（5）下道工序加工时间最长（longest subsequent operation，LSOPN）。该规则选择下一道工序加工时间最长的工件首先接受服务，其目的是使该工件尽早完成当前工序，以使留有充足的时间给下道工序的加工。

（6）交付期最早（earliest due date，EDD）。该规则确定交付日期最早的工件最先接受服务,以便该工件尽早完成整个生产过程。

(7) 剩余工序数最小(fewest operation remaining,FOPNR)。该规则选择剩余工序数最少的工件首先接受服务,以便该工件尽早完成加工过程,使系统的在制品数减少。

(8) 剩余工序数最多(most operation remaining,MOPNR)。该规则选择剩余工序数最多的工件首先接受服务,以便该工件能有足够的时间完成这些剩余工序的加工,从而尽量避免工件完成期的延误。

(9) 先进先出(first in first out,FIFO)。该规则规定先到达队列的顾客先接受服务。例如,先到达加工设备队列的工件先接受加工,先申请小车、机器人服务的设备(或工件、刀具)先接受服务等。

(10) 随机选择。该规则在服务队列中随机地选择某一顾客。

(11) 松弛量最小(least amount of slack,SLACK)。该规则选择松弛量最小的工件首先接受服务,工件松弛量 = 交付期 - 当前时刻 - 剩余加工时间。 显然,如果工件的松弛量为负,则肯定该工件已不能按期交货。

(12) 单位剩余工序数的松弛时间最小(least ratio of slack to operation,SLOPN)。该规则选择每单位剩余工序数的松弛时间最小的工件首先接受服务。单位剩余工序数的松弛时间 = 松弛时间 / 剩余工序数。 显然,SLOPN 的比率越低,则工件需完成剩余工序加工的紧迫感越强。

(13) 下道工序服务队列最短。该规则优先选择这样的工件,即完成该工件下道工序的设备请求服务的队列最短。

(14) 下道工序服务台工作量最少。该规则优先选择这样的工件,即完成该工件下道工序的设备的工作量最小。

(15) 组合规则。该规则的目标是利用 SPT 规则,但优先加工那些具有负松弛量的工件。

(16) 优先权规则。优先权规则设定每一工件、设备或刀具的优先等级,优先响应优先权等级高的申请对象。

(17) 确定性规则。确定性规则指选择的对象是指定的。例如,工件按指定的顺序引入系统、工件送到指定的加工设备、缓冲区中的托盘站,以及选择指定刀具等。

(18) 利用率最低。利用率最低规则首先选择队列中利用率最低的服务台进行服务。例如,利用率最低的加工设备优先选择工件进行加工,利用率最低的刀具首先被选用等。

(19) 启发式规则。启发式规则是人们从长期的调度实践中抽象提炼出来的经验方法和规则,它是取得可行或较好解的一种常用方法,常用于无法用运筹学方法求得最优解时的情况。

4) 自动化单机的生产计划与调度

虽然自动化单机是自动化制造系统最初级的形式,但它却是提高生产率、降低成本的重要途径,由于单机自动化往往具有投资少、见效快、故障的影响小等特点,在生产中仍被广泛采用。

(1) 生产作业计划。自动化单机与自动化制造系统本质的区别是没有自动的物料储运系统及其控制系统。前面讨论的自动化制造系统的生产作业计划(含静态调度)的对象是工

件和加工设备,因此其内容与方法对自动化单机基本上是适用的,主要的不同点如下:

① 有些优化目标与方法是面向自动化制造系统的,对单机情况不适用。例如,一组零件在系统的通过时间最短等。针对自动化单机情况,人们也研究了不少优化调度的方法。

② 有些与自动物料储运有关的考虑是不必要的,例如,在非关键零件的作业安排时,不必考虑零件组在各设备上的加工时间尽量接近的要求。

（2）调度。在自动化单机情况下,由于物料输送是人工完成的,因此不存在复杂自动化制造系统中才有的动态调度问题。在这里关心的是对生产状态的数据采集与人工控制,它与传统制造环境下的管理信息系统(MIS)车间作业管理相似,不再赘述。

 思考题

（1）试对柔性制造系统与刚性自动线的组成、加工柔性与生产效率进行比较。

（2）托盘交换装置起什么作用?

（3）刀具管理系统的作用是什么? 它应具备哪几方面的功能?

（4）自动化制造系统检测与监控系统的作用是什么?

（5）自动化立体仓库有哪些优点?

（6）为了保证清洗站将工件清洗干净,应该注意哪些问题?

（7）各种工件尺寸精度检测技术及装置的检测原理各有什么特点?

（8）试说明 FMS 多层计算机控制系统的结构。

（9）简述自动化制造系统的功能模型。

5

制造系统信息化

信息是指应用文字、数据或信号等形式通过一定的传递和处理,来表现各种相互联系的客观事物在运动变化中所具有的特征性内容的总称。

信息化是指加快信息高科技发展及其产业化,提高信息技术在经济和社会各领域的推广应用水平并推动经济和社会发展前进的过程。信息化最初起源于1993年美国提出的"信息高速公路计划"。信息化的内容包括信息生产和信息应用两大方面。我国企业信息化的战略是"以信息化带动工业化,以工业化促进信息化"。

信息化制造也称为制造业信息化,是企业信息化的主要内容。那么什么是信息化制造?

5.1 制造系统信息化概述

信息化制造是指在制造企业的生产、经营、管理的各个环节和产品生命周期的全过程,应用先进的计算机、通信、互联网和软件等信息技术和产品,并充分整合、广泛利用企业内外信息资源,提高企业生产、经营和管理水平,增强企业竞争力的过程。

通常来说,信息化制造就是用0和1的数字编码来表示、处理和传输制造企业生产经营的一切信息。企业生产经营的信息,不仅能够用0和1这两个数字编码来表示和处理,而且能够以光的速度在光纤中传送,使企业生产经营的信息流实现数字化。信息化制造的目的是把信息变成知识,将知识变成决策,把决策变成利润,从而使制造业的生产经营能够快速响应市场需求,达到前所未有的高效益。

5.2 制造系统常用信息管理系统

5.2.1 企业资源管理系统

1) ERP概念

企业资源计划(ERP)是由美国计算机技术咨询和评估领域Gartner公司提出的一种供应链的管理思想。企业资源计划是指建立在信息技术基础上,以系统化的管理思想,为企业决策层及员工提供决策运行手段的管理平台。ERP系统支持离散型、流程型等混合制造环境,应用范围从制造业扩展到零售业、服务业、银行业、电信业、政府机关和学校等事业部门,通过融合数据库技术、图形用户界面、第四代查询语言、客户服务器结构、计算机辅助开发工具、可移植的开放系统等对企业资源进行了有效的集成。

MRP Ⅱ（企业制造资源计划）是下一代的制造业系统和资源计划软件。除了 MRP Ⅱ 已有的生产资源计划、制造、财务、销售、采购等功能外，还有质量管理，实验室管理，业务流程管理，产品数据管理，存货，分销与运输管理，人力资源管理和定期报告系统。目前，在我国 ERP 所代表的含义已经被扩大，用于企业的各类软件，已经统统被纳入 ERP 的范畴。它跳出了传统企业边界，从供应链范围去优化企业的资源，是基于网络经济时代的新一代信息系统。它主要用于改善企业业务流程以提高企业核心竞争力。

2）ERP 的发展

信息技术在企业管理学上的应用可分做如下发展阶段：

（1）管理信息系统（management information system，MIS）阶段。企业的管理信息系统主要是记录大量原始数据、支持查询、汇总等方面的工作。

（2）物料需求计划（material require planning，MRP）阶段。企业的信息管理系统对产品构成进行管理，借助计算机的运算能力及系统对客户订单、在库物料、产品构成的管理能力，实现依据客户订单，按照产品结构清单展开并计算物料需求计划。实现减少库存，优化库存的管理目标。

（3）制造资源计划（manufacture resource planning，MRP）阶段。MRP Ⅱ 是在 MRP 管理系统的基础上，系统增加了对企业生产中心、加工工时、生产能力等方面的管理，以实现计算机进行生产排序的功能，同时也将财务的功能囊括进来，在企业中形成以计算机为核心的闭环管理系统，这种管理系统已能动态监察到产、供、销的全部生产过程。

（4）企业资源计划（enterprise resource planning，ERP）阶段。进入 ERP 阶段后，以计算机为核心的企业级的管理系统更为成熟，系统增加了包括财务预测、生产能力、调整资源调度等方面的功能。配合企业实现准时制生产（just in time，JIT）管理全面、质量管理和生产资源调度管理及辅助决策的功能。成为企业进行生产管理及决策的平台工具。

（5）电子商务时代的 ERP。Internet 技术的成熟为企业信息管理系统增加与客户或供应商实现信息共享和直接的数据交换的能力，从而强化了企业间的联系，形成共同发展的生存链，体现企业为达到生存竞争的供应链管理思想。ERP 系统相应实现这方面的功能，使决策者及业务部门实现跨企业的联合作战。

3）ERP 系统的功能

（1）功能模块。

ERP 系统包括以下主要功能：供应链管理、销售与市场、分销、客户服务、财务管理、制造管理、库存管理、工厂与设备维护、人力资源、报表、制造执行系统、工作流服务和企业信息系统等。此外，还包括金融投资管理、质量管理、运输管理、项目管理、法规与标准和过程控制等补充功能，如图 5-1 所示。

ERP 是将企业所有资源进行整合集成管理，简单地说，是将企业的三大流即物流、资金流和信息流进行全面一体化管理的信息管理系统。它的功能模块已不同于以往的 MRP 或 MRP Ⅱ 的模块，它不仅可用于生产企业的管理，而且在许多其他类型的企业如一些非生产、公益事业的企业也可导入 ERP 系统进行资源计划和管理。

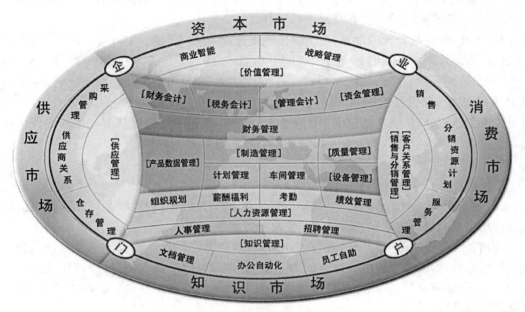

图 5 - 1　ERP 系统的功能模块

在企业中,一般的管理主要包括三方面的内容:生产控制(计划、制造);物流管理(分销、采购、库存管理);财务管理(会计核算、财务管理)。这三大系统本身就是集成体,它们互相之间有相应的接口,能够很好地整合在一起,对企业进行管理。另外,要特别一提的是,随着企业对人力资源管理重视的加强,已经有越来越多的 ERP 厂商将人力资源管理纳入了 ERP 系统,使其成为 ERP 的一个重要组成部分。

(2) 功能特点。ERP 是一种现代企业管理的思想与模式。从总体上看,它具有如下功能和特点:

① 以"供应链管理"为核心。ERP 基于 MRP Ⅱ,又超越了 MRP Ⅱ。ERP 在 MRP Ⅱ 的基础上扩展了管理范围,把客户需求和企业内部的制造活动以及供应商的制造资源整合在一起,形成一个完整的供应链,并对供应链上的所有环节进行有效的管理,形成了以供应链为核心的 ERP 管理系统。ERP 适应了企业在知识经济时代的激烈竞争市场环境中生存与发展的需要,可给企业带来显著的利益。

② 以"客户关系管理"为前台的重要支撑。在以当前客户为中心的市场经济时代,企业关注的焦点逐渐由过去关注产品转移到关注客户上来。ERP 系统在以供应链管理核心的基础上,增加了客户关系管理,将着重解决企业业务活动的自动化和流程的改进,这些工作争取市场营销、客户服务和支持等与客户直接打交道的前台完成。

③ 把组织看作是一个社会系统。ERP 吸收了西方现代管理理论中的社会系统管理思想。在这个管理思想中,组织是一个协作的社会系统,要求人们之间的合作,借助通信技术和网络技术,在组织内部建立起上请下达、下请上达的有效信息交流沟通通道,保证上级管理部门及时掌握情况,获得作为决策基础的准确信息,保证指令的顺利下达和执行。

④ 支持混合方式的制造环境。ERP 既可支持离散型生产制造环境,又可支持流程型制造环境,按照面向对象的业务模型组合业务过程。

⑤ 以人为本的竞争机制。ERP 管理思想要求在企业内部建立"以人为本"的竞争机制,给员工制定工作评价标准,并以此作为员工进行奖励的准则,调动每个员工的积极性,发挥每个员工的最大潜能。

⑥ 支持 Internet/Intranet 工作环境,全面整合企业内外资源。网络时代的 ERP 将使企业适应全球化竞争所引起的管理模式的变革,采用最新的信息技术,全面整合企业内外资源。

5.2.2 产品数据管理系统

1) 产品数据管理概念

产品数据管理(product data management,PDM)以软件为基础,是一门管理所有与产品相关的信息(包括电子文档、数字化软件、数据库记录等)和所有与产品相关的过程(包括工作流程和更改流程)的技术。它提供产品全生命周期的信息管理,并可在企业范围内为产品设计和制造建立一个并行化的协作环境。

1995 年 9 月,Gartner 公司从企业产品策划到产品实现的并行化协作环境(供应、工程设计、制造、采购、市场与销售、客户等构成)的关键使能技术。

PDM 的定义:产品数据管理是对产品全生命周期数据和过程进行有效管理的方法和技术。

PDM 的基本原理:在逻辑上将各个 CAX 信息化孤岛集成起来,利用计算机系统控制整个产品的开发设计过程,通过逐步建立虚拟的产品模型,最终形成完整的产品描述、生产过程描述以及生产过程控制数据。技术信息系统和管理信息系统的有机集成,构成了支持整个产品形成过程的信息系统,同时也建立了计算机集成制造系统(CIMS)的技术基础。通过建立虚拟的产品模型,PDM 系统可以有效、实时、完整地控制从产品规划到产品报废处理整个产品生命周期中的各种复杂的数字化信息。

2) PDM 体系结构

PDM 系统是建立在关系型数据库管理系统平台上的面向对象的应用系统,由支持层、对象层、功能层和用户层组成,其体系结构如图 5 - 2 所示。

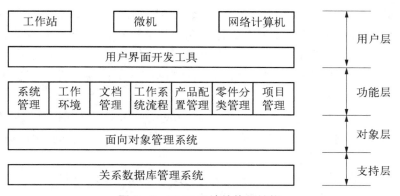

图 5 - 2 PDM 系统的体系结构

第一层是支持层。目前流行的通用商品化关系型数据库是 PDM 系统的支持平台。关系型数据库提供了数据管理的基本功能，如存、取、删、改、查等操作。

第二层是对象层。由于商用关系型数据库侧重于管理事务性数据，不能满足产品数据动态变化的管理要求。因此，在 PDM 系统中采用若干个二维关系表格来描述产品数据的动态变化。PDM 系统将其管理动态变化数据的功能转换成若干个二维关系型表格，实现面向产品对象的管理要求。如可以用一个二维表记录产品的全部图形目录，但不能记录每一个图形的变化历程；再用一个二维表专门记录设计图形的版本变化过程，这样通过两张表可以清楚描述产品设计图形的更改流程。

第三层是功能层。对象层提供了描述产品数据动态变化的数据模型，在此模型的基础上，根据 PDM 系统的管理目标可以建立相应的产品数据管理功能模块。PDM 系统中的功能模块可以分为两大类。一类是包括系统管理和工作环境的管理模块。系统管理主要是针对系统管理员如何维护系统，确保数据安全与正常进行的功能模块；工作环境管理是使各类不同的用户能够正常、安全、可靠地使用 PDM 系统，既要方便快捷，又要安全可靠。另一类是基本功能模块，包括文档管理、产品配置管理、工作流程管理、零件分类和检索管理、项目管理等。

第四层是用户层。不同的用户在不同的计算机上操作，PDM 系统都要提供友好的人机交互界面。根据各自的经营目标，不同企业对人机界面也会有不同的要求。因此，在 PDM 系统中，除了提供标准的、不同硬件平台上的人机界面外，还要提供开发用户化人机界面的工具，以满足各类用户的特殊要求。

整个 PDM 系统和相应的关系型数据库都建立在计算机操作系统和网络系统的平台上，另外还有各式各样的应用软件，如 CAD、CAPP、CAM、CAE、文字处理、表格生成、图像显示和音像转换等。在计算机硬件平台上，构成了一个大型的信息管理系统，PDM 将有效地对各类信息进行合理、正确和安全的管理。

3）PDM 基本功能

电子资料室和文档管理（data vault and document management）：主要保证数据的安全性和完整性，并提供对分布式异构数据的存储、检索和管理的功能。通过权限控制来保证产品数据的完整性，面向对象的数据组织方式提高快速有效的信息访问。

产品结构/配置管理（product configuration management）：以电子资料室为底层支持，以物料清单（bill of materials，BOM）为组织核心，把定义最终产品的所有工程数据和文档联系起来，使企业各部门在产品的整个生命周期内共享统一的产品配置，实现产品数据的组织和管理，并在一定目标或规则约束下向用户或应用系统提供产品结构的不同视图和描述。支持使用查询，支持版本修改/版本控制，生成物料清单；支持通用件或难找零件的有效替换；支持规则驱动的配置等。

工作流程管理（workflow or process management）：用来定义和控制人们创建和修改数据，实现产品的设计与修改过程的跟踪与控制，为产品开发过程的自动管理提供保证，并支持企业产品开发过程的重组。

项目管理（item management）：开发过程及其进度进行管理与监控，提供所需要的项目和活动的状态信息，报告资源规划和重要路径。

零件库管理(part vault management):最大限度地重新利用现有设计为创建新的产品提供支持,它基于内容检索,具有强大的零件库接口功能,能构造电子仓库属性编码过滤器。

其中,文档管理是基础,产品管理的重要环节是产品配置管理,项目管理的重要作用是有助于进行信息交换。

5.2.3 产品全生命周期管理系统

1) 产品全生命周期管理概述

产品全生命周期管理(product overall lifecycle management,PLM)与产品数据管理(PDM)技术有着密切的联系,PLM 是 PDM 的继承与发展。PDM 技术已经有近二十年的发展历程,其技术及相关产品的发展经历了 3 个阶段,即专用 PDM 阶段、专业 PDM 阶段和分布式标准化 PDM 阶段。20 世纪 80 年代初随着 CAD 在企业中的广泛应用,对于电子数据和文档的存储及获取新方法的需求变得越来越迫切,诞生专用 PDM,以解决大量电子数据的存储和管理问题。20 世纪 90 年代初出现专业 PDM 系统,可以完成对产品工程设计领域的产品数据的管理能力、对产品结构与配置的管理、对电子数据的发布和工程更改的控制以及基于成组技术的零件分类管理与查询等,同时软件的集成能力和开放程度也有较大的提高。20 世纪 90 年代末分布式系统和 PDM 技术的标准化标志着了新一代 PDM 时代的到来。

PLM 是当代企业面向客户和市场,快速重组产品每个生命周期中的组织结构、业务过程和资源配置,从而使企业实现整体利益最大化的先进管理理念。产品全生命周期管理是在经济、知识、市场和制造全球化环境下,将企业的扩展、经营和管理与产品的全生命周期紧密联系在一起的一种战略性方法。先进制造与管理技术认为,把以一个核心企业为主,根据企业产品的供应链需求而组成的一种超越单个企业边界的,包括供应商、合作伙伴、销售商和用户在内的跨地域和跨企业的经营组织称为扩展企业。目前,客户和供应商的参与已经相当普遍,任何企业必须扩展,传统封闭孤立的企业已无法生存。

PLM 将先进的管理理念和一流的信息技术有机地融入现代企业的工业和商业运作中,从而使企业在数字经济时代能够有效地调整经营手段和管理方式,以发挥企业前所未有的竞争优势。PLM 就是指从人对产品的需求开始,到产品淘汰报废的全部生命历程。其中包括产品需求分析、产品计划、概念设计、产品设计、数字化仿真、工艺准备、工艺规划、生产测试和质量控制、销售与分销、使用/维护与维修以及报废与回收等主要阶段。贯穿产品全生命周期价值链,企业的各个部门(可以是独立的企业)形成了一个完整、有机的整体。为了实现利益最大化,作为这个整体上的各部门之间需要紧密地协同运作,同时,这些部门的组合方式也在不断地发生变化。

2) 产品全生命周期管理系统的体系结构

(1) PLM 功能结构。PLM 系统在功能上划分为 3 个集中式管理服务构件集和一个资源集成与信息服务平台。3 个构件集包括信息服务构件集、资源管理构件集和过程监控构件集。这 3 个服务构件集分别从信息、资源和过程 3 个方面为扩展企业提供产品全生命周期管理所涉及全部核心功能和应用功能,而资源集成与信息服务平台为以上 3 个构建集提供信息集成的网络平台。

① 信息服务构件集。为扩展企业提供基础信息服务,如模型服务、视图管理和知识管

理等,同时还提供一些基本的领域应用信息服务,如电子仓库、目录服务、零件分类服务、产品结构等。除此之外,信息服务构件集还为资源管理构件集、过程监控构件集提供系统信息和过程信息服务,为资源部署与信息网格平台提供资源链接和汇集方面的信息服务。

② 资源管理构件集。为扩展企业提供一个资源集成环境,并对所有被集成到资源部署与信息网格平台上的资源进行管理。主要功能包括资源部署、资源配置、资源定制、动态联盟和系统安全等功能。

③ 过程监控构件集。为扩展企业提供协同工作的环境,监控资源的运行过程和状态。主要功能包括生命周期管理、工作流管理、变更控制、项目管理等。

④ 资源集成与信息服务平台。在 3 个服务构件集的基础上,基于 XML 的信息网格协议(如 SOAP、WSDL、UDDI 等)包装、发布、组织和管理扩展企业的资源和信息,实现扩展企业资源的动态部署、连接和信息交换。扩展企业资源和信息沿时间和空间两个方向展开,构成一个逻辑上的网格。扩展企业的资源和信息部署在网格结点上,网格结点之间的连线表示扩展企业资源之间的相互关系。资源部署与信息服务平台的作用主要包括两个方面:一方面,通过在标准的信息网格协议的基础上,采用松耦合的方式,动态地建立和维护核心企业与各协同企业间面向产品价值链的资源和信息关联关系;另一方面,部署在网格平台上的各个结点也是企业提供信息服务的入口。

(2) PLM 软件体系结构。PLM 系统的软件体系结构设计需要能够支持在异构环境下基于容器的构件化设计,且具有跨平台能力,而 RML/J2EE 平台作为 PLM 系统技术支撑平台目前为多数系统所采用。支持 J2EE 的商业平台较多,技术也相对成熟,并且 J2EE 平台和 CORBA 能通过 RML/IIOP 进行互联,这也为支持扩展企业应用系统的集成提供了基础。

WebLogic 是最新一代的 Web 应用服务器,基于 J2EE 的 PLM 系统网络结构及软件体系结构与传统的客户/服务器(C/S)模型和基于 Web 的浏览器/服务器(B/S)模型不同,它是一种包括客户层、中间层和企业信息层的多层结构。中间层建立在 J2EE 平台上,企业信息层建立在基于 CORBA 的基础信息平台上。中间层分为表示逻辑层和业务逻辑层,这种分层方法可以将企业业务逻辑与客户视图分开,极大地增强了企业应用系统的扩展性、健壮性和可维护性,使得开发者能迅速改变原有的企业应用逻辑,并将新的应用系统插入到该平台中,从而使得企业能适应迅速发展的业务环境。

① 表示逻辑层。表示逻辑层负责产生 PLM 系统的用户视图,并为浏览器客户提供相应的页面显示、定制和用户交互。表示层包括各种显示模块,如权限和用户视图、产品文档数据视图、产品配置视图等。表示层并不实现企业的实际业务逻辑,只是作为用户和业务之间的纽带,为用户生成用户视图和交互界面。企业业务逻辑的实现是在业务逻辑层完成的。

② 业务逻辑层。在业务逻辑层,通过开发各种分布式软件构件来实现 PLM 系统在业务逻辑上的需求,这些构件覆盖了 PLM 系统各个功能层次上的全部功能设计。J2EE 平台本身提供支持基于构件分布式计算所需的各种公共对象服务,并通过构件容器的帮助建立和协调各构件之间运行时的相互关系。

③ 企业信息层。企业信息层包括数据库系统、扩展企业信息系统,如 CAD、CAPP、MRPⅡ/ERP、SCM、CRM 等。PLM 系统与扩展企业其他信息系统的集成既可以在数据

级,也可以在应用级。应用级的系统集成可以先通过 CORBA 进行包装,然后再通过 RMI/IIOP 协议在 J2EE 构件和 CORBA 构件之间进行通信,以实现信息和功能的集成。

（3）PLM 系统的总体层次结构。PLM 系统在软件总体设计上分为 6 个层次,它们是通信层、对象层、基础层、核心层、应用层和方案层,如图 5-3 所示。

通信层和对象层的作用是为 PLM 系统提供一个在网络环境下的面向对象的分布式计算基础环境。中间 3 个层次包括基础层、核心层和应用层,是 PLM 系统实现的主要内容。

基础层是建立在对象分布式计算平台之上,以规范化的构件服务接口形式为 PLM 的其他功能构件提供基础信息服务,是实现 PLM 的关键。它包括模型管理、多视图管理、生命周期管理、协同工作环境、权限管理和集成环境等功能模块。

核心层包括支持产品全生命周期各阶段对数据和过程的基本操作功能,其功能模块以构件 API 的形式向上层提供服务,也可以直接服务于最终用户。它包括基于主题的知识管理、零件分类管理、产品结构管理、工作流程管理和电子仓库管理等功能模块。应用层是为支持扩展企业构建与特定业务需求相关的解决方案而提供的一组应用工具集。它包括系统定制工具、二次开发工具、面向全生命周期的变更管理、项目与计划管理、面向全生命周期的配置管理、分类编码管理和协同设计工具等。方案层支持扩展企业构建与特定产品需求相关的解决方案。

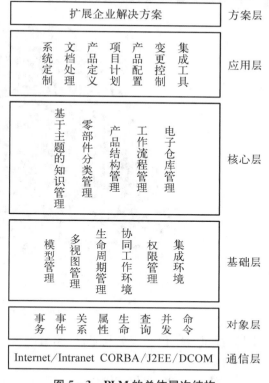

图 5-3　PLM 的总体层次结构

3）产品生命周期管理的解决方案

Siemens PLM Software(西门子 PLM 软件)的 PLM 解决方案由 Teamcenter、NX 等一系列软件组成,其中 Teamcenter 系统是内容十分全面、完全基于标准的纯 Web 体系结构的 PLM 解决方案。在过去数年中,Teamcenter 已经在全球数百家企业实施了约 20 万套用户许可证,绝大部分都取得了成功。因此,Siemens PLM Software 的 PLM 系统,在业界称作"经过验证"的、成熟的 PLM 系统,如图 5-4 所示。

Teamcenter 涵盖了产品的全生命周期,其效用体现在如下几个方面:

在产品生命周期的早期阶段,为企业优化产品的需求定义、概念设计及设计验证过程,旨在降低成本,提高产品生命期的生产力。

在产品生命周期的中期阶段,让企业能够充分利用现有的智力资产,迅速进行产品的转型、引申和改良,以完全创新的研发产品让企业不断赢利。

而在产品生命周期的后期阶段,衍生和定义出新的用途和使用方法,力图进入新的销售

图 5-4 产品生命周期管理

市场,提供数字化的服务与维修,尽量减少维修成本,从而延长产品的生命周期,让企业尽量延续获利。

传统上,在企业与其供应商及客户之间、企业中异构的应用系统之间、产品生命周期内不同的阶段之间、分散在不同地点的产品生命周期的参与者之间都存在着信息交换的诸多障碍。信息流的不通畅严重地影响着企业的研发和生产效率。

由于 Teamcenter 解决方案采用了 J2EE、UDDI、XML、SOAP、JSP、JT 以及纯 Web 体系等先进技术,因此 Teamcenter 支持在产品生命周期中不同阶段之间相互交换和管理物料清单,从而将整个产品生命周期统一起来。这种不同阶段之间的产品信息无缝交换,使得企业能够消除地理、部门和技术的障碍。

Siemens PLM Software 的解决方案提倡行业的针对性和实用性。针对某个行业,一旦明确了它的期望值,总结了最佳实践经验,运用 Siemens PLM Software,公司就能根据此行业特定的需求,提供满足行业需求的、经过预先配置的、具有即装即用功能的 Teamcenter 行业解决方案。这些行业解决方案融合了行业惯例、行业最佳经验、大众术语以及该行业用户日常所熟悉的文档和报表格式,特别是提供了经过验证的行业模板与成熟的流程,容易实施且见效快,为广大行业用户喜爱和接受,并且以最快的速度为企业获取效益与回报。

5.2.4　制造执行系统

1) 制造执行系统概述

制造执行系统(manufacturing execution system,MES)是美国 AMR(Advanced Manufacturing Research,Inc.)公司在 20 世纪 90 年代提出的。它为操作人员/管理人员提供计划地执行、跟踪以及所有资源(人、设备、物料、客户需求等)的当前状态,旨在加强 MRP 的执行功能,把 MRP 同车间作业现场控制联系起来。

制造执行系统协会对 MES 的定义:MES 能通过信息传递对从订单下达到产品完成的

整个生产过程进行优化管理。当工厂发生实时事件时,MES 能对此及时做出反应,并用当前的准确数据对它们进行指导和处理。这种变化的迅速响应使企业内部没有附加值的活动减少,有效指导工厂的生产运作过程,既能提高工厂及时交货能力,改善物料的流通性能,又能提高生产回报率。MES 还通过双向的直接通信在企业内部和整个产品供应链中提供有关产品行为的关键任务信息。系统总体构架,如图 5-5 所示。

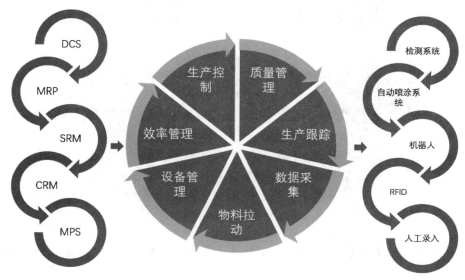

图 5-5 系统总体构架

制造执行系统协会在制造执行系统定义中强调了以下 3 点:

(1) MES 是对整个车间制造过程的优化,而不是单一地解决某个生产瓶颈。

(2) MES 必须实时收集生产过程中的数据,并做出相应地分析和处理。

(3) MES 需要与计划层和控制层进行信息交互,通过企业的连续信息流来实现企业信息全集成。

2) 制造执行系统的解决方案

美国通用电气公司(GE)是世界上最大的提供技术和服务业务的跨国公司。

GE Proficy MES 是一个非常完整的解决方案,它广泛应用于飞机、汽车、烟草、化工、食品饮料等企业。在汽车行业,它不单覆盖了冲压、焊装、涂装、总装等四大整车工艺车间的生产、物流、质量等一系列内容的管理,也适用于发动机等关键零部件的生产制造管理。

5.2.5 供应链管理系统

供应链管理(supply chain management,SCM),是全方位的企业管理应用软件,可以帮助企业实现整个业务运作的全面自动化。业界分析家认为,供应链管理系统软件又将是具有前途的热门商用软件,因为它的主要作用是将企业与外界供应商和制造商联系起来。将与 CRM、ERP 一起构成网络时代企业核心竞争力的引擎。

供应链管理系统是基于协同供应链管理的思想,配合供应链中各实体的业务需求,使操作流程和信息系统紧密配合,做到各环节无缝链接,形成物流、信息流、单证流、商流和资金流五流合一的领先模式。实现整体供应链可视化,管理信息化,整体利益最大化,管理成本最小化,从而提高总体水平。

供应链管理系统(ICSCM)的主要功能,如图 5-6 所示。

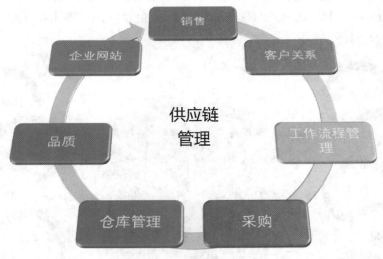

图 5-6 供应链

(1) 供应链综合管理系统能帮助连接企业全程供应链的各个环节,建立标准化的操作流程。

(2) 各个管理模块可供相关业务对象独立操作,同时又通过第四方物流供应链平台整合连通各个管理模块和供应链环节。

(3) 缩短订单处理时间,提高订单处理效率和订单满足率,降低库存水平,提高库存周转率,减少资金积压。

(4) 实现协同化、一体化的供应链管理。

5.3 制造系统的计划管理系统

5.3.1 计划管理系统的总体结构

现代制造系统的运行管理是非常复杂的,为便于实施,一般将整个系统的运行管理任务分解为若干层次的子任务,通过递阶控制方式予以实现。据此思路构成的制造系统运行管理控制系统的总体结构如图 5-7 所示。由图 5-7 可见,制造系统运行管理控制功能由以下几个层次的子控制系统来实现。

1) 战略层控制

战略层控制的主要任务是从全局上对制造系统的运行进行决策和规划,因此,该层控制十分重要,它对制造系统而言可谓是"牵一发而动全身""一着失误,全盘皆输"。

这里战略层的决策是指根据客户订单、市场情况、环境状况等信息,对市场需求进行分析和预测,并根据制造系统的实际情况,对制造系统未来某一时期(如几年)内的总体运行方向和目标(如现有产品的生产、新产品的发展等)进行决策。

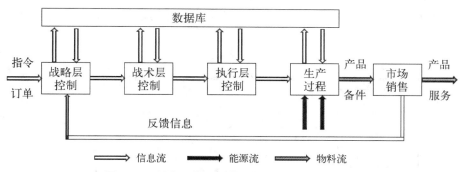

图 5-7　制造系统运行管理控制系统的总体结构

战略层的规划是指根据决策结果,制订企业总体经营计划、新产品的研制开发计划、现有产品的综合生产计划和主生产计划、粗能力计划等。

2) 战术层控制

战术层控制的任务是对战略层控制任务进行细化,生成可行的具体实施计划,并监督其实施。该层控制的内容主要包括物料需求计划、能力需求计划(又称细能力计划)、生产作业计划、外协与采购计划等。

3) 执行层控制

执行层控制的任务是实施战术层制定的计划,通过对制造过程中车间层及车间以下各层物料流的合理计划、调度和控制,提高系统的生产率。主要内容包括计划分解、作业排序、动态调度、过程控制等。其中过程控制又可进一步分解为加工、控制、物流控制、质量控制、刀具控制、状态监控、成本控制、库存控制、采购控制等子控制任务。

4) 生产过程和市场销售

生产过程和市场销售是管理控制系统的控制对象,是最终实现制造系统生产与经营目标的环节。生产过程包括加工、装配、检验、物料运输存储等过程;市场销售包括市场开拓、产品销售、售前售后服务等环节。

由上可知,制造系统的运行管理是通过制订计划和根据计划对制造系统运行过程进行有效控制来实现的。制造系统的运行管理是分层次的,因此各种计划也是分层次的。而且这些职能计划不是孤立的,而是相互联系的。随着管理层次的降低,计划的成分在减弱,控制的成分在增强。在执行层中更强调控制。

制订计划、执行计划及对计划执行过程的控制是一个不断改善的过程,其终极目标是为了盈利。在社会主义市场经济体制下,制造系统内部的活动,包括各种计划与控制都是受外部环境强烈影响的,是动态的连续时变的过程,因此在处理制造系统管理与控制问题时,必须十分重视市场与环境的动态多变性和供应与需求的高度随机性。

5.3.2　产品制造的主生产计划

主生产计划属于战略层计划,它是制造系统运行管理体系中的关键环节。主生产计划与其他制造活动的关系如图 5-8 所示。向上主生产计划的制订受综合生产计划的约束,并将综合生产计划进一步细化,用以协调生产需求与可用资源;向下将直接影响到随后的物料需求计划制订的准确度和执行的效果。因此它起着承上启下,从宏观计划向微观计划过渡的作用。从短期上讲,主生产计划是制订物料需求计划、能力需求计划、生产作业计划、外协采购计划的依据。从长期上讲,主生产计划是估计企业生产能力和资源需求的依据。

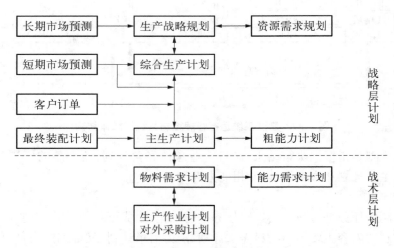

图 5-8 主生产计划与其他制造活动之间的关系

综合生产计划的计划对象为产品群,主生产计划则是对综合计划的具体化,其计划的对象是以具体产品为主的基于独立需求的最终产品。但主生产计划所确定的生产总量必须等于综合生产计划确定的生产总量。如果综合生产计划所确定的总量不是用产品件数,而是用产值或工时数表示,那么,主生产计划也必须转换成相应的单位。

主生产计划与综合生产计划的关系可通过下面例子进一步说明。某动力设备公司生产A、B、C、D 4 种型号的发动机,要求年总生产量为 15 000 台,其中 A 型号 3 600 台、B 型号4 000 台、C 型号 3 300 台、D 型号 4 100 台。通过编制综合生产计划可知,第 1 个月的发动机总产量为 1 450 台,第 2 个月的总产量为 1 300 台,第 3 个月的总产量为 1 350 台……(见图 5-9)。但该计划没规定每一型号发动机的产量。通过进一步制订主生产计划则得到每一种型号发动机的具体生产量和生产时间,如第 1 个月第 1 周生产 A 型号 200 台、D 型号100 台,第 1 个月第 2 周生产 A 型号 150 台、D 型号 250 台,第 1 个月第 3 周生产 B 型号 300台、C 型号 150 台,第 1 个月第 4 周生产 B 型号 100 台、C 型号 200 台,该月总产量为 1 450台,与综合生产计划相符合。其他月份的生产情况如图 5-9 所示。

从这个例子可以看出,主生产计划的作用是确定每一具体最终产品在每一具体时间段的生产数量,即主生产计划描述了在可用资源条件下,制造系统在一定时间内生产什么产品、生产多少、什么时间生产的问题。这里的最终产品主要是指企业最终完成、要出厂的产成品,可以是直接用于消费的消费品,也可以是供其他企业使用的部件或配件。

主生产计划制订后,要检验它是否可行,就要对制造系统的资源能力进行评估,包括设备能力、人员能力、库存能力、流动资金总量等。其中最重要的是要编制粗能力计划,就是对生产过程中的关键工作中心(工序)进行能力和负荷的平衡和分析,以确定工作中心的数量和关键工作中心是否满足需求。在制订主生产计划时,要根据产品的轻重缓急来分配资源,

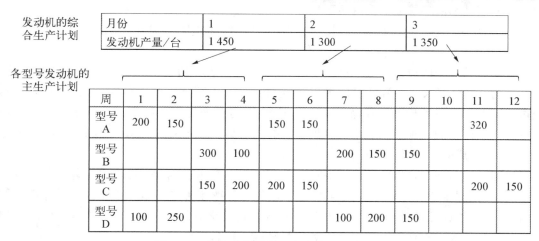

图 5-9 综合生产计划和主生产计划的关系

将关键资源用于关键产品。

　　将实际可用的能力和计划需求能力比较之后,就可以得出目前的生产能力是否满足需求的结论,如果出现实际能力和需求能力(即负荷)不匹配时,那么要对能力和主生产计划进行调整和平衡。可以通过修改主生产计划,如取消部分订单、延迟部分订单或将部分订单外包出去等方法予以实现。如果同意主生产计划,那么利用它来继续生成后续的物料需求计划。

　　主生产计划一般用表格形式表示,表5-1给出了主生产计划的一种简化形式。

表 5-1　主生产计划简化形式

最终项目 ＼ 数量 ＼ 时间周期	1	2	3	4	5	6	⋯	$n-2$	$n-1$	N
A 型号发动机	200	150			150	150	⋯	180	240	
B 型号发动机			300	100			⋯			300
C 型号发动机			150	200	200	150	⋯	150		
D 型号发动机	100	250					⋯		200	150
每周小计	300	400	450	300	350	300	⋯	330	440	450

5.3.3　物料需求计划

1) 物料需求计划的基本概念

　　产品的主生产计划一旦确定,就需进一步解决零部件的生产问题。这需要通过战术层的管理与控制来实现。

　　对于离散制造系统,在战术层管理与控制中将面临如下严峻问题:现代离散型产品的结构往往比较复杂,其组成零部件繁多,各零部件生产间的提前期差异大,由此造成物料流非常复杂,如果管理控制不当,到了总装阶段,即使差一个零件也无法保证整个产品生产任务的最终完成。因此如何实现零部件协调生产,做到"在需要的时候提高需要的数量",对于保证战略层计划的最优完成具有重要意义。

解决这一问题已有多种方法,其中物料需求计划(MRP)的理论与方法是一种最基本的方法。

物料需求计划的概念是 1970 年在美国生产与库存控制协会的一次会议上首次提出的,其定义为:物料需求计划就是根据主生产、物料清单、库存记录和已订未交的订单等资料,经过计算而得到各种相关需求物料的需求情况,同时补充提出各种新订单的建议以及修正各种已开出订单的一种实用技术。这里所谓的物料是一个广义的概念,不仅指原材料,还包含自制品、半成品、外购件、备件等。

MRP 的实现过程如下:首先根据产品的结构关系,将产品逐层分解为部件、零件直至原材料,并根据企业实际情况和供应市场情况确定需要自制的零部件和外购的零部件及原材料;其次通过计算各类物料的详细需求,制订物料需求计划;最后以此为依据产生战术层的生产控制指令——对内下达生产任务,对外发放采购订单。

2) MRP 系统的运行

MRP 系统运行的环境如图 5-10 所示。系统的输入信息为战略层给出的主生产计划,输出为完成该主生产计划所需的物料需求计划,包括对外的物料采购计划和对内的生产作业计划。系统运行所需的支撑信息为产品结构信息和物品库存信息。表 5-2 是 MRP 系统输出信息的部分内容。

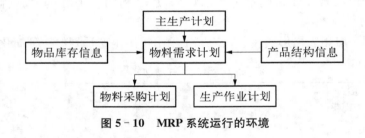

图 5-10　MRP 系统运行的环境

表 5-2　MRP 系统的输出信息

周　期			1	2	3	4	5	6	7	8	0
0层	产品 1	需求订单	50	20	30 120	40	40	30	25 120	15	30
	产品 2	需求订单	20	30	25 100	35	10	35	20 100	25	30
1层	部件 A	需求订单	240		240		240	15	240	15	
	部件 D	需求订单	100	10 10	100	10	100				
2层	部件 B	需求订单	440	20	100	0	460	15	100	0 100	100

（续表）

	周　期		1	2	3	4	5	6	7	8	0
3 层	部件 C	需求订单	100	15 120	120 1 250	1 150	100	0 320	120	200	0
	零件 γ	需求订单	300	575	300	575	300	100	300	100	
4 层	零件 α	需求订单	480 2 680	120	1 250	0	480	350	0	0	0
	零件 β	需求订单	0 5 070	360	3 750	0	0	960	0	0	0

在表 5-2 中，将所有的物料按其低层码的大小分层排列，每一物料栏中包括需求和订单两行数据。需求行数据为对该物料的需求量；订单行数据为考虑提前期和最优批量后发出的订货数量。将表中每一物料栏展开，可得更详细信息。例如，部件 B 一栏展开后得到的详细信息如表 5-3 所示。

表 5-3　部件 B 的详细信息

	周　期		1	2	3	4	5	6	7	8	9
2 层	部件 B	毛需求量	440	20	100	0	460	15	100	0	100
		计划接受	560								
		期望库存	0	120	100	0	0	0	0	0	0
		净需求量					460	15	100	0	100
		计划产出					575				100
		订单发放				575				100	

3）物料需求计划的优点

实践表明，在制造系统的战术层管理与控制中采用物料需求计划具有如下优点：

（1）物料需求计划将企业的各职能部门，包括决策、计划、生产、供应、销售和财务等有机地结合在一起，在一个系统内进行统一协调的计划和监控，从而有利于实现企业运行的整体优化。

（2）物料需求计划系统集中管理和维护企业数据，各信息子系统在统一的集成平台和数据环境下工作，使各职能部门的信息达到最大限度的集成，从而有效提高了信息处理的效率和可靠性。

（3）物料需求计划系统为企业高层管理人员进行决策提供了有效的手段和依据。物料需求计划的优点最终将使企业的运行效率提高，库存显著减小，生产成本降低，对市场动态变化的响应速度加快，竞争能力增强。

5.3.4 制造资源计划

1) 制造资源计划的提出

物料需求计划(material requirement planning，MRP)的优点使它在世界各国的制造企业中得到了大力推广，成为改变企业管理的有力工具。但在其实施过程中也存在以下不足。

(1) 没有考虑能力约束，往往使最优的计划难以实施。例如，如果制订的计划未考虑生产线的能力，执行时经常会因实际生产能力的限制而使现场生产情况偏离预定计划。又如采购计划可能受供货能力或运输能力的限制而无法保证物料的及时供应，从而影响装配车间的生产进度，使产品无法按时出厂。因此这种不考虑实际能力而做出的物料需求计划往往难以保证实际生产达到预计的最优化。

(2) 没有考虑资金的运作，易使采购计划等由于资金的短缺而无法按时完成，最终影响整个生产计划的执行。因为企业的流动资金是有限的，为提高资金的使用效率必须使其动态流动。显然，若制订计划时没有详细考虑资金动态流动的状态，那么往往会造成急需资金的时候却由于资金被其他环节占用，使预定的采购计划等由于资金的短缺而无法按时完成，从而最终影响整个生产计划的完成。

为解决 MRP 存在的问题，人们发展了闭环 MRP 方法，在此基础上，1977 年 9 月美国奥列弗·怀特(Oliver W. Wight)提出了制造资源计划(manufacturing resource planning，MRP Ⅱ)。MRP Ⅱ系统是一个既考虑能力又考虑资金约束的闭环系统。

2) MRP Ⅱ系统的组成

MRP Ⅱ系统的基本结构如图 5-11 所示。

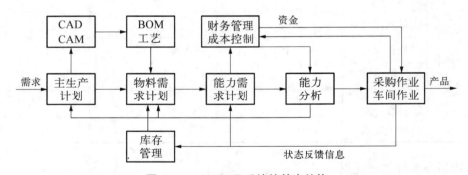

图 5-11　MRP Ⅱ系统的基本结构

注：状态反馈信息包括人员状态、设备状态、库存状态等

该系统的运行过程如下：首先由物料需求计划模块根据主生产计划模块下达的指令，产生初始的物料需求计划；其次由能力需求计划模块根据生产现场、供应环境等的实际状态进行能力(包括资金能力)需求分析，产生包含能力约束的生产计划和采购计划；最后由能力分析模块对生产计划和采购计划进行分析，如满足要求则将其作为最终计划，分别送生产车间和采购部门执行；如果经过能力分析不满足要求，则生成相应的反馈信息反馈给物料需求计划模块和主生产计划模块，以对相应计划进行适当调整。对于小范围的问题一般可由物料需求计划模块对初始物料需求计划进行适当调整，再通过上述过程处理，直至产生出满足要求的最终计划。如果出现的问题较大，物料需求计划模块难以解决，则需进一步通过主生

产计划模块对原先生成的主生产计划进行适当调整,然后再予以实施。

在 MRP Ⅱ 系统中,能力需求计划模块是新增加的模块之一,该模块的功能对于保证整个系统的正常运行具有很重要的作用。下面将对其工作原理和实现方法作进一步介绍。

3) 能力需求计划

(1) 能力需求计划的定义。能力需求计划(capacity requirement planning, CRP)是对 MRP 所需能力进行核算的一种计划管理方法。

能力需求计划的具体任务是对各生产阶段和各工作中心(工序)所需的各种资源进行精确计算,得出人力负荷、设备负荷等资源状况,并据此对生产能力与生产负荷进行平衡,产生可行的能力需求计划。

(2) 能力需求计划的分类。能力需求计划可分为两类:

① 无限能力计划。根据实际负荷,动态调整工作中心的能力(如加班、转移负荷、替代工序、外协加工等)。该方法体现了企业以市场为中心的战略思想。

② 有限能力计划。认为工作中心的能力是不变的,计划的安排按照优先级别进行。

(3) 制订能力需求计划的步骤:

① 收集数据。制定能力需求计划所应收集的数据包括任务单数据、工作中心数据、工艺路线数据、工厂生产日历等。

② 计算负荷。根据任务单和工艺路线对有关工作中心的负荷进行精确计算。

③ 分析负荷情况。对能力与负荷的平衡情况进行分析,找出存在的问题。一般能力/负荷不匹配问题的来源有主生产计划、MRP、工作中心、工艺路线等。

④ 能力/负荷调整。当能力/负荷不匹配时,需对其进行调整。调整方法有转负(转移负荷)、提能(提高能力)、转负与提能相结合等。对于能力调整,针对短期的办法有改变雇佣水平、加班、分包等;考虑长期的办法有新增设备、扩建厂房和车间等。

⑤ 确认能力需求计划。为保证数据和计划的正确性,最后需对所生成的能力需求计划进行确认。能力需求计划通过确认后,方可实施。

(4) 能力需求计划中的能力负荷平衡。能力负荷平衡是能力需求计划模块的重要功能之一。实现负荷平衡的常用手段有转负、提能、转负提能相结合等。下面通过例子对能力负荷平衡的实现过程进行说明。

例如,如图 5-12 所示,某生产过程第 1、第 3 和第 4 周期的能力小于负荷,而第 2 和第 5 周期的能力大于负荷。为此采用以下措施进行能力负荷平衡:

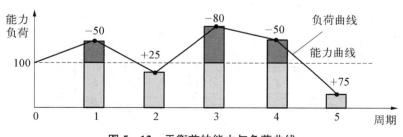

图 5-12　平衡前的能力与负荷曲线

① 第 1 周期加班 50 工时(提能);

② 第 3 周期的 25 工时提前到第 2 周期加工,此外第 3 周期再加班 55 工时(转负、提能);

③ 第 4 周期的 50 工时推迟到第 5 周期加工(转负)。

平衡后的能力与负荷曲线如图 5－13 所示。

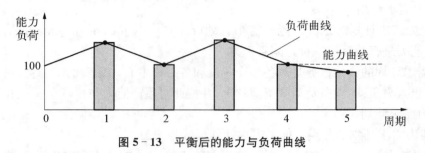

图 5－13　平衡后的能力与负荷曲线

5.3.5　企业资源计划

1) 企业资源计划的提出

随着市场竞争的日益激烈,制造系统管理与控制面临新的挑战,具体可分为如下几个方面:

(1) 要求对企业的整体资源进行管理,而不仅对制造资源进行管理。

(2) 企业规模扩大,要求多集团、多工厂统一部署协同作战,需解决既要独立又需统一的资源共享管理。

(3) 要求加强信息管理,实现信息共享。

MRP Ⅱ难以满足上述要求,由此促进了新的管理方法——企业资源计划(ERP)的诞生。该方法由美国 Gartner 公司于 20 世纪 90 年代首先提出。

2) ERP 的基本思想

ERP 的基本思想是对企业中的所有资源(物料流、资金流、信息流等)进行全面集成管理,主线是计划,重心是财务,涉及企业所有供应链。图 5－14 对 ERP 的基本思想进行概括性表示。

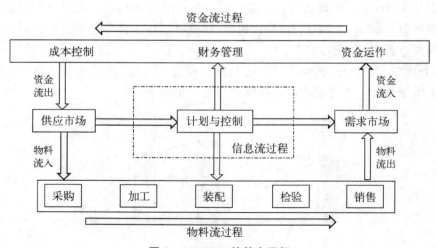

图 5－14　ERP 的基本思想

3）ERP 系统的组成

ERP 系统的结构是复杂的，并且还在继续发展中，图 5-15 给出了 ERP 系统的基本结构，从中可以了解 ERP 系统的基本组成以及各组成环节间的相互关系。

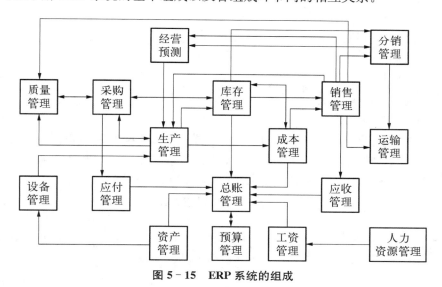

图 5-15　ERP 系统的组成

4）ERP 的发展趋势

随着 ERP 在企业的推广应用，企业提出的许多实际问题又反过来促进了 ERP 自身的发展，目前其发展趋势主要体现在如下几方面：

（1）管理范围更加扩大，重点是继续扩充供应链管理（supply chain management, SCM），并进一步加强与 CAD、CAM、CAPP、PDM 等系统的融合。

（2）更加支持企业的业务流程重组，增强企业对外部环境和内部状态快速变化的适应能力。

（3）应用最先进的计算机技术，更加快速获取和处理信息，为企业决策和运作提供更准确的依据。

5.4　制造系统的调度控制系统

5.4.1　制造系统的调度控制需求

1）调度控制在制造系统管理控制中的地位

调度控制属于制造系统执行层的管理控制，其根本任务是完成战术层下达的生产作业计划。计划是一种理想，属于静态的范畴；调度则是对理想的实施，具有动态的含义。在离散生产环境下，制造系统中零部件繁多、物流复杂、现场状态瞬息万变，因此，没有好的调度，再优的生产计划也难以产生好的生产效益。由此可见，调度控制在现代制造系统的管理控制中具有非常重要的地位。

2）调度控制问题的描述

制造系统的调度控制问题是指如何控制工件的投放和在系统中的流动以及资源的使

用,最好地完成给定的生产作业计划。调度控制问题可分解为若干子问题,子问题的多少取决于制造系统底层制造过程的类型和具体结构。对于 FMS、CIMS 等自动化程度较高的制造系统,调度控制子问题一般包括如下几类:

(1) 工件投放控制。

(2) 工作站输入控制。

(3) 工件流动路径控制。

(4) 刀具调度控制。

(5) 程序与数据的调度控制。

(6) 运输调度控制。

解决调度控制问题的方法和系统可分为两大类,即静态调度和动态调度。动态调度是指调度控制系统能对外部输入信息、制造过程状态和系统环境的动态变化做出实时响应的调度控制方法和系统。如果达不到此要求,则只能称为静态调度。

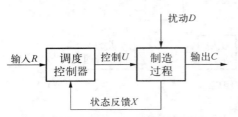

图 5-16 调度控制系统基本结构

3) 调度控制问题的难点

从控制理论的角度看,调度控制系统的基本结构如图 5-16 所示。该系统是一个基于状态反馈的自动控制系统。调度控制器的输入信息 R 为来自上级的生产作业计划、设计要求和工艺规程,反馈信息 X 为生产现场的实际状态。调度控制器根据输入信息和反馈信息进行实时决策,产生控制信息 U(即调度控制指令)。制造过程在调度控制指令的控制下运行,克服外界扰动 D 的影响,生产出满足输入信息要求的产品。

解决调度控制问题的难点主要体现如下:

(1) 现代制造系统中的调度控制属于实时闭环控制,对信息处理与计算求解的实时性要求很高。

(2) 被控对象是特殊的非线性动力学系统——离散事件动态系统(discrete event dynamic system,DEDS),难以建模。

(3) 没有根据被控对象设计调度控制器的有效理论方法。

(4) 系统处于具有强烈随机扰动的环境中,扰动 D(如原材料、毛坯供应突变,能源供应异常变化,资金周转出现意外情况等)对系统运行的影响极大。

4) 解决调度控制问题的方法

目前虽然还难以对制造系统的调度控制问题,特别是动态调度控制问题全面求出最优解,但经过大量学术研究和生产实践,已经找到一些在某些特殊情况下求解最优解的方法。此外,对于一般性的调度控制问题,亦找到许多求其可行解的方法。其中,具有代表性的有如下几种:

(1) 基于排序理论的调度方法,如流水排序方法、非流水排序方法等。

(2) 基于规则的调度方法,如启发式规则调度方法、规则动态切换调度方法等。

(3) 基于离散事件系统仿真的调度方法。

(4) 基于人工智能的调度方法,如模糊控制方法、专家系统方法、自学习控制方法等。

5.4.2 流水车间调度

1) 基本原理与方法

在某些情况下,通过采用成组技术等方法对被加工工件进行分批处理,可使每一批的工件具有相同或相似的工艺路线。此时,由于每个工件均需以相同的顺序通过制造系统中的设备进行加工,因此其调度问题可归结为流水排序调度问题,可通过流水排序方法予以解决。

所谓流水排序,其问题可描述为:设有 n 个工件和 m 台设备,每个工件均需按相同的顺序通过这 m 台设备进行加工。要求以某种性能指标最优为目标,求出 n 个工件进入系统的顺序。

基于流水排序的调度方法是一种静态调度方法,其实施过程是先通过作业排序到调度表,然后按调度表控制生产过程运行。如果生产过程中出现异常情况,则需要重新排序,再按新排出的调度表继续控制生产过程运行。

实现流水排序调度的关键是流水排序算法。目前在该领域的研究已取得较快进展,研究出多种类型的排序算法,概括起来可分为如下几类:

(1) 单机排序算法。

(2) 两机排序算法。

(3) 三机排序算法。

(4) m 机排序算法。

2) N 作业单机排序

(1) 性能指标。为实现最优作业排序,以作业平均通过时间(mean flow time,MFT)最短作为性能指标。MFT 的计算公式如下:

$$MFT = \frac{\sum_{i=1}^{n} c_i}{n} = \frac{\sum_{i=1}^{n} w_i + \sum_{i=1}^{n} t_i}{n}$$

式中,$C_i = w_i + t_i$ 为 i 作业的完工时间;w_i, t_i 为 i 作业的等待和加工时间。

(2) 实现 MFT 最短的调度方法。下面将证明,按处理时间最短(shortest processing time,SPT)优先原则排序可使 MFT 最短。

SPT 优先原则的含义是:具有最短加工时间的作业优先加工(处理)。

证明:由图 5-17 可知,

第 2 作业的等待时间:$w_2 = t_1$

第 3 作业的等待时间:$w_3 = t_1 + t_2$

第 4 作业的等待时间:$w_4 = t_1 + t_2 + t_3$

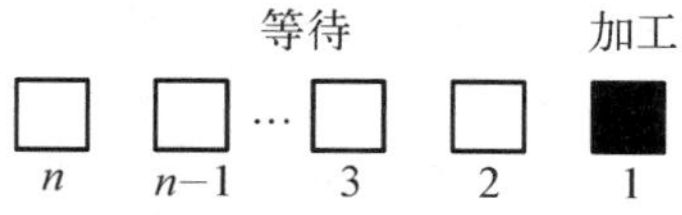

图 5-17 作业加工过程

……

第 n 作业的等待时间:$w_n = t_1 + t_2 + \cdots + t_{n-1}$

总等待时间:

$$\sum_{i=1}^{n} w_i = t_1 + (t_1 + t_2) + (t_1 + t_2 + t_3) + \cdots + (t_1 + t_2 + \cdots + t_{n-1})$$
$$= (n-1)t_1 + (n-2)t_2 + \cdots + 2t_{n-2} + t_{n-1}$$

由此可见,加工时间前的权重系数由大到小递减,说明越是排在前面的作业,其加工时间对总等待时间的贡献越大,因此将加工时间最短的作业排在最前面,即按照 SPT 原则排序,即可使总等待时间最短。

又因为总加工时间 $\sum_{i=1}^{n} t_i = $ 常数,所以,总等待时间最短,即可保证总通过时间最短,从而使平均通过时间最短。

(3) 推论:MFT 最小可保证作业平均延误时间(mean lateness,ML)最小。

证明:第作业的延误时间为

$$L_i = c_i - d_i$$

式中,d_i 为第 i 作业的交付时间。

作业的平均延误时间为

$$ML = \frac{\sum_{i=1}^{n} L_i}{n} = \frac{\sum_{i=1}^{n}(c_i - d_i)}{n} = \frac{\sum_{i=1}^{n} c_i}{n} - \frac{\sum_{i=1}^{n} d_i}{n} = MFL - d$$

式中,$d = \frac{1}{n}\sum_{i=1}^{n} d_i$ 为平均交付时间。因为平均交付时间 d 为常数,所以 MFT 最小,ML 也最小。

5.4.3 非流水车间调度

1) 概述

非流水排序调度方法的基本原理与流水排序调度方法相同,亦是先通过作业排序得到调度表,然后按调度表控制生产过程运行,如果运行过程中出现异常情况,则需重新排序,再按新排出的调度表继续控制生产过程运行。因此,实现非流水排序调度的关键是求解非流水排序问题。

非流水排序问题可描述为:给定 n 个工件,每个工件以不同的顺序和时间通过 m 台机器进行加工。要求以某种性能指标最优为目标,求出这些工件在 m 台机床上的最优加工顺序。

非流水排序问题的求解比流水排序的难度大大增加,到目前为止还没有找到一种普遍适用的最优化求解方法。本节将介绍一种两作业 m 机非流水排序的图解方法,然后对非流水排序问题存在的困难进行讨论。

2) 两作业 m 机非流水排序

(1) 基本原理。两作业 m 台机器上的加工过程中,每一作业都需按照自己的工艺路线进行,每一工序使用 m 台机器中的某一台完成该工序的加工任务。如果没有出现两作业在同一时间段使用同一机器的情况,即没有资源竞争情况出现,两作业将沿各自的路线顺利进行,其作业进程的推进轨迹将是无停顿的直线轨迹。这种情况下,如果将两作业的推进轨迹合成起来即为两维空间中一条与水平线成 45°夹角的直线轨迹,如图 5-18 所示,途中 45°线后有一段水平直线是因为作业 2 结束后作业 1 仍继续合成轨迹。

在作业推进过程中,如果出现在同一时间段两作业需使用同一机器的情况,两作业之一必须让步,即让自己的推进过程停下来,让另一作业先使用该机器。于是停顿作业的推进轨迹上将出现停顿点,如图 5-19 中所示的 J_1 轴上的圆点就是作业 1 的停顿点,其停顿时间为

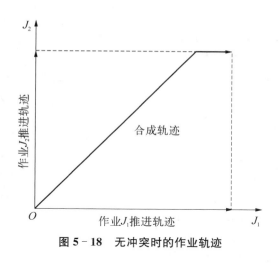

图 5-18　无冲突时的作业轨迹

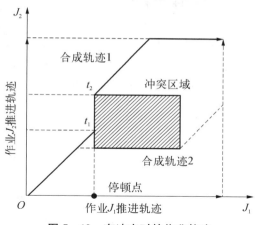

图 5-19　有冲突时的作业轨迹

t_1。这种情况下两作业推进轨迹的合成轨迹将出现折线。显然,含有折线的合成轨迹的总长度比不含折线的合成轨迹要长,这意味着作业推进的总时间将延长。

由此可知,为使完成两作业的总工期最短,应使合成轨迹的总长度最短。因此,为求出最优排序,应先找出所有可能的合成轨迹,然后计算每条轨迹的总长度,最后以总长度最短为目标选出最优合成轨迹。该轨迹对应的排序即为最优排序。

(2)求解步骤。根据上述原理,可将两作业 m 机非流水排序图解法的求解步骤归纳如下:

① 画直角坐标系,其横轴表示 J_1 加工工序和时间,纵轴表示 J_2 加工工序和时间;

② 将两作业需占用同一机器的时间用方框标出,表示不可行区;

③ 用水平线、垂直线和 45°线 3 种线段表示两作业推进过程的合成轨迹。水平线表示 J_1 加工、J_2 等待,垂直线表示 J_2 加工、J_1 等待,45°线表示 J_1、J_2 同时加工。为使制造总工期最短,应使 45°线段占的比例最大。找出所有可能的合成轨迹,图 5-19 中就存在两条合成轨迹,分别以实线和虚线表示;

④ 以轨迹总长度最短为目标,通过直观对比和计算,从第 3 步确定的候选合成轨迹中找出最优合成轨迹;

⑤ 求解最优合成轨迹上的时间转折点,得到调度表。

(3)应用举例。

例　已知 2 作业在 6 台机器上加工的工序、工时数据如表 5-4 所示,求使制造总工期最短的最优排序。

表 5-4　加工工序、工时数据

作业 J_1	工序	M_3	M_1	M_5	M_4	M_6	M_2
	工时	10	16	20	26	25	8
作业 J_2	工序	M_2	M_1	M_5	M_6	M_5	M_4
	工时	15	11	26	14	10	12

解：图解排序过程如下：

首先按照上述求解步骤的第①②③步，找出有可能成为最优合成轨迹的候选轨迹。然后，以轨迹总长度最短为目标，通过直观对比和计算，从候选轨迹中找出最优合成轨迹，如图5-20所示。最后，求解最优轨迹上的时间转折点，结果如图5-21所示，据此市场调度表如表5-5和表5-6所示。

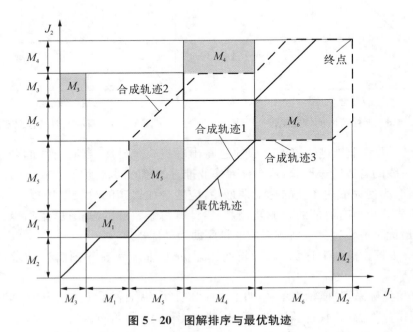

图5-20　图解排序与最优轨迹

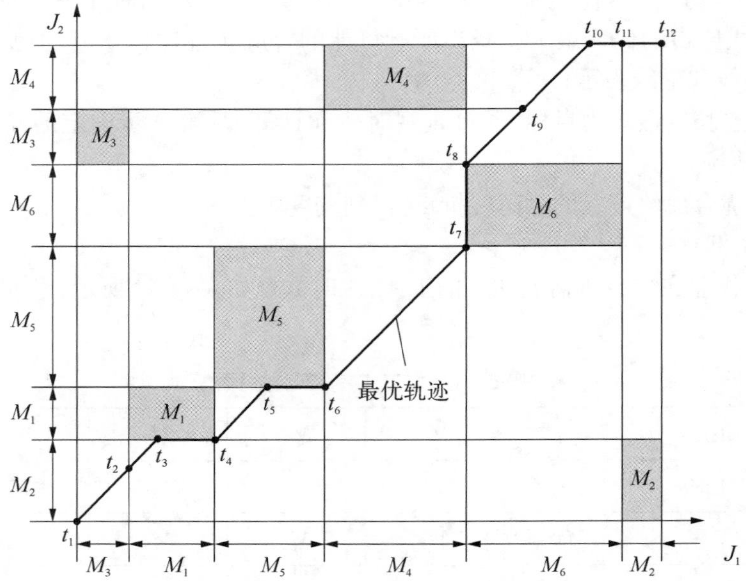

图5-21　最优轨迹时间点分布

表 5-5 时 间 表

时间	t_1	t_2	t_3	t_4	t_5	t_6
计算	t_1+T_{13}	t_1+T_{22}	t_2+T_{11}	t_4+T_{11}	t_4+T_{21}	t_6+T_{15}
结果	0	10	15	26	37	46
时间	t_7	t_8	t_9	t_{10}	t_{11}	t_{12}
计算	t_7+T_{25}	t_8+T_{26}	t_8+T_{23}	t_9+T_{24}	t_8+T_{16}	$t_{11}+T_{12}$
结果	72	86	96	108	111	119

表 5-6 调 度 表

作业 J_1	工序	M_3	M_1	M_5	M_4	M_6	M_2
	时间	$t_1 \sim t_2$	$t_2 \sim t_2$	$t_4 \sim t_6$	$t_6 \sim t_7$	$t_8 \sim t_{11}$	$t_{11} \sim t_{12}$
作业 J_2	工序	M_2	M_1	M_5	M_6	M_5	M_4
	时间	$t_1 \sim t_3$	$t_4 \sim t_5$	$t_6 \sim t_7$	$t_7 \sim t_8$	$t_8 \sim t_9$	$t_9 \sim t_{10}$

5.4.4 基于规则的调度

1) 基本原理

基于规则的调度方法(简称为规则调度方法)的基本原理是：针对特定的制造系统设计或选用一定的调度规则,系统运行时,调度控制器根据这些规则和制造过程的某些易于计算的参数(如加工时间、交付期、队列长度、机床负荷等)确定每一步的操作(如选择 1 个新零件投入系统,从工作站队列中选择下一个零件进行加工等),由此实现对生产过程的调度控制。

2) 调度规则简介

实现规则调度方法的前提是必须有适用的规则,由此推动了对调度规则的研究。目前研究出的调度规则已达 100 多种。这些规则概括起来可分为 4 类,即简单优先规则、组合优先规则、加权优先规则和启发式规则。下面分别作介绍。

(1) 简单优先规则。简单优先规则是一类直接根据系统状态和参数确定下一步操作的调度规则。这类规则的典型代表有如下几种。

① 先进先出(first in first out,FIFO)规则：根据零件到达工作站的先后顺序来执行加工作业,先来的先进行加工。

② 处理时间最短(shortest processing time,SPT)规则：优先选择具有最短加工时间的零件进行处理。SPT 规则是经常使用的规则,它可以获得最少的在制品、最短的平均工作完成时间以及最短的平均工作延迟时间。

③ 交付期最早(earliest due date,EDD)规则：根据订单交货期的先后顺序安排加工,即优先选择具有最早交付期的零件进行处理。这种方法在作业时间相同时往往效果较好。

④ 剩余工序数最小(fewest operation remaining,FOPNR)规则：根据剩余作业数来安排加工顺序,剩余作业数越少的零件越先加工。这是考虑到较少的作业意味着有较少的等待时间。因此使用该规则可使平均在制品少、制造提前期和平均延迟时间较少。

⑤ 下一队列工作量(work in next queue,WINQ)规则：优先选择下一队列工作量最少的零件进行处理。所谓下一队列工作量是指零件下一工序加工处的总工作量(加工和排队

零件工作量之和)。

⑥ 剩余松弛时间(slack time remained,STR)规则:剩余松弛时间越短的越先加工。剩余松弛时间是将在交货期前所剩余的时间减去剩余的总加工时间所得的差值,其计算公式为

$$S_k = D - t - \sum_{j=k}^{j} p_j$$

式中,S_k 为剩余松弛时间;D 为交付时间;t 为当前时间;p_j 为第 j 工序的加工时间;k 为当前要进行的工序号;j 为零件工序总数。

该规则考虑的是,剩余松弛时间值越小,越有可能拖期,故 STR 最短的任务应最先进行加工。

(2) 组合优先规则。组合优先规则是根据某些参数(如队列长度等)交替运用两种或两种以上简单优先规则对零件进行处理的复合规则。例如,FIFO/SPT 就是 FIFO 规则和 SPT 规则的组合,即当零件在队列中等待时间小于某一设定值时,按 SPT 规则选择零件进行处理;若零件等待时间超过该设定值,则按 FIFO 规则选择零件进行处理。

(3) 加权优先规则。加权优先规则是通过引入加权系数对以上两类规则进行综合运用而构成的复合规则。例如,SPT + WINQ 规则就是一个加权规则。其含义是,对 SPT 和 WINQ 分别赋予加权系数 W_1 和 W_2,进行调度控制时,先计算零件处理时间与下一队列工作量,然后按照 W_1 和 W_2 对其求加权和,最后选择加权和最小的零件进行处理。

(4) 启发式规则。启发式规则是一类更复杂的调度规则,它将考虑较多的因素并涉及人类智能的非数学方面。例如,Alternate Operation 规则这样一条启发式调度规则,其决策过程如下:如果按某种简单规则选择了一个零件而使得其他零件出现"临界"状态(如出现负的松弛时间),则观察这种选择的效果;如果某些零件被影响,则重新选择。

一些研究结果表明,组合优先规则、加权优先规则和启发式规则比起简单优先规则来有较好的性能。例如,组合优先规则 FIFO/SPT 可以在不增加平均通过时间的情况下有效减小通过时间方差。

3) 规则调度方法的优点和不足分析

(1) 优点:计算量小,实时性好,易于实施。

(2) 不足:该方法不是一种全局最优化方法。一种规则只适应特定的局部环境,没有任何一种规则在任何系统环境下的各种性能上都优于其他规则。

例如,松弛量最小(SLACK),规则虽然能使调度控制获得较好的交付期性能(如延期时间最小),但却不能保证设备负荷平衡度、队列长度等其他性能指标最优。这样,当设备负荷不平衡造成设备忙闲不均而影响生产进度时,便会反过来影响交付时间。同样,由于制造系统中缓冲容量是有限的,如果队列长度指标恶化,很容易造成系统堵塞,反过来也会影响交付时间。因此,基于规则的调度方法难以适用于更广泛的系统环境,更难以适用于动态变化的系统环境。

4) 规则动态切换调度控制系统

由以上讨论可知,静态、固定地应用调度规则不易获得好的调度效果,为此应根据制造系统的实际状态,动态地应用多种调度规则来实现调度控制。由此构成的调度控制系统称为规则动态切换调度控制系统。下面介绍这类系统的实现方法。

（1）系统原理。规则动态切换调度控制系统的实现原理是：根据制造系统的实际情况，确定适当调度规则集，并设计规则动态选择逻辑和相关的计算决策装置。系统运行时，根据实际状态，动态选择规则集中的规则，通过实时决策实现调度控制。

（2）实现框图。规则动态切换调度控制系统的实现框图如图 5-22 所示。其中，R_1，R_2，…，R_r 为调度规则集中的 r 条调度规则。动态选择模块是一个逻辑运算装置，可根据输入指令和系统状态，动态选择规则集中的某一条规则。计算决策模块的作用是，根据被选中的规则计算每一候选调度方案对应的性能准则值，然后根据准则值的大小做出选择调度方案的决策，并向制造过程发出相应的调度控制指令。

（3）应用举例。

例 用 SPT、FIFO 规则进行动态切换调度控制。规则动态调度控制系统如图 5-22 所示。

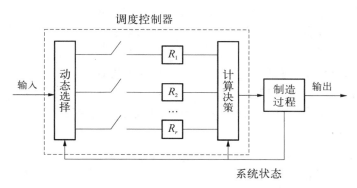

图 5-22 规则动态切换调度控制系统

① 选取状态变量：零件在队列中的平均等待时间。

② 确定切换阈值。

③ 确定性能准则：零件加工时间、零件到达时间。

④ 动态选择模块功能设计：当零件在队列中的平均等待时间（状态变量取值）小于设定的阈值 T_k 时，选用 SPT 规则进行调度，若零件等待时间超过该设定值，则选用 FIFO 规则进行调度。

⑤ 计算决策模块功能设计：SPT 有效时，计算各零件的加工时间（性能准则 1），选择最短者进行处理；FIFO 有效时，计算各零件的到达时间（性能准则 2），选择最早者进行处理。

5.4.5 基于仿真的调度

1）基本原理

基于仿真的调度方法（简称仿真调度方法）的基本原理如图 5-23 所示。图 5-23 中计算机仿真系统的作用是用离散事件仿真模型模拟实际的制造系统，从而使制造系统的运行过程用仿真模型（以程序表示）在计算机中的运行过程进行描述。这样当调度控制器（其功能可由人或计算机实现）要对制造系统发出实际控制作用前，先将多种控制方案在仿真

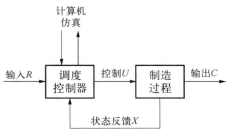

图 5-23 基于仿真的调度方法的基本原理

模型上模拟，分析控制作用的效果，并从多种可选择的控制方案中选择最佳控制方案，然后以这种最佳控制方案实施对制造系统的控制。由此可见，基于仿真的调度方法实质上是一种以仿真作为制造系统控制决策的决策支持系统、辅助调度控制器进行决策优化、实现制造系统优化控制的方法。

基于仿真的调度控制系统的运行过程为：当调度控制器接收到来自上级的输入信息（作业计划等）和来自生产现场的状态反馈信息后，通过初始决策确定若干候选调度方案，然后将各方案送往计算机仿真系统进行仿真，最后由调度控制器对仿真结果进行分析，做出方案选择决策，并据此生成调度控制指令来控制制造过程运行。

在理论方法还不成熟的情况下，用仿真技术来解决制造系统调度与控制问题的方法得到了广泛的应用。

2）关键问题

（1）仿真建模。建立能准确描述实际系统的仿真模型是实现仿真调度方法的前提。常用的仿真模型有物理模型、解析模型和逻辑模型。物理模型主要用于物理仿真，由于这种方法需要较大的硬件投资且灵活性小，所以应用较少。解析模型的研究目前还不够成熟，在调度控制仿真中应用也较少，一般多用于制造系统的规划仿真。目前在调度控制仿真中所用的模型主要是逻辑模型。这类模型的典型代表有 Petri 网模型、活动循环图（activity cycle diagram，ACD）模型等。其中 ACD 模型由于便于描述制造系统的底层活动，在制造系统调度仿真中得到较多应用。

（2）实验设计。基于仿真的调度方法的实质是通过多次仿真实验，从可选择的调度控制方案中做出最佳控制方案选择决策的方法。由于可供选择的方案往往很多，如果用穷举法一个一个地进行实验，势必要耗费大量机时，而且这也是制造系统控制的实时性要求所不容许的。

因此，如何安排实验（即进行实验设计），以最少的实验次数从可选方案中选择出最佳方案，便成为仿真控制方法的另一重要问题。目前常用的仿真实验设计与结果分析方法有回归分析方法、扰动分析方法、正交设计方法等。

（3）仿真运行。为使仿真模型能在计算机上运行，必须将仿真模型及其运行过程用有效的算法和计算机程序表示出来。对于活动循环图模型来说，可以采用基于最小时钟原则的三阶段离散事件仿真算法。在仿真语言和编程方面，目前可用于制造系统仿真的语言有通用语言（如 C 语言等）、专用仿真语言、仿真软件包等。通用语言的特点是灵活性大，但编程工作量大。专用仿真语言的特点是系统描述容易，编程简单，但柔性不如通用语言大。仿真软件包的特点是使用方便，但柔性小，软件投资较大。

（4）控制决策。控制决策是实现仿真调度方法的最后一环。该环节的任务是对仿真结果进行分析，比较各调度方案的优劣，从中做出最佳选择，并据此生成调度控制指令，通过执行系统（如过程控制系统）控制生产过程的运行。

为使控制决策更有效、更准确，目前一些实际系统中多由人机结合的方式来完成这一任务。

基于仿真的调度方法虽然可在一定程度上解决制造系统的调度控制问题，如静态调度问题，但还存在一些不足之处。问题之一是该方法的实时性不太理想，这是由于仿真调度方法需经过一定数量的仿真实验,才能确定最佳方案,而完成这些实验将耗费相当可观的时间,从而使控制系统无暇顾及生产现场状态的实时变化,也就难以对变化做出快速响应。另一问题是面向实时控制的仿真建模是一个相当复杂的工作,建立一个可用于制造系统动态调度仿真的模型往往需要花较长的时间去解决系统动态行为的精确描述问题,而在某些变结构制造系统中,为实现自适应调度控制,需要对系统进行实时动态建模,其难度将更大。

5.4.6 基于智能算法的调度

为解决排序调度方法、规则调度方法、仿真调度方法等存在的问题,国内外的许多研究人员对基于人工智能的调度控制方法(简称智能调度方法)进行了深入研究,取得大量研究成果,并在生产实际中得到应用。下面介绍几种典型方法。

1)规则智能切换控制方法

(1)基本原理。规则智能切换控制方法是一种将规则调度方法与人工智能技术相结合而产生的一种智能调度方法。其基本原理是根据制造系统的实际情况,确定适当的调度规则集。系统运行时,根据生产过程的实际状态,通过专家系统动态选择规则集中的规则进行调度控制。

(2)调度控制系统组成。规则智能切换调度控制系统的实现框图如图所示。

可以认为,该系统是对所介绍的规则动态切换调度控制系统的一种升级。其主要不同之处是,以基于人工智能原理的规则选择专家系统替代了规则

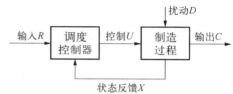

图 5 - 24　调度控制系统的结构框图

动态切换调度控制系统中的动态选择逻辑。动态选择逻辑只具有简单的逻辑判断功能,复杂情况下不易得到好的控制效果。此外动态选择逻辑的功能是在设计阶段确定的,在系统运行阶段难以对其进行改进。而规则选择专家系统的功能是由其中的知识和推理机构确定的,可以模仿人的智能,对复杂情况的处理能力明显优于前者。此外,通过改变知识库中的知识,即可提高规则选择专家系统的功能和性能。因此,规则智能切换调度控制系统具有很强的柔性和可扩展性。

(3)规则选择专家系统。规则选择专家系统是规则智能切换调度控制系统的核心,其基本结构如图 5 - 25 所示。其中,输入处理模块的功能是对来自上级的输入信息(作业计划

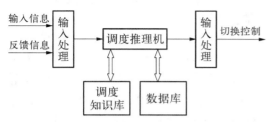

图 5 - 25　规则选择专家系统的基本结构

等)和来自生产现场的状态反馈信息进行处理,将其转换为便于调度推理机使用的内部形式。调度知识库是规则选择专家系统的关键部件,其中存放着各种类型的调度控制知识。这些知识可以来自有经验的调度人员,也可以通过理论分析和实验研究获得。调度推理机是该系统的核心,它利用知识库中的知识,在数据库的配合下根据输入信息进行推理,做出调度规则选择决策。输出处理模块的作用是将决策结果转换为规则切换控制指令,以实现对调度规则的动态选择和切换控制。

2)多点协调智能调度控制方法

在现代制造系统,特别是自动化制造系统中,为实现底层制造过程的动态调度控制,往

往涉及多个控制点,如工件投放控制、工作站输入控制、工件流动路径控制、运输装置控制等。为实现总体优化,这些控制点的决策必须统一协调进行。为此需采用具有多点协调控制功能的调度控制系统。下面对这类系统的组成和工作原理做简要介绍。

(1)控制系统组成。基于多点协调调度控制方法所构成的多点协调调度控制系统由智能调度控制器和被控对象(制造过程)两大部分组成,如图5-26所示。其中,具有多点协调调度控制功能的智能调度控制器是该系统的核心。该控制器的基本结构如图中虚线框部分所示。其中,控制知识库和调度规则库是该控制器最重要的组成环节,其中存放着各种类型的调度控制知识和调度规则。工件投放控制、流动路径控制、运输装置控制等 m 个子控制模块,是完成各决策点调度控制的子任务控制器。智能协调控制模块是协调各子任务控制器工作的核心模块。执行控制模块是实施调度命令、具体控制制造过程运行的模块。

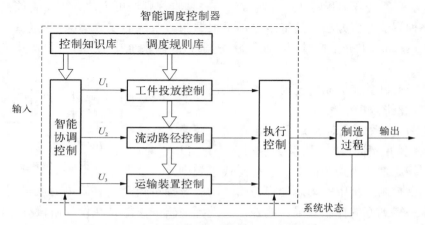

图5-26 多点协调智能调度控制系统的基本结构

(2)系统工作原理。该系统的工作原理如下:当调度控制器接收到来自上级的输入信息(作业计划等)和来自生产现场的状态反馈信息后,首先由智能协调控制模块产生控制各子控制模块的协调控制信息,然后由各子控制模块根据协调控制信息的要求和相关的输入和反馈信息对自己管辖范围内的调度控制问题进行决策,并产生相应的调度控制命令。最后由执行控制模块将调度命令转换为现场设备(如工件存储装置、交换装置、运输装置等)的具体控制信息,并通过现场总线网络实施对制造过程运行的控制。

3)自学习调度控制方法

(1)常规智能调度方法存在的问题。以上介绍的几种智能调度控制方法属于基于静态知识的智能调度控制方法,其基本结构可概括为如图5-27所示。图中静态知识库的含义是,库中的知识是系统运行前装进去的,系统运行过程中不能靠自身来动态改变。

显然,这类系统的性能从将知识装入知识库那一时刻起就已经确定下来,因此为保证系统具有良好的调度控制性能,必须解决如何获取知识并保证知识的有效性这一关键问题。虽然调度控制知识可

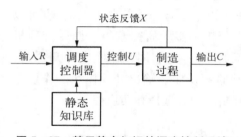

图5-27 基于静态知识的调度控制系统

以从有经验的调度人员那里获得,也可以通过理论分析和实验研究获得,但实施过程中往往遇到一些困难。例如,有丰富经验能承担复杂制造系统动态调度任务的高水平调度人员是极其缺乏的,并且要将他所具有的知识总结出来也是一个相当费时费力的工作。此外,调度人员的知识是有局限性的,有些知识在他所工作的企业很有效,但换一个环境后未必仍能保持好的效果。实际工作中还发现,通过理论分析和实验研究获取调度控制知识的途径也是相当困难的。因此,如何有效解决智能调度控制系统中的知识获取问题,便成为这类系统性能必须解决的关键问题。

(2) 自学习调度控制系统的组成。解决知识获取问题的一条有效途径就是学习,特别是通过系统自身在运行过程中不断进行自学习。基于这一思想,可构成一种具有自学习功能的智能调度控制系统。

自学习调度控制系统的基本结构如图 5-28 所示。该系统与图 5-27 系统的最大不同点在于增加了以自学习机构为核心的自学习控制环。在自学习闭环控制下,可对知识库中的知识进行动态校正和创成,从而将静态知识库改变为动态知识库。这样,随着动态知识库中知识的不断更新和优化,系统的调度控制性能也将得以不断提高。

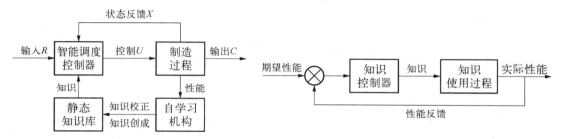

图 5-28　自学习调度控制系统的基本结构　　　　**图 5-29　知识校正原理**

(3) 知识校正原理。为实现自学习调度控制,需进行知识校正,使其不断完善。知识校正原理如图 5-29 所示。图中由知识控制器与知识使用过程(被控对象)等组成闭环控制系统。该系统按照反馈控制原理工作,知识控制器将根据被控量的期望值与实际值之间的偏差来产生控制作用,对被控过程进行控制,使被控量的实际值趋于期望值。确切地说,这里的被控量是系统的性能指标,控制作用表现为对知识的校正,被控过程为知识的使用过程。因该系统为一基于偏差调节的自动控制系统,知识控制器将以系统期望性能与实际性能间的偏差最小为目标函数,不断地对知识库中的知识进行校正。因此,在该系统的控制下,经过一定时间,最终将使知识库中的知识趋于完善。

4) 仿真自学习调度控制方法

前面介绍的自学习调度控制系统是以实际的制造系统环境实现自学习控制的。这种学习系统存在的问题是学习周期长,且在学习的初始阶段制造系统效益往往得不到充分发挥。为了提高自学习控制的效果,可进一步将仿真系统与自学习调度控制系统相结合,构成仿真自学习调度控制系统,其基本结构如图 5-30 所示。

该系统的基本原理是通过计算机仿真对自学习控制系统进行训练,从而加速自学习过程,使自学习控制系统在较短时间内达到较好的控制效果。

为达到上述目的,该系统由两个自学习子系统组成:

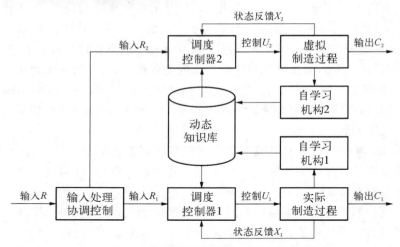

图 5 - 30 仿真自学习调度控制系统的基本结构

（1）由调度控制器 1、实际制造过程、自学习机构 1 和动态知识库组成的以实际制造过程为控制对象的自学习控制系统（简称实际系统）。

（2）由调度控制器 2、虚拟制造过程、自学习机构 2 和动态知识库组成的以虚拟制造过程为控制对象的自学习控制系统（简称仿真系统）。

仿真自学习调度控制系统可以工作于两种模式，即独立模式和关联模式。当系统运行独立模式时，先启动上面的仿真系统，下面的实际系统暂不工作。仿真系统启动后，在调度控制器 2 的控制下，整个系统以高于实际系统若干倍的速度运行，从而对动态知识库中的知识进行快速优化。当仿真系统运行一段时间后，系统进行切换，转为实际系统运行。由于此时知识库中的知识已是精炼过的知识，实际系统就可缩短用于初始自学习的时间，从而提高系统的效益。

系统以关联模式运行时，实际系统与仿真系统同时工作。由于仿真系统的运行速度比实际系统要快得多，因此，发生在仿真系统中的自学习过程也较实际系统快得多。这样由于仿真自学习的超前运行，相对于实际系统，仿真系统对知识库中的知识校正与创成将是一种预见性的知识更新，即提前为实际系统实现智能控制做好了知识准备。而实际系统中的自学习机构所产生的自学习作用，则是对仿真自学习作用的一种补充。通过这两个自学习环的控制，系统性能的提高将更快、更好。

 思考题

（1）什么是 ERP？包含哪些功能模块？

（2）什么是 MES？它与 ERP 有什么区别？

（3）PDM 与 PLM 有什么关系？

（4）什么是产品制造的主生产计划？

（5）简述物料需求计划、制造资源计划和企业资源计划。

（6）简述基于规则的调度与基于仿真的调度之间的区别。

6

制造系统智能化：智能装备

"智能制造装备"概念自 2010 年《国务院关于加快培育和发展战略性新兴产业的决定》首次作为发展重点明确提出，近两年在制造业内外都得到了广泛的关注。2012 年颁布的《智能制造装备产业"十二五"发展规划》将智能制造装备明确定义为"具有感知、决策、执行功能的各类制造装备的统称"。

6.1 智能装备的定义

作为高端装备制造业的重点发展方向和信息化与工业化深度融合的重要体现，大力培育和发展智能制造装备产业对于加快制造业转型升级，提升生产效率、技术水平和产品质量，降低能源资源消耗，实现制造过程的智能化和绿色化发展具有重要意义。智能制造装备的基础作用不仅体现在对于海洋工程、高铁、大飞机、卫星等高端装备的支撑，也体现在对于其他制造装备通过融入测量控制系统、自动化成套生产线、机器人等技术实现产业的提升。

智能装备，是指具有感知、分析、推理、决策、控制功能的制造装备，它是先进制造技术、信息技术和智能技术的集成和深度融合。基于智能制造装备，能够实现自适应加工。自适应加工是指通过工况在线感知、智能决策与控制、装备自律执行大闭环过程，不断提升装备性能、增强自适应能力，是高品质复杂零件制造的必然选择。通过机床的自适应加工，能够实现几何精度、微观组织性能、表面完整性、残余应力分布以及加工产品的品质一致性的完整保证。

中国重点推进高档数控机床与基础制造装备，自动化成套生产线，智能控制系统，精密和智能仪器仪表与试验设备，关键基础零部件、元器件及通用部件，智能专用装备的发展。实现生产过程自动化、智能化、精密化、绿色化，带动工业整体技术水平的提升。例如，在精密和智能仪器仪表与试验设备领域，针对生物、节能环保、石油化工等产业发展的需要，重点发展智能化压力、流量、物位、成分、材料、力学性能等精密仪器仪表和科学仪器及环境、安全和国防特种检测仪器。

6.2 智能装备的技术特征

与传统的制造装备相比，智能制造装备具有对装备运行状态和环境的实时感知、处理和分析能力;根据装备运行状态变化的自主规划和控制决策能力;对故障的自诊断自修复能力;对自身性能劣化的主动分析和维护能力;参与网络集成和网络协同的能力。

6.2.1 实时感知技术

智能制造装备具有收集和理解工作环境信息、实时获取自身状态信息的能力,智能制造装备能够准确获取表征装备运行状态的各种信息;并对信息进行初步的理解和加工,提取主要特征成分,反映装备的工作性能。实时感知能力是整个制造系统获取信息的源头。

传感器是智能制造装备中的基础部件,可以感知或采集环境中的图形、声音、光线以及生产节点上的流量、位置、温度、压力等数据。传感器是测量仪器走向模块化的结果,虽然技术含量很高但一般售价较低,需要和其他部件配套使用。

智能制造装备在作业时,离不开由相应传感器组成的或者由多种传感器结合而成的感知系统。感知系统主要由环境感知模块、分析模块、控制模块等部分组成,它将先进的通信技术、信息传感技术、计算机控制技术结合来分析处理数据。环境感知模块可以是机器视觉识别系统、雷达系统、超声波传感器或红外线传感器等,也可以是这几者的组合。随着新材料的运用和制造成本的降低,传感器在电气、机械和物理方面的性能越发突出,灵敏性也变得更好。为了随着制造工艺的提高,传感器会朝着小型化、集成化、网络化和智能化方向进一步发展。

智能制造装备运用传感器技术识别周边环境的功能,能够大幅度改善其对周围环境的适应能力,降低能源消耗,提高作业效率,是智能制造装备的主要发展方向。

6.2.2 自主决策技术

智能制造装备能够依据不同来源的信息进行分析、判断和规划自身行为,智能制造装备能根据环境自身作业状况的信息进行实时规划和决策,并根据处理结果自行调整控制策略至最优运行方案。这种自律能力使整个制造系统具备抗干扰、自适应和容错等能力。

6.2.3 故障诊断技术

故障诊断技术是近十年来国际上随着计算机技术、现代测量技术和信号处理技术的迅速发展而发展起来的一种新技术。应用故障诊断技术对机器设备进行监测和诊断,可以及时发现机器的故障和预防设备恶性事故的发生,从而避免人员的伤亡、环境的污染和巨大的经济损失;应用故障诊断技术可以找出生产系统中的事故隐患,从而对设备和工艺进行改造以消除事故的隐患。故障诊断技术最重要的意义在于改革设备维修制度,现在多数工厂的维修制度是定期检修,不论设备是否有故障都按人为计划的时间定期检修,这造成很大的浪费。由于诊断技术能诊断和预报设备的故障,因此在设备正常运转没有故障时可以不停机,在发现故障前兆时能及时停机,按诊断出故障的性质和部位,有目的地进行检修,这就是预知维修技术,把定期维修改变为预知维修,不但节约了大量的维修费用,而且由于减少了许多不必要的维修时间,从而大大增加了机器设备正常运转的时间,大幅度地提高生产率,产生巨大的经济效益。

1) 故障诊断技术的诊断对象

(1) 机械零部件的技术诊断。机械零部件的技术诊断包括对结构的损伤诊断,如齿轮、轴、轴承、梁、柱、板、壳等的损伤诊断。

(2) 机器的技术诊断。机器的技术诊断包括对它的性能和强度的诊断和评价。在性能评价方面有功能的正常和异常、故障和劣化，要分析其产生的原因；在强度的评价方面要分析其主要零部件的可靠性，预测其寿命；在机械设备的性能和强度的检测评价的基础上确定出修复和改善的方法。

（3）系统的技术诊断。工厂或企业对于其机组和生产系统的正常运行是最重视的，系统的技术诊断也就显示其特殊的重要性，系统的故障与部件互相有关但也有差别，而部件故障与系统故障的关系，对于不同的系统也不相同，所以进行系统的技术诊断必须要具体分析各部件故障和系统故障的关系，从而确定系统故障的原因。

2）故障诊断技术的诊断过程

故障诊断的内容包括状态监测、识别诊断和预测3个方面，在预测系统的可靠性和性能时，如果识别出异常状态，就要对其原因、部位和危险程度进行诊断和评价，研究决定其修正和预防的方法，整个诊断过程如图6-1所示。一个系统或一台机器在运行过程中必然有能量、介质、力、热及摩擦等各种物理和化学参数的传递和变化，必然会由此而产生各种各样的信息，这些信息的变化直接和间接地反映了系统的运行状态，也就是说正常运行和异常运行时的信息变化规律是不一样的，故障诊断就是根据机器运行时产生的不同的信息变化规律，即信息特征，来识别机器是处在正常运行状态还是异常运行状态的。

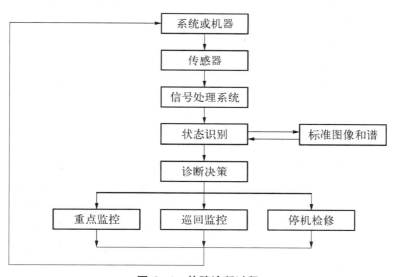

图6-1 故障诊断过程

3）故障诊断技术的诊断的分类

工程中系统（机器）运行的状态多种多样，其环境条件各不相同，由此就产生了不同类型的故障诊断的方法，现分类如下：

（1）功能诊断和运行诊断。对于新安装或刚维修好的机器（或系统）需要诊断它的功能是否正常，并根据检查和诊断的结果对它进行调整，这就是功能诊断；而对正常服役的机器（或系统）则进行运行状态的诊断，监视其故障的发生和发展。

（2）定期诊断和在线监控。定期诊断是隔一定时间对服役的机器进行一次检查和诊断，也称为巡回检查和诊断（简称巡检）；在线监控是采用现代化仪表和计算机信号处理系统对机器(或系统)的运行状态进行连续监视和控制。对于哪些设备采用哪种诊断形式,需要根据设备的关键程度、设备故障影响的严重程度、运行中机器性能下降的速度和设备故障发生和发展的可预测性,按照设备综合工程学的原则来确定。

（3）直接诊断和间接诊断。直接诊断是指直接根据关键零部件的信息确定这些零部件的状态,如对轴承间隙、齿面磨损、轴或叶片的裂纹以及在腐蚀条件下的管道的壁厚等进行直接观察和诊断;由于受到机器结构和运行条件的限制无法进行直接诊断时,只好采用间接诊断,间接诊断是通过二次诊断信息来间接地判别关键零部件的状态变化,由于多数二次信息转化的输出信号中携带的是综合信息,因此会发生误诊断,也就是出现伪警和漏检的可能性会增大。

（4）常规诊断和特殊诊断。在常规工况(即机器正常运行)下进行的诊断称为常规诊断,大多数诊断都属于常规诊断;但在个别情况下需要创造特殊的条件来采集信息,如动力机组的启动和停车过程要通过转子的几个临界转速,就需要采集启动和停车过程中的振动信号,而这些信号在常规诊断中是得不到的。

（5）简易诊断和精密诊断。简易诊断相当于人的初级健康诊断,一般由现场作业人员实施,能对机械设备的状态迅速有效地做出概括性的评价。精密诊断的目的是对由简易诊断判定的"大概有点异常"的机械设备进行专门的精确诊断,由精密诊断的专家来进行,其功能应包括应力定量技术、故障检测分析技术和强度性能定量技术。

4）运行状态的监测

重要的电子设备可以在关键零部件装上传感器,以间接探测故障的发生和发展,在故障即将发生时,自动控制电路或计算机使设备自动停止运行,以保证安全和运行中的高度可靠性。

监测系统可以借鉴飞机、船舶、发电设备、汽车等现有监测方法和仪器构造,再根据特殊需要,增加一些特种传感器,以监测相应的项目。

智能制造装备能够自主建立强有力的知识库和基于知识的模型。并以专家知识为基础,通过运用知识库中的知识,进行有效的推理判断,并进一步获取新的知识,更新并删除低质量知识,在系统运行过程中不断地丰富和完善知识库,通过学习使知识库不断进化,更加丰富、合理,智能制造装备能够对系统进行故障诊断、排除及修复,并依据专家知识库提供相应的解决维护方案。保持系统在正常状态下运行。这种特征使智能制造装备能够自我优化并适应各种复杂的环境。

6.2.4 网络协同技术

智能制造装备是智能制造系统的重要组成部分,具备与整个制造系统实现网络集成和网络协同的能力。智能制造系统包括了大量功能各异的子系统,而智能制造装备是智能制造系统信息获取和任务执行的基本载体,它与其他子系统集成为一个整体,实现了整体的智能化。

如何实现无线网络之间的互联互通和融合,在此同时综合利用并充分发掘融合后的无线网络中的多种传输技术和传输能力,实现无线服务的广泛化、高速化和便捷化,是目前无线通信的研究重点。随着第二代和第三代蜂窝移动通信系统相继投入商用,并且在全球获得广泛的支持和应用,许多基于其他协议标准的无线通信系统也投入到实际应用中,如

09DM 符号 IEEE802.11 和 802.16 系列、蓝牙等，它们的产生给人们的通信带来极大便利，但同时这些基于不同无线接入标准的无线网络之间的互通也成为问题。

然而，如何在不同无线接入标准的网络互联互通的条件下，实现异构无线接入网的网络资源的有效整合和高效使用，目前尚未有完好的解决方案。虽然目前针对异构网络间的互联互通问题提出了众多方法，但是对如何实现异构网络资源的无缝整合，充分发挥出不同无线技术的特点，应用多种协同通信新技术以获得协同的"涌现"增益，实现覆盖更广、速率更高的业务还没有出现解决方案。

1) 协同技术原理

随着信息通信技术的发展和普及，人们对信息量和信息业务类型的需求不断增加，任何一种单一网络或者单一技术都无法满足所有的需求，通过联合不同的终端、不同的机制、不同的技术、不同的系统，能产生它们各自独立运行/应用时所不具有的能力，即"涌现"效果，这就是协同机理。

协同和融合是一对统一体，通信网络的融合一般是指对不同通信网络间共性的整合，而通信网络的协同则是对不同通信网络间或者同一通信网络内不同终端或者不同技术间个性的整合。不同通信网络的融合是为了更好地服务异构通信网络的协同，即融合可以使原有各单通信网络更好地实现其原有功能，也为更进一步的功能实现和技术创新等协同操作提供了条件。

协同技术是为了生成单一网络或者单一技术所不具有的能力，通过协同处理后的网络和技术的功能大于每个组成部分的功能之和，即追求系统理论中的"涌现"效应。无线通信网络的协同技术研究，包含两方面内容：一是指单一无线通信网络内部不同终端或者不同技术的协同，以增强单一无线通信系统的性能；二是指不同异构无线网络的相互协同，以提供异构无线通信网络的"涌现"增益。需要注意的是，异构无线通信网络的协同不是多种无线网络或者多种无线通信技术的拼凑，它涉及从频谱协同到协议设计协同、空中接口协同、业务协同、通信技术协同、网络安全协同等。

为了保证无线接入网络能够拥有海量数据传输的能力，目前在无线接入网络内可以采用各种协同技术。协同技术可以分为多个层次：对于单条无线链路来说，可以采用各种协同信道技术，包括协同多用户分集、协同多输入多输出天线、协同编码等；对于终端用户而言，可以采用协同多用户技术，通过多用户之间的协同，实现单个目标用户的高速数据传输或者高服务质量，解决传输时延等无法保障的问题；对于接入网而言，可以在多个无线接入网间通过协同实现高速数据传输，解决网间传输瓶颈问题；对于核心网而言，可以实现协同的多核心网融合。为了构建一个先进的无线通信网络，需要使用各种协同技术，如在物理层的数据链路处理过程中使用协同信道技术。

2) 协同关键支撑技术

为了实现异构无线接入网的协同处理功能，保证基于协同机理的协议能工作，需要许多关键技术支撑，主要包括与协同信道密切相关的物理层协同技术、与多用户协同和接入网间协同相关的系统层协同技术。

（1）物理层协同技术主要如下：

① 协同 MIMO 信道技术。多移动终端之间、移动终端与中继之间以及终端/中继与基

站之间形成的虚拟 MIMO 信道将有别于传统的 MIMO 信道。在传统 MIMO 信道基础上，根据协同 MIMO 通信特点，确定协同网络中虚拟 MIMO 信道特性。

② 协同空时编码发射方案设计。协同终端处于相互独立的无线环境中，同时各协同终端的业务不尽相同，为最大化频谱效率与吞吐量，并灵活支持多用户、多业务下存在显著差异的 QoS，根据信道条件、QoS 要求自适应地设计空时编码，调制发射方案。

③ 协同同步技术存在多跳中继的协同网络对同步提出更高的要求，各协同终端、中继以及基站之间的同步机制将直接制约系统的性能。在传统无线网络各种同步技术的基础上，根据协同网络的特点确定适合于协同网络的同步机制、同步方案。

④ 协同接收技术集中于协同发射方案的高效接收算法，包括协同时空编码接收的最优、次优算法，实际衰落信道下的协同接收算法等。

（2）系统层协同技术主要如下：

① 协同节点选取。如何选择协同伙伴，是自组织协同中继子网的关键问题之一。主要内容包括在一个多协同中继节点的环境中，协同伙伴如何分配和管理，如谁将与谁协同，在什么条件下协同，可达速率区域的哪个点将发生协同等；由协同中继节点自己来决定协同伙伴，还是由专门的集中通信实体，如由基础架构型无线接入网的基站来统筹；在移动环境下需要隔多久时间重新规划一次协同节点的选取；尽管更多的协同节点选取将导致更好的性能，但随着协同节点数目的增加，带来的性能增益将减小，同时协同方案的设计、信号检测以及多址问题等的复杂度会增加，网络成本也会提高，所以选择合适数量的协同节点是非常重要的。

② 协同路由对于异构无线接入网来说，协同路由的研究涉及两方面的内容：一是协同中继子网内部的协同中继节点间的路由；另一是基于协同中继节点和协同中继子网，不同异构无线接入网内部节点的路由。这两方面的路由算法对协同的涌现增益影响都较大。鉴于协同中继子网内部的协同中继节点数量一般不会很多，所以其路由算法相对简单，一般在协同节点选取时就能确定。协同路由研究的最大挑战在于异构无线接入网间的协同无线路由选取，即选择合适的协同中继节点和其对应的协同中继子网，设计高速和健壮的无线路由。路由选取的性能指标包括路由的健壮性、信令额外开销、对节点存储空间的要求等。

③ 协同无线资源管理。为减少使用资源的维度，最大限度地利用有限的频率资源、时间资源或空间资源，提高系统频谱效率，保证业务的服务质量，需要协同无线资源管理机制，内容包括协同功率分配、协同无线资源调度、协同干扰协调等。如对于协同功率分配研究来说，目前的算法大多都假定各用户发射功率相同，用户根据上行信道或者协作伙伴的信道状态自适应地调整发送功率。但在干扰受限系统中，为了克服远近效应和使干扰最小化，功率控制是很严格的。协同功率分配方案研究的目的在于提出一种先进的协同功率分配方案，从而能有效减少无线空中干扰，节省功耗，提高网络的整体性能。

6.3　智能制造系统中的典型智能装备

6.3.1　智能机床

1）智能机床的概述

智能机床，是对影响制造过程的多种参数及功能做出判断并自我做出正确选择决定方案的机床。智能机床了解制造的整个过程，能够监控、诊断和修正在生产过程中出现的各类偏差。并且能为生产的最优化提供方案。此外，还能计算出所使用的切削刀具、主轴、轴承和导轨的剩余寿命，让使用者清楚其剩余使用时间和替换时间。

美国的智能机床启动平台（SMPI）认为，智能机床至少应具备以下特征：知晓自身的加工能力/条件，并且能与操作人员交流、共享这些信息；能够自动检测和优化自身的运行状况；可以评定产品/输出的质量；具备自学习与提高的能力；符合通用的标准，机器之间能够无障碍地进行交流。

日本的 Mazak 公司认为，机床自身可以替代操作人员的经验技术或感官支持加工过程，减轻操作人员的负担，实现机床的机器人化，从制造零件的机械到制造零件的机器人，这就是具有智能化功能的机床。

现代的制造业，面临产品多样化、更新换代加速、老龄化社会等多种多样的问题。通过机床的智能化，使机床自身具备可替代高度熟练技能者的智能化功能，减轻操作人员的负担，以弥补不足。智能机床与喷涂数控机床或加工中心的主要区别：智能机床处理具有数控加工功能外，还具有感知、推理、决策、学习等智能功能。为了实现上述功能，需要对材料去除过程和工艺系统性能进行客观、科学的理解和表述。就机床本身来说，主要集中于机床性能描述及表征、加工过程优化与控制以及机床运行状态监测三方面，其核心问题在于开发系统动力学以及全局优化的工具和方法。

智能机床的出现，为未来装备制造业实现全盘生产自动化创造了条件。首先，通过自动抑制振动、减少热变形、防止干涉、自动调节润滑油量、减少噪声等，可提高机床的加工精度、效率。其次，对于进一步发展集成制造系统来说，单个机床自动化水平提高后，可以大大减少人在管理机床方面的工作量。人能有更多的精力和时间来解决机床以外的复杂问题，能更进一步发展智能机床和智能系统。最后，数控系统的开发创新，对于机床智能化起到了极其重大的作用。它能够收容大量信息，对各种信息进行储存、分析、处理、判断、调节、优化、控制。它还具有重要功能，如工夹具数据库、对话型编程、刀具路径检验、工序加工时间分析、开工时间状况解析、实际加工负荷监视、加工导航、调节、优化，以及适应控制。

2）智能机床的发展

早在 20 世纪 80 年代，美国就曾提出研究发展"适应控制"机床，但由于许多自动化环节如自动检测、自动调节、自动补偿等没有解决，虽有各种试验，但进展较慢。后来在电加工机床（EDM）方面，首先实现了"适应控制"，通过对放电间隙、加工工艺参数进行自动选择和调节，以提高机床加工精度、效率和自动化。

随后，由美国政府出资创建的机构——智能机床启动平台，一个由公司、政府部门和机床厂商组成的联合体对智能机床进行了加速的研究。

而于 2006 年 9 月在 IMTS 展会上展出的日本 Mazak 公司研发制造的智能机床，则向未来理想的"适应控制"机床方面大大前进了一步。日本这种智能机床具有六大特色：

（1）有自动抑制振动的功能。

（2）能自动测量和自动补偿，减少高速主轴、立柱、床身热变形的影响。

（3）有自动防止刀具和工件碰撞的功能。

（4）有自动补充润滑油和抑制噪声的功能。

（5）数控系统具有特殊的人机对话功能，在编程时能在监测画面上显示刀具轨迹等，进一步提高了切削效率。

（6）机床故障能进行远距离诊断。

智能机床的发展主要经历了如下几个阶段：

第一阶段是1930—1960年从手动机床向机、电、液高效自动化机床和自动线发展，主要解决减少体力劳动问题。

第二阶段是1952—2006年数字控制机床发展，解决了进一步减少体力和部分脑力劳动问题。

第三阶段是2006年开发了智能机床。智能化机床的加速发展，将进一步解决减少脑力劳动问题。

3）典型的智能机床

（1）Mazak的智能机床。Mazak对智能机床的定义是：机床能对自身进行监控，可自行分析众多与机床、加工状态、环境有关的信息及其他因素，然后自行采取应对措施来保证最优化的加工。换句话说，机床进化到可发出信息和自行进行思考。结果是机床可自行适应柔性和高效生产系统的要求。当前Mazak的智能机床有以下四大智能：主动振动控制，即将振动减至最小；智能热屏障，即热位移控制；智能安全屏障，即防止部件碰撞；马扎克语音提示，即语音信息系统。

（2）Okuma的智能机床。在2006年IMTS展会上，日本Okuma公司展出了名为"Thinc"的智能数字控制系统（Intelligent Numerical Control System）。Okuma的智能数字控制系统的名称为"Thinc"，它是英文"思想"（think）的谐音，表明它具备思想能力。Okuma认为当前经典的数控系统的设计（结构）、执行和使用3个方面已经过时，对它进行根本性变革的时机已经到来。

Okuma认为，Thinc不仅可在不受人的干预下，对变化了的情况做出"聪明的决策"（smart decision），还可使用户拿到机床后，以增量的方式使其功能在应用中自行不断增长，并会更加自适应新的情况和需求，更加容错，更容易编程和使用。总之，在不受人工干预的情况下，该机床将为用户带来更高的生产效率。

（3）GE Fanuc公司和辛辛那提公司的进展。GE Fanuc公司引入的一套监控和分析方案也是智能机床发展的一个例子，这套方案在2006年9月的IMTS展览会得以展示。它通过收集机床和其他设备复杂的基本数据而提供富有洞察力、可指出原因的分析方法。它还提供一套远程诊断工具，从而使不出现故障的平均时间最长，而用于修理的时间最短。它还能用于计算机维护管理系统中监控不同的现场。智能机床的另一个例子是辛辛那提的多任务加工中心设计的软件，它可探测到B旋转轴的不平衡条件。装备了SINUMERIK 840D控制系统，新的平衡传感器监控Z轴发生的错误后，能准确和迅速地感受不平衡；探测后，由一套平衡辅助程序通过计算产生一个显示图，来确定出不平衡的位置所在，以及需要进行多少补偿。该技术也已用于Giddings & Lewis的立式车床上。

（4）米克朗智能机床模块。米克朗系列化的模块（软件和硬件）是该公司在智能机床领域的成果。不同"智能机床"模块的目标是将切削加工过程变得更透明、控制更方便。为此，必须首先建立用户和机床之间的通信；其次，还必须在不同切削加工优化过程中为用户提供工具，以显著改善加工效能；再次，机床必须能独立控制和优化切削过程，从而改善工艺安全性和工件加工质量。

米克朗的高级工艺控制系统（APS）模块是一套监视系统，它使用户能观察和控制切削加工过程。它是特为高性能和高速切削而开发的，而且能很好地用于其他切削加工系统。

6.3.2 智能机器人

1）智能机器人概述

智能机器人之所以叫智能机器人，是因为它有相当发达的"大脑"。在脑中起作用的是中央处理器，这种计算机和操作它的人有直接的联系。最主要的是，这样的计算机可以进行按照目的安排的动作。正因为这样，我们才说这种机器人是真正的机器人，尽管它们的外表可能有所不同。

我们从广泛意义上理解所谓的智能机器人，它给人的最深刻的印象是一个独特的进行自我控制的"活物"。其实，这个自控"活物"的主要器官并没有像真正的人那样微妙而复杂。智能机器人具备形形色色的内部信息传感器和外部信息传感器，如视觉、听觉、触觉、嗅觉。除具有感受器外，它还有效应器，作为作用于周围环境的手段。这就是筋肉，或称自整步电动机，它们使手、脚、长鼻子、触角等动起来。由此也可知，智能机器人至少要具备3个要素：感觉，反应和思考。

我们称这种机器人为自控机器人，以便使它同前面谈到的机器人区分开来。它是控制论产生的结果，控制论主张这样的事实：生命和非生命有目的的行为在很多方面是一致的。正像一个智能机器人制造者所说的，机器人是一种系统的功能描述，这种系统过去只能从生命细胞生长的结果中得到，现在它们已经成了人类能够制造的东西了。

智能机器人能够理解人类语言，用人类语言同操作者对话，在它自身的"意识"中单独形成了一种使它得以"生存"的外界环境——实际情况的详尽模式。它能分析出现的情况，能调整自身的动作以达到操作者所提出的全部要求，能拟定所希望的动作，并在信息不充分的情况下和环境迅速变化的条件下完成这些动作。当然，要求它和人类思维一模一样，这是不可能办到的。不过，仍然有人试图建立计算机能够理解的某种"微观世界"。

2）智能机器人的分类

（1）按功能分类。可分为一般机器人和智能机器人。

一般机器人是指不具有智能，只具有一般编程能力和操作功能的机器人。

到目前为止，在世界范围内还没有一个统一的智能机器人定义。大多数专家认为智能机器人至少要具备以下3个要素：一是感觉，用来认识周围环境状态；二是运动，对外界做出反应性动作；三是思考，根据感觉要素所得到的信息，思考采用什么样的动作。感觉要素包括能感知视觉、接近、距离等的非接触型传感器和能感知力、压觉、触觉等的接触型传感器。这些要素实质上就是相当于人的眼、鼻、耳等五官，它们的功能可以利用诸如摄像机、图像传感器、超声波传成器、激光器、导电橡胶、压电元件、气动元件、行程开关等机电元器件来实现。对运动要素来说，智能机器人需要有一个无轨道型的移动机构，以适应诸如平地、台阶、墙壁、楼梯、坡道等不同的地理环境。它们的功能可以借助轮子、履带、支脚、吸盘、气垫等移动机构来完成。

在运动过程中要对移动机构进行实时控制，这种控制不仅要有位置控制，而且还有力度控制、位置与力度混合控制、伸缩率控制等。智能机器人的思考要素是三个要素中的关键，也是人们要赋予机器人必备的要素。思考要素包括判断、逻辑分析、理解等方面的智力活动。这些智力活动实质上是信息处理过程，而计算机则是完成这个处理过程的主要手段。智能机器人根据其智能程度的不同，又可分为3种：

① 传感型机器人。又称外部受控机器人。在机器人的本体上没有智能单元只有执行机构和感应机构，它具有利用传感信息（包括视觉、听觉、触觉、接近觉、力觉和红外、超声及激光等）进行传感信息处理、实现控制与操作的能力。受控于外部计算机，在外部计算机上具有智能处理单元，处理由受控机器人采集的各种信息以及机器人本身的各种姿态和轨迹等信息，然后发出控制指令指挥机器人的动作。目前机器人世界杯的小型组比赛使用的机器人就属于这样的类型。

② 交互型机器人。机器人通过计算机系统与操作员或程序员进行人-机对话，实现对机器人的控制与操作。虽然具有了部分处理和决策功能，能够独立地实现一些诸如轨迹规划、简单的避障等功能，但是还要受到外部的控制。

③ 自主型机器人。在设计制作之后，机器人无须人的干预，能够在各种环境下自动完成各项拟人任务。自主型机器人的本体上具有感知、处理、决策、执行等模块，可以像一个自主的人一样独立地活动和处理问题。机器人世界杯的中型组比赛中使用的机器人就属于这一类型。全自主移动机器人的最重要的特点在于它的自主性和适应性，自主性是指它可以在一定的环境中，不依赖任何外部控制，完全自主地执行一定的任务。适应性是指它可以实时识别和测量周围的物体，根据环境的变化，调节自身的参数，调整动作策略以及处理紧急情况。交互性也是自主机器人的一个重要特点，机器人可以与人、与外部环境以及与其他机器人之间进行信息的交流。由于全自主移动机器人涉及诸如驱动器控制、传感器数据融合、图像处理、模式识别、神经网络等许多方面的研究，所以能够综合反映一个国家在制造业和人工智能等方面的水平。因此，许多国家都非常重视全自主移动机器人的研究。

智能机器人的研究从20世纪60年代初开始，经过几十年的发展，目前，基于感觉控制的智能机器人（又称第二代机器人）已达到实际应用阶段，基于知识控制的智能机器人（又称自主机器人或下一代机器人）也取得较大进展，已研制出多种样机。

（2）按智能程度分类。可分为工业机器人、初级智能机器人、智能农业机器人、家庭智能陪护机器人和高级智能机器人。

① 工业机器人。它只能死板地按照人给它规定的程序工作，不管外界条件有何变化，自身都不能对程序也就是对所规定的工作做相应的调整。如果要改变机器人所做的工作，必须由人对程序做相应的改变，因此它是毫无智能的。

② 初级智能机器人。它和工业机器人不一样，具有像人那样的感受，以及识别、推理和判断的能力。可以根据外界条件的变化，在一定范围内自行修改程序，也就是它能适应外界条件变化自行做的相应调整。不过，修改程序的原则由人预先给以规定。这种初级智能机器人已拥有一定的智能，虽然还没有自动规划能力，但这种初级智能机器人也开始走向成熟，达到实用水平。

③ 智能农业机器人。鲨鱼型智能农业机器人采用空气动力学，根据气动布局特点形成鲨鱼型外观结构，采用工业级高分子材料制作的履带式底盘，特殊的角度设计，能保证机器

人在各种复杂地形的果园中畅通无阻，并且保护农田不受破坏；独特的机械设计结合流线型结构能最大限度利用设备空间，最大承载量高达 600 千克；双发动机的布局，保证了机器人良好的作业能力，采用电传操纵技术结合自主研发的液压系统使得机器人突破了续航时间短的问题，拥有超长续航能力；采用 300M 甚高频无线遥控和 5.8G 图像传输技术，可以实施检测产品的运行数据和图像，且能在终端进行路径规划，真正实现自动控制，并能快速实现功能扩展和产品革新；智能喷雾系统能定向捕捉果树的树冠。

④ 家庭智能陪护机器人。陪护机器人应用于养老院或社区服务站环境，具有生理信号检测、语音交互、远程医疗、智能聊天、自主避障漫游等功能。机器人在养老院环境实现自主导航避障功能，能够通过语音和触屏进行交互。配合相关检测设备，机器人具有血压、心跳、血氧等生理信号检测与监控功能，可无线连接社区网络并传输到社区医疗中心，在紧急情况下可及时报警或通知老人的亲人。机器人具有智能聊天功能，可以辅助老人心理康复。陪护机器人为人口老龄化带来的重大社会问题提供解决方案。

⑤ 高级智能机器人。高级智能机器人和初级智能机器人一样，具有感觉、识别、推理和判断能力，同样可以根据外界条件的变化，在一定范围内自行修改程序。所不同的是，修改程序的原则不是由人规定的，而是机器人通过自身学习和总结经验来获得修改程序的原则。所以它的智能高出初级智能机器人。这种机器人已拥有一定的自动规划能力，能够安排自己的工作。这种机器人可以不需要人的照料，能完全独立地工作，故也称为高级自律机器人。这种机器人也开始走向实用。

智能机器人作为一种包含相当多学科知识的技术，几乎是伴随着人工智能所产生的。而智能机器人在当今社会变得越来越重要，越来越多的领域和岗位都需要智能机器人参与，这使得智能机器人的研究也越来越频繁，未来生活中智能机器人必不可少。

6.3.3　智能仪器仪表

1）智能仪器仪表的特点和定义

第一代仪器仪表是以指针式仪表为主，这些仪表的基本结构是电磁式和力学式，基于电磁测量原理和力学转换原理用指针来显示最终测量值。第二代仪器仪表是数字式仪表，这类仪器仪表以其快速响应和测量的高精度得到了广泛的应用，如数字频率计、数字功率计、数字万用表等。此类仪表的基本原理是将模拟量转化为数字信号进行测量，并以数字形式显示或打印最终结果。第三代仪表国际上通称微机化仪表，这类仪表中内含微处理器（大多使用单片微机），功能丰富灵巧，国外书刊中常简称为智能仪表。仪表内含的微机是控制中枢，其功能由软硬件相结合来完成。这类仪表一般都装有通用接口，与外部微机之间通过通用接口总线联系从而实现在线信号检测、采集与存储，以及离线处理与分析。此类仪表较前两类仪表有了根本性的变换，但从实用上讲仍属于基地式仪表。

随着计算机技术的发展和高新技术的出现，以及现代化生产的需要，对工业自动化仪表提出了 4C 化的要求，即计算机化、通信化、图像视觉识别化、过程控制化。于是第四代仪表——智能仪表应运而生，概括起来它有如下特点。

（1）在线性和过程性。

（2）可编程性。

（3）可记忆特性。

（4）丰富的计算功能。

（5）强大的数据处理能力。

（6）有自校正、自诊断、自学习多种控制功能。

总之，智能仪表是以计算机科学、微电子学、微机械学和材料科学等为理论基础，实现信息传感、信号检测、信号处理、信号通信及过程控制等任务，具有自学习、自校正、自适应等功能的装置与系统。其结构原理图如图6-2所示。

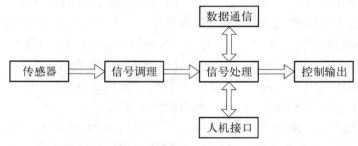

图6-2　智能仪表结构原理

2）智能仪器仪表的发展

（1）智能仪器仪表的发展史。科学上的重大发现，往往是由于新的检测手段的发明而开展起来的。以物理学诺贝尔奖获得者为例，百分之五十的工作是得益于新的仪器或测试手段的发明创造。仪器仪表也是实现信息的获取、转换、存储、处理和揭示物质运动规律的必备工具，仪器仪表装备水平在很大程度上反映了一个国家的生产力发展和现代化水平。

20世纪50年代初期，仪器仪表取得了重大突破，数字技术的出现使各种数字仪器得以问世，把模拟仪器的精度、分辨力与测量速度提高了几个量级，为实现测试自动化打下了良好的基础。

20世纪60年代中期，测量技术又一次取得了进展，计算技术的引入，使仪器的功能发生了质的变化。从个别电量的测量转变成测量整个系统的特征参数，从单纯的接收、显示转变为控制、分析、处理、计算和显示输出，从用单个仪器进行测量转变成用测量系统进行测量。

进入20世纪70年代以来，计算机技术在仪器仪表中的进一步渗透，使电子仪器在传统的时域与频域之外，又出现了数据域测试。自从1971年世界上出现了第一种微处理器（美国Intel公司4004型四位微处理器芯片）以来，微计算机技术得到了迅猛的发展。测量仪器在它的影响下有了新的活力，取得了新的进步。电子计算机从过去的庞然大物缩小到可以置于测量仪器之中的器件，作为仪器的控制器、存储器及运算器，并使其具有智能的作用。概括起来说，智能仪器在测量过程自动化、测量结果的数据处理以及一机多用（多功能化）等方面已取得巨大的进展。

20世纪80年代中期，由于微处理器被运用到仪器中。仪器前面板开始朝键盘化方向发展，过去直观的用于调节时基或幅度的旋转度盘，选择电压电流等量程或功能的滑动开关，通、断开关键已经消失。测量系统的主要模式是采用机柜形式，全部通过IEEE 488总线送到一个控制器上。测试时，可用丰富的BASIC语言程序来调整测试。不同于传统独立仪器模式的个人仪器已经得到了发展。20世纪80年代以来，机械制造业的高速发展，使计算机辅助制造(CAM)达到较高水平，它对人类生产力的提高起着巨大的推动作用。为了对 CAM 的工作质量进行及时监督，使成品或半成品的质量得到保证，要求实现对整个加工工艺过程中各重要环节或工位的在线检测。因此在生产线上或检验室内大量涌现各种应用计算机辅助测试(CAT)技术的仪器。

到了 20 世纪 90 年代，可以说，在高准确度、高性能、多功能的测量仪器中已经很少有不采用微计算机技术的了。同时微电子技术与计算机科学技术的巨大进步已成为仪器仪表领域内一场新的革命的推动力。这个进展的主要标志是仪器仪表智能化程度的提高。智能仪器以及计算机系统本身的发展使其硬件结构及软件内涵越来越复杂，因此对其工作状态的检验及故障诊断就显得非常重要，而且十分困难。如果都依靠专业人员去解决这些问题，不仅耗费时间，而且对大量、多品种、更新很快的产品，这样做也是不大可能的。为了解决此类问题，出现了一种新型仪器故障诊断仪。面向以计算机为主体的数字系统(或智能仪器)的故障诊断仪本身就是一台微计算机。它一般是通过特定的(如与被检验系统的 CPU 相一致的)适配器与被检验系统相连，在专用软件包的支持下进行故障诊断。它不仅可发现故障的性质及范围，有时还可精确地定位故障元件。由于微计算机内存容量不断增加，工作速度不断提高，使其数据处理的能力有了极大的改善，这样就可把动态信号分析技术引入智能仪器之中。这些信号分析往往以数字滤波或 FFT(快速傅立叶变换)为主体，配之以各种不同的分析软件，如智能化的医学诊断仪及机器故障诊断仪等。这类仪器仪表的进一步发展就是测试诊断专家系统，其社会效益及经济效益都是十分巨大的。

进入 21 世纪，智能仪器仪表最大的特点是嵌入式系统和网络技术的结合。嵌入式系统软硬件的快速发展带动智能仪器仪表进入更广阔的应用领域，使得仪器仪表本身更加小型化、功能更加全面、处理能力大大提高、可靠性进一步提高；而始于 20 世纪 90 年代末的网络技术的进步为智能仪器仪表打开了新的天地，无线的、有线的网络仪器仪表在各个领域随处可见，而且代表人类科技最高端的航空航天领域都闪烁着智能仪器仪表的光辉。

总的来说，智能仪表的发展过程和发展概况可以从对传统仪器的改进和新型仪器的出现两个方面来归纳。

(2) 智能仪表的发展趋势：

① 微型化。微型智能仪器是指微电子技术、微机械技术、信息技术等综合应用于仪器的生产中，从而使仪器成为体积小、功能齐全的智能仪器。它能够完成信号的采集、线性化处理、数字信号处理、控制信号的输出和放大、与其他仪器的接口、与人交互等功能。微型智能仪器随着微电子机械技术的不断发展，其技术不断成熟，价格不断降低，因此其应用领域也将不断扩大。它不但具有传统仪器的功能，而且能在自动化技术、航空航天、军事、生物技术、医疗领域起到独特的作用。

② 多功能化。多功能本身就是智能仪器仪表的一个特点。例如，为了设计速度较快和结构较复杂的数字系统，仪器生产厂家制造了具有脉冲发生器、频率合成器和任意波形发生器等功能的函数发生器。这种多功能的综合型产品不但在性能上比专用脉冲发生器和频率合成器高，而且在各种测试功能上提供了较好的解决方案。

③ 智能化。人工智能是计算机应用的一个崭新领域，利用计算机模拟人的智能，用于机器人、医疗诊断、专家系统、推理证明等各方面。智能仪器的进一步发展将含有一定的人

工智能,即代替人的一部分脑力劳动,从而在视觉(图形及色彩辨读)、听觉(语音识别及语言领悟)、思维(推理、判断)等方面具有一定的能力。这样,智能仪器可无须人的干预而自主地完成检测或控制功能。显然,人工智能在现代仪器仪表中的应用,不仅使人类可以解决用传统方法很难解决的一类问题,而且可望解决用传统方法根本不能解决的问题。

④ 网络化。伴随着网络技术的飞速发展,Internet 技术正在逐渐向工业控制和智能仪器仪表系统设计领域渗透,人们可以实现智能仪器仪表系统基于 Internet 的通信能力以及对设计好的智能仪器仪表系统进行远程升级、功能重置和系统维护。

⑤ 虚拟仪器是智能仪器发展的新阶段。测量仪器的主要功能多是由数据采集、数据分析和数据显示等三大部分组成的。在虚拟现实系统中,数据分析和显示完全用 PC 机的软件来完成。因此,只要额外提供一定的数据采集硬件,就可以与 PC 机组成测量仪器。这种基于 PC 机的测量仪器称为虚拟仪器。在虚拟仪器中,使用同一个硬件系统,只要应用不同的软件编程,就可得到功能完全不同的测量仪器。可见,软件系统是虚拟仪器的核心,"软件就是仪器"。

传统的智能仪器主要在仪器技术中用了某种计算机技术,而虚拟仪器则强调在通用的计算机技术中吸收仪器技术。作为虚拟仪器核心的软件系统具有通用性、通俗性、可视性、可扩展性和升级性,能为用户带来极大的利益,因此,具有传统的智能仪器所无法比拟的应用前景和市场。

近 20 年来,智能仪器仪表与微计算机技术取得令人瞩目的进展,就其技术背景而言,计算机的硬件和软件不断地发展及创新不能不说是非常重要的因素。就仪器仪表的发展来看,对下文所述的几类硬件和软件的发展应特别加以关注。

6.4　智能装备的发展趋势与重点研究领域

智能装备在生活中已应用广泛,如智能变频上水设备、智能家居、智能手机、智能汽车泊车系统和 GPS 导航系统。

1) 穿戴式智能设备

穿戴式智能设备是应用穿戴式技术对日常穿戴进行智能化设计,开发出可以穿戴的设备的总称,如智能手表、智能手环、谷歌眼镜、智能手机。

2) 智能电视

目前,智能电视功能扩展、应用程序日益丰富,人机界面、交互方式也越来越多样化。除了传统的电视遥控器之外,语言控制、手势操作、人脸识别、触摸控制等交互方式都在智能电视上得到了不同程度的应用,各项技术正在不断发展日益成熟。未来通过人脸识别技术可以对使用者的身份进行识别,为其主动推动符合个人兴趣的节目,以期提高用户的使用感受,同时帮助运营商和服务商实现商业广告精准投放,使电视真正成为家庭娱乐、沟通和自主学习的中心。

3) 智能汽车

智能汽车是无人驾驶汽车,也可以称为轮式移动机器人,主要依靠车内的以计算机系统为主的智能驾驭仪来实现无人驾驶。它集中运用了计算机、现代传感、信息融合、通信、人工智能及自动控制等技术,相当于给汽车装上了具备"眼睛""大脑"和"脚"的电视摄像机、电子计算机和自动操纵系统之类的装置,并由非常复杂的程序,能和人一样会"思考""判断""行走",可以自动启动、加速、制动,可以自动绕过地面障碍物。在复杂多变的情况下,它的"大脑"能随机应变,自动选择最佳方案,指挥汽车正常顺利地行驶。

4）智能电网

所谓智能电网,就是电网的智能化,它建立在集成、高速双向通信网络的基础上,通过先进的传感和测量技术、设备技术、控制方法以及先进的决策支持系统技术的应用,实现电网的可靠、安全、经济、高效、环境友好和安全使用的目标。智能电网的核心内涵是实现电网的信息化、数字化、自动化和互动化。

思考题

（1）简述智能装备的定义。

（2）简述智能装备四大特征的定义及特点。

（3）简述典型智能装备的定义、特点及分类。

（4）简述智能装备的发展趋势及重点研究领域。

7

制造系统智能化：智能决策

在现实世界中，决策系统在人类历史的发展中占据重要的地位，对人类的历史进程有着重大的影响作用，同时，人类的决策系统也是不断在进化的，我们在很多历史故事里看到的军师、谋士，从本质上讲，充当的就是决策系统的角色，只不过这种决策系统还是人工的。但是随着人类科技的发展，这类决策系统部分由机器来承担了起来，而伴随着人工智能的迅速进化，我们不禁联想，能不能依靠人工智能相关技术，制造系统完全由机器来帮助人们做出正确的决策？

7.1 智能决策的定义

当我们在系统科学的视角下观察人在一个运营系统中的作用时，人的角色只有两个，或是决策者，或是执行者。人在不同的时间空间，他可能是不同的角色。在厂长室，他是决策者；在洽谈具体商务合同时，他是执行者，如图 7 - 1 所示。

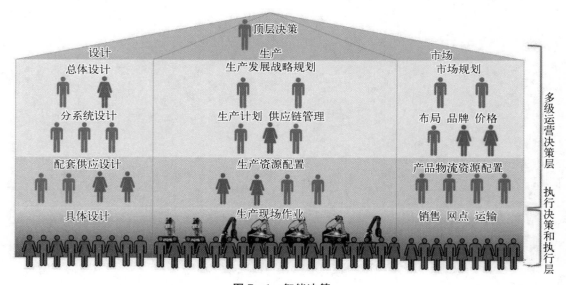

图 7 - 1 智能决策

我们在一个工业运营系统的简图里标出了人在系统中的位置。既然人在这个工业系统中存在两个领域的角色，那么工业领域的"智能"必定包含了决策智能和执行智能。这是两个层面的事情。智能决策和智能执行是实现智能制造的不可或缺不可分离的两个重要方面。我们不能将决策和执行割裂去独立研究决策层或研究执行层，也不能将决策和执行混同在一起。在当前我国实施智能制造战略中，尤其不能缺少、弱化在智能在决策领域中的研究。我们需要先对于工业系统的决策、决策层、执行、执行层以及加入"智能"做一个定义，才能继续下面的讨论。

决策就是在无限需求（目标、任务）和有限资源实施的配置。工业系统是一个层层嵌套分割的系统。一个工业企业系统可以分为资源和任务（目标）这两个子系统。

资源系统包含企业自身的层次结构的决策管理团队以及研发、生产、销售、行政、财务等子系统；包含企业的软件和硬设备、物料资源、资金、能源；也包括供应商、客户等外部资源；除此之外还必须包括看不见的信息资源和时间资源。

企业的任务（目标）系统有长期、中期、短期目标，或者称为规划、计划、调度目标。目标也一定是分层嵌套的。不管怎么划分，终端的目标一定要落实到具体的可以执行的实体/或服务上。我们必须注意，企业的目标常常是多目标、多约束、动态变化的。如最好的服务和最低的成本，如不加班且完成任务，如这个月即使影响产能也要确保几个订单的交期，下个月再挖掘产能。

回到我们的定义。一个工业系统的运营决策执行系统是，高层次的决策就是依据企业到高层次目标配置高层次的资源；次一层的决策是依据相应的子目标配置子资源；以此类推。当确定的目标和确定的资源成为确定的配置关系并无法再分割的时候，系统则进入了执行层。在此之上，都属于决策层。

在人类发明石器工具的时候开始，人的智能就开始在工具上固化。工业文明史就是人类在工业工具、工业产品和生产模式上不断通过软、硬两种方式固化人类智慧的历史。所以，关于"工业智能"的定义并不重要。在工业企业作业的一线也就是决策层，如果我们用汇集人工智慧的工业设计工具、生产工具和设备、市场分析和营销网络和技术，辅助我们或者代理工人完成决策目标的物化，这就是执行智能。工业系统的决策智能是指对决策目标和有限资源的优化配置能力。这是一种基于系统科学、管理科学和信息技术综合集成的能力。智能决策属于 21 世纪的科学。

在工业企业的执行层，也就是通常所说的设计、生产销售的第一线，已经开始拥有越来越多的智能资源了。高端的设计软件、最好的 CAX 系统、3D 打印、完美的虚拟现实 VR，可以让设计越来越智能，越来越高效。车间的机器越来越聪明，设备越来越智能，各种机器人与生产线的完美自动化融合。市场销售管理有越来越强大的网络数据和管理系统的支持。但是，这一切都是企业的固定资产（软资产、硬资产），都属于产能的范畴。或者说这是先进的产能。这些都与企业能否获得竞争力、能否获得理想的回报、能否让企业长久不衰持续发展没有直接的因果关系。不管这些生产资源"智能"到何等程度，也不管是否情愿承认这一点，这是产能的定义，无须证明。设备非常先进的企业倒闭；硬件资源非常一般的企业正常发展。这样的案例已经看到太多了。换句话说，前面所说的这些先进产能都是可以花钱买来的。而能够花钱买来的不一定是核心竞争力。

7.2　智能决策的技术特征

7.2.1　数据驱动技术

智能决策支持系统的基本特点是多样性和多变性。在这里多样性的含义是很广泛的，其中包括技术的多样性。事实上智能决策支持系统是综合的，它涉及了大多数软件技术。

数据库系统是智能决策支持系统重要的组成部分，是信息存储、处理的基础。数据库技术的发展主要经历了层次模型、网状模型以及关系模型数据库 3 个发展阶段，其中关系模型数据库的出现是数据库乃至计算机科学发展史上巨大的进步，迄今仍然统治着数据库应用市场。

信息的基本形式是数据，数据处理的中心问题是数据管理。数据管理指的是对数据的分类、组织、编码、储存、检索和维护。在经历了人工管理、文件系统和数据库系统 3 个阶段的发展后，数据库管理系统成了今天几乎所有信息处理系统的基础。

数据库管理系统是用于描述、管理和维护数据库的软件系统，它建立在操作系统基础上，对数据库进行统一的管理和控制。

在智能决策支持系统中，数据库管理系统也同样是整个系统的基础，但它又有特殊性。

（1）在一般信息系统中数据是一切设计的出发点，人们总是在分析现实系统数据需求的基础上，建立数据流图或实体——联系图，并在此基础上构筑整个系统的框架。而在智能决策支持系统，设计的出发点是决策模型和决策方法，数据的需求、收集和组织都是基于这些模型和方法的。

（2）数据来源多样，在决策支持系统中，数据不仅来源于本系统内部，而且更多是来源于外部。有效地取得外部数据对智能决策支持系统而言是非常重要的，类似于 ODBC 这样的接口解决了从不同数据来源取得数据的问题，当然，更重要的是如何选取和处理这些外部涌入的大量数据。

（3）数据组织更复杂，面向决策的数据已不再满足于传统联机事务处理系统。多维分析，常称为联机分析处理，使得用户能做更为复杂的查询，诸如按照季度和地区比较前两年销售与计划的相关性，不仅如此，决策还涉及更广泛的联系，如公司在进行销售决策时可能还涉及地理信息，在进行技术改造决策时还涉及工程设计信息，这些都是用传统的关系数据库难以表达的。

（4）数据是集成的，数据应该有一致性，如字段的同名异义，异名同义，单位不统一等等必须经过整合。

（5）数据是面向决策者的，传统的数据是面向软件人员和操作者的，一是数据使用和理解涉及太多的软件技术概念，二是数据和决策需要还有太多的语义距离。智能决策支持系统的数据组织必须改善这两点。无论是在数据库和决策之间建立面向决策的"语义层"，还是建立数据仓库，在这点上的目的都是相同的。

（6）决策需要数据有时间刻度。进行历史数据的比较，是决策分析中最基本的需要，这也是数据仓库要解决的一个基本问题。

目前，数据库领域的几项重要发展都与智能决策支持系统密切相关，数据库技术的发展极大地改善了决策支持系统的决策水平。

7.2.2 决策支持技术

决策支持技术主要用来解决非结构化、半结构化问题，以区别于处理结构化问题的信息系统。如在健康管理系统中，融合技术的作用是最大限度地利用了系统信息；预测技术是健康管理的关键，是决策的基础；决策支持则是健康管理系统的最终结果。

决策的进程一般分为 4 个步骤：

（1）发现问题并形成决策目标，包括建立决策模型、拟订方案和确定效果度量，这是决策活动的起点。

（2）用概率定量地描述每个方案所产生的各种结局的可能性。

（3）决策人员对各种结局进行定量评价，一般用效用值来定量表示。效用值是有关决策人员根据个人才能、经验、风格和所处环境条件等因素，对各种结局的价值所做的定量估计。

（4）综合分析各方面信息，以最后决定方案的取舍，有时还要对方案做灵敏度分析，研究原始数据发生变化时对最优解的影响，确定对方案有较大影响的参量范围。决策往往不可能一次完成，而是一个迭代过程。决策可以借助于计算机决策支持系统来完成，即用计算机来辅助确定目标、拟订方案、分析评价以及模拟验证等工作。在此过程中，可用人机交互方式，由决策人员提供各种不同方案的参量并选择方案。

决策支持技术主要用来解决非结构化、半结构化问题，决策按其性质可分为如下 3 类：

（1）结构化决策，是指对某一决策过程的环境及规则，能用确定的模型或语言描述，以适当的算法产生决策方案，并能从多种方案中选择最优解的决策。

（2）非结构化决策，是指决策过程复杂，不可能用确定的模型和语言来描述其决策过程，更无所谓最优解的决策。

（3）半结构化决策，是介于以上两者之间的决策，这类决策可以建立适当的算法产生决策方案，使决策方案中得到较优的解。

非结构化决策和半结构化决策一般用于一个组织的中、高管理层，其决策者一方面需要根据经验进行分析判断，另一方面也需要借助计算机为决策提供各种辅助信息，及时做出正确有效的决策。

为了实现某一目标，在占有信息和经验的基础上，根据客观条件，借助于科学的理论和方法，从提出的若干备选行动的方案中，选择一个满意合理的方案而进行分析判断的工作过程。简言之，决策支持即对未来行动的选择。决策支持技术是管理的核心，渗透到管理的各项职能中，贯穿于管理的全过程。

7.2.3 知识推理技术

知识推理是指在计算机或智能系统中，模拟人类的智能推理方式，依据推理控制策略，利用形式化的知识进行机器思维和求解问题的过程。

智能系统的知识推理过程是通过推理机来完成的，所谓推理机就是智能系统中用来实现推理的程序。推理机的基本任务就是在一定控制策略指导下，搜索知识库中可用的知识，与数据库匹配，产生或论证新的事实。搜索和匹配是推理机的两大基本任务。对于一个性能良好的推理机，应有如下基本要求：① 高效率的搜索和匹配机制；② 可控制性；③ 可观测性;④ 启发性。智能系统的知识推理包括两个基本问题:一是推理方法;二是推理的控制策略。推理方法研究的是前提与结论之间的种种逻辑关系及其信度传递规律等;而控制策略的采用是为了限制和缩小搜索的空间,使原来的指数型困难问题在多项式时间内求解。从问题求解角度来看,控制策略亦称为求解策略,它包括推理策略和搜索策略两大类。

推理方法主要解决在推理过程中前提与结论之间的逻辑关系,以及在非精确性推理中不确定性的传递问题。按照分类标准的不同,推理方法主要有以下 3 种分类方式:

(1) 从方式上分,可分为演绎推理和归纳推理。

(2) 从确定性上分,可分为精确推理和不精确推理。

(3) 从单调性上分,可分为单调推理和非单调推理。

知识推理的控制策略:

(1) 推理策略。主要包括正向推理、反向推理和混合推理。正向推理又称为事实驱动或数据驱动推理,其主要优点是比较直观,允许用户提供有用的事实信息,是产生式专家系统的主要推理方式之一。反向推理又称目标驱动或假设驱动推理,其主要优点是不必使用与总目标无关的规则,且有利于向用户提供解释。正反向混合推理可以克服正向推理和反向推理问题求解效率较低的缺点。基于神经网络的知识推理既可以实现正向推理,又可以实现反向推理。在研制结构选型智能设计系统时,应结合具体情况选择合适的推理策略。

(2) 搜索策略。搜索策略主要包括盲目搜索和启发式搜索,前者包括深度优先搜索和宽度优先搜索等搜索策略;后者包括局部择优搜索法(如盲人爬山法)和最好优先搜索法(如有序搜索法)等搜索策略。

7.2.4 人机交互技术

智能制造的发展离不开机器人。发展智能机器人是打造智能制造装备平台、提升制造过程自动化和智能化水平的必经之路。

1959 年,美国人制造出世界上第一台工业机器人,此后,机器人在工业领域逐渐普及。随着科技的不断进步,广泛采用工业机器人的自动化生产线已成为制造业的核心装备。

在智能制造时代,为了应对消费者日益增长的定制化产品的需求,智能工厂需要在有限空间内,充分利用现有资源,建设灵活、安全、可快速变化的智能生产线。为适应新产品的生产,更换生产线,缩短产品制造时间,需要灵活快速的生产单元来满足这些需求,并提高制造企业产能和效率,降低成本。因此,智能机器人会成为智能制造系统中最重要的硬件设备。某种意义上来说,智能机器人的全面升级,是新一轮工业革命的重要内容。但在某些产品领域与生产线上,人力操作仍是不可或缺的,比如装配高精度的零部件、对灵活性要求较高的密集劳动等。在这些场合人机协作机器人将发挥越来越大的作用。

所谓的人机协作/人机交互,即是由机器人从事精度与重复性高的作业流程,而工人在其辅助下进行创意性工作。人机协作机器人的使用,使企业的生产布线和配置获得了更大的弹性空间,也提高了产品良品率。人机协作的方式可以是人与机器分工,也可以是人与机器一起工作。

不仅如此,智能制造的发展要求人和机器的关系发生更大的改变。人和机器必须能够相互理解、相互感知、相互帮助,才能够在一个空间里紧密地协调,自然地交互并保障彼此安全。

改善人机关系,一直是计算机发展的努力目标。在智能决策支持系统中,建立良好的人机界面更具有重要的意义。

在一般的信息系统中,使用者是专门的操作员,这些操作员计算机专业知识有限,更不会对系统本身有深入的理解,所以要求系统有直观易懂的界面形式,坚固的防误操作设计。但毕竟操作员所要使用的方式是很程序化很固定的,可以通过培训使操作员熟悉特定的交互方式。而对于智能决策支持系统的使用者决策人员来说,这些就不可能了。一方面决策系统的使用方式是非程序化的,其需要多样且多变;另一方面,决策者对计算机的熟悉程度往往更低,特别是不熟悉一些特定软件工具或技术的使用,像 Excel、MSQuery 等。而且决策者又没有时间来熟悉过于专门的技术。如何合理地设计交互界面,使用户的需要能充分、灵活和方便地输入计算机,同时将计算机的处理结果直观、充分和合理地告诉使用者,就成了智能决策支持系统设计的关键。可以毫不夸张地说,交互界面设计成功了,智能决策支持系统也就成功了一半。

7.3 智能制造系统中的典型智能决策

7.3.1 生产运行管理

生产管理是整个企业管理工作中的重要组成部分。企业管理的目标是将有限的资源通过合理、有效的配置与应用,不断满足顾客需求,追求企业经济效益和社会效益的最大化。生产管理是企业管理系统的一个子系统,其主要任务是根据用户需求,通过对各种生产因素的合理利用,科学地组织,以尽可能少的投入,产出符合用户需求的产品。生产管理是对企业生产活动进行计划、组织和控制等全部管理活动的总称。

概括地讲,凡与企业生产过程有关的一切管理活动都包括在生产运行管理的范畴之内,如产品需求预测、产品方案的确定、原材料的采购与加工、劳动力的调配、设备的配置与维修、生产计划的制订、日常生产组织等。

7.3.2 协同工艺设计

目前很多企业的工艺设计系统是建立在固定制造资源的基础上,很难适应制造资源随时变化的动态特性,同时在传统的制造模式下,企业制造资源模型是根据各个阶段、各个部门、各个计算机应用子系统对制造资源信息的需求而制定的,并建立相互独立的制造资源模型和数据库,从而造成制造资源不统一,大量数据冗余,无法有效支持工艺设计与其他生产活动间的协同。

7.3.3 先进计划调度

制造业面临多品种小批量的生产模式,数据的精细化自动及时方便的采集及多变性导致数据巨幅增加,再加上十几年的信息化历史数据,对于需要快速响应的高级计划系统(advanced planning system,APS)来说,是一个巨大的挑战。大数据可以给予更详细的数据信息,发现历史预测与实际的偏差概率,考虑产能约束、人员技能约束、物料可用约束、工装模具约束,通过智能的优化算法,制订预排产计划,并监控计划与现场实际的偏差,动态地调度计划排产。

对于拥有许多复杂产品型号的制造商来说,定制产品或者以销定产的产品能够带来更高的毛利率,但是在生产过程没有被合理规划的情形下,同样可能导致生产费用的急剧上升。运用高级分析,制造商能够计算出合理的生产计划,以便在生产上述定制或以销定产的产品时,对目前的生产计划产生最低限度的影响,进而将规划分析具体到设备运行计划、人员及店面级别。

以电力生产为例,传统的调度与控制都是通过调节发电机组来实现发、用电的平衡,但风电等间歇性能源并网容量达到较大比例时,仅依靠常规发电机组出力调整来平衡风功率波动的传统调度模式未能充分发挥电网的全部调控能力,未来需求侧可控资源也必将纳入电网调度计划与实时控制体系。需求侧资源具有类型多、数据量大、广域分布的特点。利用大数据技术综合分析全网负荷信息和需求侧可控资源信息,按最大范围资源优化配置的原则实现从实时到年月日等不同时间尺度的优化调度与控制决策,可提高电网全局态势感知、快速准确分析和全网统一控制决策的能力,在满足电网安全、经济、低碳环保运行的同时,也满足大范围资源优化配置以及最大限度接纳可再生能源等需求。

7.3.4 物流优化管理

利用大数据进行分析,将带来仓储、配送、销售效率的大幅度提升和成本的大幅下降,并将极大地减少库存,优化供应链。同样,利用销售数据、产品的传感器数据和供应商数据库的数据等大数据,制造企业可以准确地预测全球不同市场区域的商品需求。由于可以跟踪库存和销售价格,所以制造企业便可节约大量的成本。

随着车间物料需求计划变得越来越复杂,如何采用更好的工具来迅速高效地发挥数据的最大价值,有效的车间物料需求计划系统集成企业所有的计划和决策业务,包括需求预测、库存计划、资源配置、设备管理、渠道优化、生产作业计划、物料需求与采购计划等。将彻底变革企业市场边界、业务组合、商业模式和运作模式等。建立良好的供应商关系,实现双方信息的交互。良好的供应商关系是消灭供应商与制造商间不信任成本的关键。双方库存与需求信息交互、供应商管理库存运作机制的建立,将降低由于缺货造成的生产损失。部署供应链管理系统,要将资源数据、交易数据、供应商数据、质量数据等存储起来用于跟踪供应链在执行过程中的效率、成本,从而控制产品质量。企业为保证生产过程的有序与匀速,为达到最佳物料供应分解和生产订单的拆分,需要综合平衡订单、产能、调度、库存和成本间的关系,需要大量的数学模型、优化和模拟技术为复杂的生产和供应问题找到优化解决方案。

7.3.5 质量精确控制

传统的制造业正面临大数据的冲击,在产品研发、工艺设计、质量管理、生产运营等各方面都迫切期待创新方法的诞生,来应对工业背景下的大数据挑战。如在半导体行业,芯片在生产过程中会经历许多掺杂、增层、光刻和热处理等复杂的工艺制程,每一步都必须达到极其苛刻的物理特性要求,高度自动化的设备在加工产品的同时,也同步生成了庞大的检测结果。这些海量数据究竟是企业的包袱,还是企业的金矿呢?如果说是后者,那么又该如何快速地拨云见日,从"金矿"中准确地发现产品良率拨动的关键原因?

按照传统的工作模式,需要按部就班地分别计算每个过程能力指数,对各项质量特性一一考核。这里暂且不论工作量的庞大与烦琐,哪怕有人能够解决计算量的问题,但也很难从这些指数中看出它们之间的关联,更难对产品的总体质量性能有一个全面的认识与总结。

然而利用大数据质量管理分析平台,除了可以快速地得到一个长长的传统单一指标的过程能力分析报表外,更重要的是还可以从同样的大数据集中得到很多崭新的分析结果。

1) 质量监控仪表盘

质量监控仪表盘的布局能够随着现场布局的调整动态变化,通过鼠标点击获取更多的信息,比如双击可查看异常数据细节和控制图。

2) 控制图监控与质量对比

系统提供多种控制图,并可定制各种判异准则;可以在同一控制图中实时显示多个序列,以帮助实时比较不同机台的质量表现;此外,还可以按属性组动态地进行监控;支持自动计算控制限。

3) 质量风险预警

系统可以通过多种方式对实现发现的质量风险进行及时预警,以显著减少缺陷、返工、报废和客户投诉的发生。可选预警方式包括但不限于电子邮件、工控灯、自动打印质量问题通知单、虚拟红绿灯。

4) 质量报告

导出的报告中不仅包含数据,还可以包含诸多分析结果,如过程能力指数、中位数、分位数、最大值、最小值、抽样方法、各条判异准则的违反数量、质检结果等;支持导入报告模板。汇总跨部门甚至跨数据库的数据,并进行分析,生成各种形式的质量报告。

7.4　智能系统的发展趋势与重点研究领域

智能系统(intelligence system)是指能产生人类智能行为的计算机系统。智能系统不仅可自组织性与自适应性地在传统的诺依曼的计算机上运行,而且也可自组织性与自适应性地在新一代的非诺依曼结构的计算机上运行。"智能"的含义很广,其本质有待进一步探索,因而,对"智能"这一词也难于给出一个完整确切的定义,但一般可作这样的表述:智能是人类大脑的较高级活动的体现,它至少应具备自动地获取和应用知识的能力、思维与推理的能力、问题求解的能力和自动学习的能力。

智能系统的主要应用类型有如下几种:

1) 操作系统

操作系统也称基于知识操作系统。是支持计算机特别是新一代计算机的一类新一代操作系统。它负责管理上述计算机的资源,向用户提供友善接口,并有效地控制基于知识处理和并行处理的程序的运行。因此,它是实现上述计算机并付诸应用的关键技术之一。智能操作系统将通过集成操作系统和人工智能与认知科学而进行研究。其主要研究内容有:操作系统结构;智能化资源调度;智能化人机接口;支持分布并行处理机制;支持知识处理机制;支持多介质处理机制。

2) 语言系统

为了开展人工智能和认知科学的研究,要求有一种程序设计语言,它允许在存储器中储存并处理一些复杂的、无规则的、经常变化的和无法预测的结构,这种语言即称为人工智能程序设计语言。人工智能程序设计语言及其相应的编译程序(解释程序)所组成的人工智能程序设计语言系统,将有效地支持智能软件的编写与开发。与传统程序设计支持数据处理采用的固定式算法所具有的明确计算步骤和精确求解知识相比,人工智能程序设计语言的特点是:支持符号处理,采用启发式搜索,包括不确定的计算步骤和不确定的求解知识。实用的人工智能程序设计语言包括函数式语言(如 Lisp)、逻辑式语言(如 Prolog)和知识工程语言(Ops5),其中最广泛采用的是 Lisp 和 Prolog 及其变形。

3) 支撑环境

支撑环境又称基于知识的软件工程辅助系统。它利用与软件工程领域密切相关的大量专门知识,对一些困难、复杂的软件开发与维护活动提供具有软件工程专家水平的意见和建议。智能软件工程支撑环境具有如下主要功能:支持软件系统的整个生命周期;支持软件产品生产的各项活动;作为软件工程代理;作为公共的环境知识库和信息库设施;从不同项目中总结和学习其中经验教训,并把它应用于其后的各项软件生产活动。

4) 专家系统

专家系统是在有限但困难的现实世界领域帮助人类专家进行问题求解的一类计算机软件,其中具有智能的专家系统称为智能专家系统。它有如下基本特征:不仅在基于计算的任务,如数值计算或信息检索方面提供帮助,而且也可在要求推理的任务方面提供帮助。这种领域必须是人类专家才能解决问题的领域;其推理是在人类专家的推理之后模型化的;不仅有处理领域的表示,而且也保持自身的表示、内部结构和功能的表示;采用有限的自然语言交往的接口使得人类专家可直接使用;具有学习功能。

5) 应用系统

应用系统指利用人工智能技术或知识工程技术于某个应用领域而开发的应用系统。显然,随着人工智能或知识工程的进展,这类系统也不断增加。智能应用系统是人工智能的主要进展之一。

 **思考题**

(1) 简述智能决策的内涵。

(2) 简述智能决策的技术特征有哪些?

(3) 简述在智能制造系统中的典型智能决策。

8

制造系统智能化：智能服务

人类社会已经历了农业化、工业化、信息化阶段，正在跨越智能化时代的门槛。物联网、移动互联网、云计算方兴未艾，面向个人、家庭、集团用户的各种创新应用层出不穷，代表各行业服务发展趋势的"智能服务"因此应运而生。

8.1　智能服务的定义

智能服务是指能够自动辨识用户的显性和隐性需求，并且主动、高效、安全、绿色地满足其需求的服务。

智能服务实现的是一种按需和主动的智能，即通过捕捉用户的原始信息，通过后台积累的数据，构建需求结构模型，进行数据挖掘和商业智能分析，除了可以分析用户的习惯、喜好等显性需求外，还可以进一步挖掘与时空、身份、工作生活状态关联的隐性需求，主动给用户提供精准、高效的服务。这里需要的不仅只是传递和反馈数据，更需要系统进行多维度、多层次的感知和主动、深入的辨识。

高安全性是智能服务的基础，没有安全保障的服务是没有意义的，只有通过端到端的安全技术和法律法规实现对用户信息的保护，才能建立用户对服务的信任，进而形成持续消费和服务升级。节能环保也是智能服务的重要特征，在构建整套智能服务系统时，如果最大程度降低能耗、减小污染，就能极大地降低运营成本，使智能服务多、快、好、省，产生效益，一方面更广泛地为用户提供个性化服务，另一方面也为服务的运营者带来更高的经济和社会价值。

与智慧地球等从产业角度提出的概念相比，智能服务立足于中国行业服务发展趋势，站在用户角度，强调按需和主动特征，更加具体和现实。中国当前正处于消费需求大力带动服务行业的高速发展期，消费者对服务行业也提出了越来越高的要求，服务行业从低端走向高端势在必行，而这个产业升级要想实现，必须依靠智能服务。

8.2　智能服务的技术特征

8.2.1　服务状态感知技术

服务状态感知技术是智能制造服务的关键关节和主要特征，产品追溯管理、预测性维护等服务都是以产品的状态感知为基础的。服务状态感知技术保留识别技术和实时定位系统。

识别技术主要包括射频识别技术、基于深度三维图像识别技术以及物体缺陷自动识别技术。基于三维图像物体识别技术可以识别出图像中有什么类型的物体，并给出物体在图像中所反映的位置和方向，是对三维世界的感知理解。结合了人工智能科学、计算机科学和信息科学之后，三维物体识别技术成为智能制造服务系统中识别物体几何情况的关键技术。

实时定位系统可以对多种材料、零件、工具、设备等资产进行实时跟踪管理，例如，生产过程中需要监视在制品的位置行踪，以及材料、零件、工具的存放位置等。这样，在智能制造服务系统中就需要建立一个实时定位网络系统，以实现目标在生产全程中的实时位置跟踪。

8.2.2　协同服务技术

首先了解下协同制造。协同制造是充分利用网络技术和信息技术，实现供应链内及跨供应链间的企业产品设计、制造、管理和商务合作的技术。协同制造是通过改变业务经营模式与方式，实现资源的充分利用。

协同制造是基于敏捷制造、虚拟制造、网络制造、前期化制造的现代制造模式，它打破了时间和空间的约束，通过互联网使整个供应链上的企业、合作伙伴共享客户、设计和生产经营信息。协同制造技术使传统的生产方式转变成并行的工作方式，从而最大限度地缩短产品的生命周期，快速响应客户需求，提高设计、生产的柔性。

按协同制造的组织分类，协同制造分为企业内的协同制造和企业间的协同制造。按协同制造的内容分类，协同制造又可分为协同设计、协同供应链、协同生产和协同服务。

协同服务是协同制造的重要内容之一。协同服务包括设备协作、资源共享、技术转移、成果推广和委托加工等模式的协作交互，通过调动不同企业的人才、技术、设备、信息和成果等优势资源，实现集群内企业的协同创新、技术交流和资源共享。

协同服务最大限度地减少了地域对智能制造服务的影响。通过企业内和企业间的协同服务，顾客、供应商和企业都参与到产品设计中，大大提高了产品的设计水平和可制造性，有利于降低生产经营成本，提高质量和客户满意度。

8.2.3　数据可视化技术

当今社会正处于一个信息爆炸的时代，随着企业信息化技术的发展，企业内部产生了大量的信息，表现为海量统计数据。这些数据大多以表格的形式存放在数据库内，既枯燥又难以理解。如何才能将这些数据有效地展示出来，帮助用户理解数据，发现潜在的规律，是亟待解决的问题。数据可视化能够将抽象的数据表示成为可见的图形或图像，显示数据之间的关联、比较、走势关系，有效揭示出数据的变化趋势，从而为理解那些大量复杂的抽象数据信息，为企业决策支持提供帮助。

数据可视化是利用计算机图形学和图像处理技术，将数据转换成图形或图像在屏幕上显示，并进行交互处理的理论、方法和技术。数据可视化是可视化技术在非空间数据领域的应用，它改变了传统的通过关系数据表来观察和分析数据信息的方式，使人们能够以更直观的方式看到数据及其结构关系，发现数据中隐含的信息。数据可视化的基本思想是将数据库中的每个数据项作为一个图形元素表示，例如，点、矩形条、扇形片等，大量的数据构成数据图像，同时将数据的各个属性值以多维数据的形式表示，可以从不同的维度观察数据，从而对数据进行更深入的观察和分析。

用于创建和操作的可视化技术由数据集合生成的图形描述。有些可视化技术是针对某些特别的应用开发的，而另一些技术具有普遍的适用性。这一部分主要针对通用的可视化技术。此外，可视化技术涵盖范围较广，这里只将可视化技术按一般可视化所必需的过程划分为"数据预处理""映射""绘制"和"显示"四步。

数据可视化技术广泛应用于自然科学、医学、工程技术、金融、通信、商业、油气勘探、生物分子学等领域。一些可视化软件相继出现，提高了各个行业的工作效率，也促进了可视化技术的发展。

8.2.4　远程通信技术

远程通信，telecommunication 这一单词源于希腊语"远程"（tele）（遥远的）和"通信"（communicate）（共享）。在现代术语中，远程通信是指在连接的系统间，通过使用模拟或数字信号调制技术进行的声音、数据、传真、图像、音频、视频和其他信息的电子传输。

根据传输方式的不同可划分为同步传输和异步传输。同步传输是指信息以与时钟信号同步的数据位的块（帧）的形式进行传输。使用特殊字符来开始同步并周期性地检查它的正确性。

异步传输是指信息以一组位的形式每次一个字符地进行发送。每个字符通过一个"开始"位和一个"停止"位进行分离。使用一个校验位进行错误检查和纠错。调制解调器通常使用异步方式进行工作。以信息传输方向为依据，可以将计算机远程通信技术分成单工通信、双工通信以及半双工通信 3 种。其中，单工通信指的就是信息传递仅有一个方向，而双工通信则是一种相对复杂的通信线路，能够在同一时间向两个不同的方向传递。半双工通信所指的就是不允许信息在同一时间向两个不同方向传递，而是向单一方向传递。在实践过程中，计算机间的终端都采用单工通信的方式，这不仅可以达到应用的具体需求，而且也可以适当地简化通信线路。

数据传输线路、计算机终端、计算机主机和数据交换装置是组成计算机远程通信的重要部分。在计算机与传输线路相互连接的情况下，将数据交换设备当作接口设备，可以根据网络协议展开工作。而在对公共电话线路使用的时候，调制解调器可以选择使用数据交换设备，并且通过解调器发射数据信号，其中所发出的数据信号被当作模拟信号来交流使用，最终转换为数据信号。

现阶段，就按远程连接的形式有很多，而点到点是最为常见的。这一连接的形式将计算机作为核心，并且在数据交换设备与传输线路的作用下可以输送数据信息。若所使用的传输线路是电话线路，那么在相同时间内计算机只能够和一个终端连接，如果计算机与其他终端存在数据传输的任务，必然会引发计算机的忙号问题。

8.3　智能化集成制造系统中的典型智能服务

8.3.1　个性化定制

个性化定制是指用户介入产品的生产过程，将指定的图案和文字印刷到指定的产品上，用户获得自己定制的个人属性强烈的商品或获得与其个人需求匹配的产品或服务。例如，各类文化衫就是将用户指定的图案和文字印刷到指定的 T 恤上，使用户获得与众不同的穿着体验。

随着消费需求慢慢向高级阶段成长，消费观点也随之转变，更多的消费者都在寻求崇尚自我、彰显个性的个性化定制商品。随着工业 4.0 时代的来临，其中所描绘的未来的场景中灵活、个性化定制是其要实现的工厂能力的核心。产品的小批量多品种个性化趋势已经呈现。

工业 4.0 作为德国国家高科技发展战略之一，面向的是未来很长一段时间的工业发展趋势，它把灵活、个性化定制等特征放在显著重要的位置是不无道理的。全球的商业环境都在发生变化，随着网络化的进一步加速，石阶上不管是新一代的人群还是老一代的人群都开始希望有更多个性化的主张，更加愿意表达自己个性化的观点，更加关注自己个性化的需求。微信、微博这样的自媒体使更多的人可以彰显自己的个性。对于实物产品的个性化趋势也在不断增强，虽然未来不可能做到所有产品完全的个性化，但是个性化以及更多的小批量多品种这个趋势已经无法阻挡。

实际上，小批量多品种以及个性化的趋势并不是因为工业 4.0 而来，它早已出现，并且已经在改变着供应链设计、工厂设计以及生产线的设计，下面以一个案例来说明具体如何实现。

汽车行业在个性化定制方面显然是比较靠前的，其实不仅汽车行业做到这样，其他行业也在同样的探索，比如电子行业，如果读者对工控产品比较熟悉就会知道有一种电磁式的接近传感器，每一家生产这种接近传感器的厂家都会有很多不同的型号，而在生产这种传感器时每天可能需要切换十几次不同的型号。有的厂家早在若干年前就可以轻松地应对这样的情况了。

仍然先从产品设计入手，与汽车行业一样，为了做到小批量多品种，首先要做的不是去真正地差异化它们，相反是标准化它们。这家公司所有的接近传感器的 PCB（印刷电路板）都是一模一样的，区别仅仅在于上面安装的零件不同，这就带来了一个非常好的优势——不需要切换 PCB，那么又是如何保证不同的电路板上按照不同的型号安装不同的零件呢？厂家把所有的零件全部准备在表面贴装技术机上，这样产品型号的差异完全根据相同的 PCB，但是以不同的条码来实现。在生产线的最开始，机器先自动扫描条码，在识别了条码之后 SMT 机会自动切换程序去安装该型号产品的零部件，而当机器读取不同型号的时候就会自动切换程序去贴装不同的型号所需要的零件，这样就做到了生产不同型号的产品时的 0 s 切换。在生产完 PCBA 之后，仍然是根据型号的不同会自动切换安装不同的感应磁芯，磁芯的设计也尽量标准化，但是与 PCBA 的组合会形成更多不同的型号，再接下来的工序是装入套管并注胶，这些也是机器会根据产品条码不同而进行自动切换的。在进行产品测试时也是如此的，检测设备会根据不同的产品型号自动选择不同的测试指标进行测试。

这个例子再次说明，必须把产品设计、工艺设计、物流设计、装备设计同时进行考虑，并且围绕标准化、模块化来进行，使得生产流程具备能够实现 0 s 全自动切换的能力，从而得到非常高效的小批量多品种的生产模式。

面对个性的定制、小批量多品种的订单需求并不是无计可施的。通过大数据分析技术，分析客户的需求，再反馈到生产中，为生产过程提供订单预测和预分配，从而满足客户广泛的需求。

在产品生产之前通过大数据分析感知用户的情景信息，快速洞察用户需求及兴趣点，针对客户的个性化需求进行参数配置、优化和建模，从而精准地向用户提供制造服务的主动推荐、检查和建议。

8.3.2 产品远程运维

在线状态监测系统越来越多地应用于制造行业，对产品的维护起到了重要作用。通过加装传感器，产品生产厂商可以实时收集监测数据用于后续的分析工作，尤其在汽车领域，大量在役产品在整个生命周期中持续回转各种类型的数据，使得数据的积累速度非常快，数据容量呈现出爆炸性的增长趋势，如何通过这些数据分析重大故障或事故与相关的客户行为，以及时发现异常征兆提供主动服务，是制造企业向服务转型的重要需求。

大型装备、汽车的生产制造过程和产品运行过程中采集的数据越来越多，但利用效果差，尤其是异常征兆难以通过大数据的实时检测分析来及时发现。

以工业用天然气压缩机的全生命周期数据管理为例，压缩机机械本体是压缩机执行部分，包括框架、主机、辅机等。传感器是采集压缩机各种信息的系统，主要包括状态传感器组、压缩机保护/报警传感器组、远程监测传感器组。基于这些传感器，可以远程监测压缩机运行工况、状态、衰老、故障等。现场分布式控制器包括各种输入/输出模块、模数转换模块、可编程逻辑控制器、扩展模块等。以汽轮机为例，其使用寿命长达 20～30 年，汽轮机设备上遍布温度、速度、压力、位移、振动等多个工况数据采集装置。产品交付给用户后，由于地域、时间和任务的不同，用户会以不同的方式操作产品，这种操作行为的差异将通过监测数据反映出来，而用户的行为差异则为异常征兆等的发现提供了依据。异常征兆检测发现模型与算法是通过对大规模同类产品的监测数据进行群体统计分析和个体对比分析，得到不同工况在度量指标体系下的典型值，并利用关联模型和可视化工具，展现产品运行和状态异常特征，支持专业技术人员从海量监测数据中寻找最值得关注的异常征兆，降低数据分析门槛，提高分析效率。在异常发现完成后，通过对全体产品进行群体分析，得到产品群体状态监测数据的基线。然后通过度量个体产品的数据与群体产品的基线之间的差异，从而发现异常数据，便于产品生产厂商了解设备的运行情况和质量问题，同时也便于产品的业主了解其所拥有的产品的正常情况。异常检测构件通过对每件产品的每次开机切片的监测数据进行特征提取得到基础度量指标。所有产品的所有开机切片构成一个群体。通过统计分析得到每个工况的每个基础度量指标平均值基线和标准偏差基线。然后通过每个开机切片每个工况的基础度量指标和该工况的基线进行比较，获得该开机切片的该基础度量指标的离群度。然后基于该异常度，进行重点关注工况推荐和重点产品关注产品推荐。

8.3.3 设备运行监控

1) 人工现场监控监测

设备的日常运行人工现场监测，利用点检机、手持红外热像仪、振动测量仪等作为监测工具，作为现场设备状态监测和数据采集工具，并与后台系统实现数据交互，后台系统是一个数据分析和决策的服务器，它可帮助管理人员提供监控监测的工作效率和分析决策的准确性，主要进行检测结果的分析、归纳，为最后的设备检修和维护决策提供支持。

2) 在线监控监测

除了利用可移动设备进行状态检测外，系统还支持企业根据设备具体情况，确定诊断内容和相应的监测手段，然后选配与之相应的各种状态监测传感器，如视频监控、测震、测温、测转速等,直接将测量数据进行在线采集,各企业、各车间可根据自身具体情况针对性地选择在线监测监控传感器。

8.3.4　装备异常侦测

在以往的设备运行过程中,其自然磨损本身会使产品的品质发生一定的变化。而由于信息技术、物联网技术的发展,现在可以通过传感技术实时感知数据,知道产品出了什么故障,哪里需要配件,使得生产过程中的这些因素能够被精确控制,真正实现生产智能化。因此,在一定程度上,工厂/车间的传感器所产生的大数据直接决定了工业4.0所要求的智能化设备的智能水平。

此外,从生产能耗角度看,设备生产过程中利用传感器集中监控所有的生产流程,能够发现能耗的异常或峰值情况,由此能够在生产过程中不断实时优化能源消耗同时,对所有流程的大数据进行分析,也将整体上大幅降低生产能耗。

传统统计制程控制监控虽然也涵盖设备参数,但有时设备仍然会发生问题,工程师也不知道设备出现的问题如何处理最有效,大数据分析运用设备感测资料及维修日志,找出发生设备异常的模式,监控并预测未来故障概率,以便工程师可以即时执行最适决策。

无所不在的传感器,互联网技术的引入使得设备实时诊断变为现实,大数据应用、建模与仿真技术则使得预测动态性成为可能。

通过分布在生产线不同环节的传感器实时采集制造装备运行数据,并进行建模分析,及时跟踪设备信息,如实际健康状态、设备表现或衰退轨迹,进行故障预测与诊断,从而减少这些不确定因素造成的影响,降低停产率,提高实际运营生产力。

8.4　智能服务的发展趋势与重点研究领域

智能服务应用的四大领域。其一是汽车。在汽车领域,智能服务得到了越来越广泛的应用。据国外机构预测,互联汽车的市场潜力将从2015年的近320亿欧元增长到2020年的1 150亿欧元,年增长率达24.3%。车载电子信息设备的数据安全保障;更快的新一代汽车互联网络;多方面的智能汽车应用;提高公共交通工具售票系统的兼容性。其二是美好生活。实现生活领域的智能服务,除了要开发各类服务软件,还需要开发用于数据收集和交换的智能硬件设备以及智能平台,而目前在生活用品中逐渐加入处理器和内置系统则促进了这一趋势的发展。其三是智能生产。智能生产包括城市内生产和个性化生产;互联机器间通信;广泛应用VR和AR设备。其四是跨行业科技。跨行业科技主要指一些数字化平台、生态系统或线上市场,企业可以在这些平台上提供商品、数据以及一些最新的智能服务,同时,他们也可以在上面获得自己所需要的商品和服务。

思考题

(1) 简述智能服务的内涵。

(2) 简述智能服务的技术特征。

(3) 简述智能服务的典型应用。

制造系统智能化：支撑技术

智能制造作为一个现代制造系统，是多个系统的组合，大致可分为智能设计、智能生产、智能管理、智能制造服务等内容，与之有关的关键技术，主要有如下几个方面：物联网技术、大数据技术、云计算和云服务技术、人工智能技术。

9.1 智能化集成制造系统的技术体系

智能制造是研究制造活动中的信息感知与分析、知识表达与学习、智能决策与执行的一门综合交叉技术。其技术体系包括制造智能技术、智能制造装备技术、智能制造系统技术和智能制造服务技术。

（1）制造智能技术。制造智能主要指制造活动中的知识、知识发现与推理能力、智能系统结构与结构演化能力。制造智能技术主要包括智能感知与测控网络技术、知识工程技术、计算智能技术、感知行为智能技术、人机交互技术等。工业测控网络和云计算技术为制造智能的实现提供了一个动态交互、协同操作、异构集成的分布计算平台。

（2）智能制造装备技术。智能制造装备具有感知、决策、执行等功能，其主要技术特征：对装备运行状态和环境的实时感知、处理和分析能力；根据装备运行状态变化的自主规划、控制和决策能力；对故障的自诊断自修复能力；对自身性能劣化的主动分析和维护能力；参与网络集成和网络协同的能力。智能制造装备是先进制造技术、数字控制技术、现代传感技术以及智能技术深度融合的结果，是实现高效、高品质、节能环保和安全可靠生产的下一代制造装备。

（3）智能制造系统技术。智能制造系统最终要从以人为决策核心的人机和谐系统向以机器为主体的自主运行转变。智能制造系统的出现是技术驱动和需求拉动双重作用的结果。在新一代信息技术的驱动下，在个性化、绿色化、高端化和全球化市场压力下，智能制造朝智慧制造、U制造、新一代智能制造、泛在智能制造等方向发展，从自上而下、集中式的制造模式向自下而上、分布式的制造模式方向发展。

（4）智能制造服务技术。制造业正经历从生产型制造向服务型制造的转型。制造服务包含产品服务和生产性服务，前者指对产品售前、售中和售后的安装调试、维护、维修、回收、再制造、客户关系的服务，强调产品与服务相融合；后者指与企业生产相关的技术服务、信息服务、物流服务、管理咨询、商务服务、金融保险服务、人力资源与人才培训等,为企业非核心业务提供外包服务。智能制造服务强调知识性、系统性和集成性,强调以人为本的精神,为客户提供主动、在线、全球化服务,它采用智能技术提高服务状态/环境感知、服务规划/决策/控制水平,提升服务质量,扩展服务内容,促进现代制造服务业这一新的产业不断发展和壮大。

9.2 物联网技术

物联网(Internet of things)这个词,国内外普遍公认的是 MIT Auto - ID 中心凯文·艾什顿(Kevin Ashton)教授 1999 年在研究射频识别技术(radio frequency identification,RFID)时最早提出来的。在 2005 年国际电信联盟(International Telecommunication Union,ITU)发布的同名报告中,物联网的定义和范围已经发生了变化,覆盖范围有了较大的拓展,不再只是指基于 RFID 技术的物联网。

自 2009 年 8 月温家宝总理提出"感知中国"以来,物联网正式列为国家五大新兴战略性产业之一,写入政府工作报告,物联网在中国受到了全社会极大的关注,其受关注程度是在美国、欧盟以及其他各国不可比拟的。

物联网技术的定义是:通过射频识别、红外感应器、全球定位系统、激光扫描器等信息传感设备,按约定的协议,将任何物品与互联网相连接,进行信息交换和通信,以实现智能化识别、定位、追踪、监控和管理的一种网络技术。

"物联网技术"的核心和基础仍然是"互联网技术",是在互联网技术基础上的延伸和扩展的一种网络技术,其用户端延伸和扩展到了任何物品和物品之间,进行信息交换和通信。

9.2.1 物联网技术的发展

1)物联网的定义

物联网的概念分为广义和狭义两方面。广义来讲,物联网是一个未来发展的愿景,等同于"未来的互联网"或者"泛在网络",能够实现人在任何时间、任何地点,使用任何网络与任何人与物的信息交换以及物与物之间的信息交换;狭义来讲,物联网是物品之间通过传感器连接起来的局域网,不论是否接入互联网,都属于物联网的范畴。

显然,物联网的概念来自与互联网的类比。根据物联网与互联网的关系,不同的专家学者对物联网给出了不同的定义,归纳为如下 4 种类型。

(1)物联网是传感网而不接入互联网。有的专家认为,物联网就是传感网,只是给人们生活环境中的物体安装传感器,这些传感器可以帮助我们更好地认识环境,这个传感器网不接入互联网。例如,上海浦东机场的传感器网络,其本身并不接入互联网,却号称是中国第一个物联网。物联网与互联网是相对独立的两张网。

(2)物联网是互联网的一部分。物联网并不是一张全新的网,实际上早就存在了,它是互联网发展的自然延伸和扩张,是互联网的一部分。互联网是可包容一切的网络,将会有更多的物品加入这张网中。也就是说,物联网是包含于互联网之内的。

(3)物联网是互联网的补充网络。通常所说的互联网是指人与人之间通过计算机结成的全球性网络,服务于人与人之间的信息交换。而物联网的主体则是各种各样的物品,通过物品间传递信息从而达到最终服务于人的目的,两张网的主体是不同的,因此物联网是互联网的扩展和补充。互联网好比是人类信息交换的动脉,物联网就是毛细血管,两者相互联通,且物联网是互联网的有益补充。

(4)物联网是未来的互联网。从宏观的概念上讲,未来的物联网将使人置身于无所不在的网络之中,在不知不觉中,人可以随时随地与周围的人或物进行信息的交换,这时物联网也就等同于泛在网络,或者说未来的互联网。物联网、泛在网络、未来的互联网,它们的名字虽然不同,但表达的都是同一个愿景,那就是人类可以随时随地使用任何网络联系任何人或物,达到信息交换的目的。

总而言之,不论是哪一种定义,物联网都需要对物体具有全面感知能力,对信息具有可靠传送和智能处理能力,从而形成一个连接物体与物体的信息网络。也就是说,全面感知可靠传送、智能处理是物联网的基本特征。"全面感知"是指利用RFID、二维码、GPS、摄像头、传感器、传感器网络等感知、捕获、测量的技术手段,随时随地对物体进行信息采集和获取;"可靠传送"是指通过各种通信网络与互联网的融合,将物体接入信息网络,随时随地进行可靠的信息交互和共享;"智能处理"是指利用云计算、模糊识别等各种智能计算技术,对海量的跨地域、跨行业、跨部门的数据和信息进行分析处理,提升对物理世界、经济社会各种活动和变化的洞察力,实现智能化的决策和控制。

2)物联网的发展

(1)国外物联网发展概况。目前,国外对物联网的研发、应用主要集中在美、欧、日、韩等少数国家和地区。美国是物联网技术的主导和先行国之一,较早开展了物联网及相关技术的研究与应用。1991年美国麻省理工学院的凯文·艾什顿教授首次提出物联网的概念。2009年奥巴马就任美国总统后,与美国工商业领袖举行了一次"圆桌会议",作为仅有的两名代表之一,IBM首席执行官彭明盛首次提出"智慧地球"这一概念。今天,"智慧地球"战略被美国人认为与当年的"信息高速公路"物联网示意图有许多相似之处,同样被他们认为是振兴经济、确立竞争优势的关键战略。该战略能否掀起如当年互联网革命一样的科技和经济浪潮,不仅为美国关注,更为世界所关注。

2004年日本总务省提出u-Japan计划,该战略力求实现人与人、物与物、人与物之间的连接,希望将日本建设成一个随时、随地、任何物体、任何人均可连接的泛在网络社会。

2006年韩国确立了u-Korea计划,该计划旨在建立无所不在的社会,在民众的生活环境里建设智能型网络(如IPv6、BcN、USN)和各种新型应用(如DMB、Telematics、RFID),让民众可以随时随地享有科技智慧服务。

此外,法国、德国等国也在加紧部署物联网经济发展战略,加快推进下一代网络基础设施的建设步伐。2009年欧盟执委会发表了欧洲物联网行动计划,描绘了物联网技术的应用前景,提出欧盟政府要加强对物联网的管理,促进物联网的发展。

(2)国内物联网发展情况。我国发展建设物联网体系,国家部委以RFID广泛应用作为形成全国物联网的发展基础。自2004年起,国家金卡工程每年都推出新的RFID应用试点工程。2009年8月7日,温家宝总理视察无锡微纳传感网工程技术研发中心并发表重要讲话之后,"物联网"概念在国内迅速升温。与国外相比,我国物联网发展在最近几年取得了重大进展。《国家中长期科学与技术发展规划纲要(2006—2020年)》和"新一代宽带移动无线通信网"重大专项中均将传感网列入重点研究领域。目前,我国传感网标准体系已形成初步框架,向国际标准化组织提交的多项标准提案被采纳,传感网标准化工作已经取得积极进展。

交通运输行业在高速公路不停车收费、多路径识别、城市交通一卡通等智能交通领域也有所突破。例如,厦门路桥管理公司在不停车收费系统中应用 RFID 技术发行 RFID 电子标签共 20 万张;广东联合电子收费公司自 2004 年起建立不停车收费系统,发行 16 万张 RFID 电子标签;中集、中远公司则在车辆、集装箱、货物、堆场等运输物流领域的管理方面建立 RFID 应用示范点。

由此可见,国内物联网产业链和应用范围不断得到扩大和拓展,并主要呈现如下趋势:

① 集电子产业、软件业、通信运营业、信息服务业和面向行业的应用与系统集成中心等于一体的完整产业链正在逐步形成。

② 应用试点向行业规模化应用拓展,跨行业和地区的综合性应用正逐步启动。

③ 应用功能以目前的身份识别、电子票证为主逐渐向物品识别过渡,如向资产管理、食品和药品安全监管、电子文档、图书馆、仓储物流等物品识别拓展;应用频率以低、高频为主逐渐向超高频和微波过渡,即从低高频的门禁、二代身份证应用逐步向高速公路不停车收费、交通车辆管理等超高频应用拓展。

④ RFID 与新技术的融合将会衍生更多的商业模式,如手机移动支付将会是未来 RFID 最大的市场,利用 RFID 进行人与物的实时定位也将会成为未来的主流应用之一。

⑤ RFID 以及传感技术的发展使得社会公共管理呈现管理智能化、物流可视化、信息透明化的发展趋势。

据预测,到 2035 年前后,我国的传感网终端将达到数千亿个;到 2050 年,传感器将在生活中无处不在:在物联网普及后,用于动物、植物和机器、物品的传感器与电子标签及配套的接口装置的数量将大大超过手机的数量,将大大推进信息技术元件的生产,增加大量的就业机会。

9.2.2　射频识别技术

RFID 是射频识别技术的英文 radio frequency identification 的缩写,是一种无限通信技术,可以通过无线电信号识别特定目标并读写相关数据,而无须识别系统与特定目标之间建立机械或者光学接触。

无线电的信号使通过调成无线电频率的电磁场,把数据从附着在物品上的电子标签上传送出去,以自动辨识与追踪该物品。某些电子标签在工作时,能够从读写器发出的电磁场中得到能量,并不需要电池;也有些电子标签本身配有电源,并可以主动发出无线电波。标签包含了电子存储的信息,在几米之内都可以被读写器识别。与条形码不同的是,RFID 标签不需要处在读写器视线范围之内,也可以嵌入被追踪物体之内。RFID 的系统结构图如图 9-1 所示。

从系统结构上分析,一套完整的 RFID 系统,由电子标签、读写器、中间件和应用软件等组成。

1) 电子标签

电子标签由天线、耦合元件及芯片组成,在 RFID 系统中,通常都用标签作为物品的应

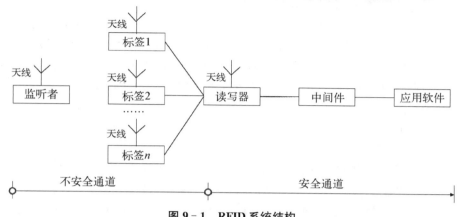

图 9 - 1 RFID 系统结构

答器，每个电子标签具有唯一的电子编码，粘贴或附着在物体上，用于标识物品。天线是将 RFID 标签的数据信息传递给阅读器的设备。RFID 天线可分为标签天线和阅读器天线两种类型。

2）读写器

读写器由天线、耦合元件和芯片组成，是读取标签信息的设备，可设计为手持式或固定式。读写器发射某一特定频率的无限电波，将能量传送给标签，用以驱动电子标签中的电路，将其内部的数据送出，此时读写器便按照次序接收这些数据，并送给中间件做相应的处理。

3）中间件

中间件位于读写器与应用软件的中间，它是一种面向消息的、可以接受应用软件端发送的请求，并同时与一个或者多个读写器交互通信，在接收数据和处理数据后向应用软件返回处理结果的特殊软件。

4）应用软件

顾名思义，应用软件是工作在应用层的软件，它主要是把收集的数据进一步处理，并为人们所使用。应用软件系统是计算机后台处理系统，计算机通过有线或无线网络与阅读器相连，获取电子标签的内部信息，对读取的数据进行筛选和分析，并进行后台处理。

RFID 技术的基本原理：标签进入磁场后，接收解读器发出的射频信号，凭借感应电流所获得的能量，并发送存储在芯片中的产品信息，读写器读取信息并解码后，送至计算机系统进行有关数据处理。

以 RFID 读写器与电子标签之间的通信及能量感应方式来划分，大致上可以分成感应耦合式及后向散射耦合式两种，一般低频 RFID 采用第一种方式，而较高频的 RFID 大多采用第二种方式。

根据使用的结构和技术不同，读写器可以是读出设备，也可以是读/写设备，它是 RFID 系统信息控制和处理中心。读写器通常由耦合模块、收发模块、控制模块和接口单元组成。读写器和电子标签之间一般采用半双工通信方式进行信息交换，同时读写器通过耦合给无源的电子标签提供能量和时序。在实践应用中，进一步通过以太网或无线局域网等实现对物体识别信息的采集、处理及远程传送等管理功能。

许多行业都可以应用射频识别技术。例如,将 RFID 电子标签粘贴在一辆正在生产过程中的汽车上,生产厂家便可以跟踪此车的生产进度;将电子标签粘贴在产品上,仓库可以跟踪产品所在的位置;将电子标签附于牲畜与宠物上,可以方便对牲畜与宠物的身份识别;RFID 身份识别也可以使企业员工能够进入紧闭的大门;汽车上的 RFID 标签可以用于自动缴费收费路段或停车场的费用。

9.2.3　二维码技术

1)二维码的定义

二维码,顾名思义是相对一维码而言的,它们同属于条形码家族。一维码是我们超市、商场中看见商品上所印的条形码。被称为"计算机文化"的条码技术起源于 20 世纪 40 年代,应用于 70 年代、普及于 80 年代,是一种可印刷的计算机语言,利用不同的标记可存储信息。

二维条码是指在一维条码的基础上扩展出另一维具有可读性的条码,使用黑白矩形图案表示二进制数据,被设备扫描后可获取其中所包含的信息。一维条码的宽度记载着数据,而其长度没有记载数据。二维条码的长度、宽度均记载着数据。二维条码有一维条码没有的"定位点"和"容错机制"。容错机制在即使没有辨识到全部的条码,或是说条码有污损时,也可以正确地还原条码上的信息。

2)二维码的分类

二维码种类很多,不同的机构开发出的二维码具有不同的结构以及编写、读取方法。主要有堆叠式二维码(又称行排式二维条码或堆积式二维条码或层排式二维条码)和矩阵式二维码(又称棋盘式二维条码)两类,二维码主要类型如表 9-1 所示。

表 9-1　二维码类型

序　号	类　　型	内　　容	示　　例
1	堆叠式二维码	PDF417 Code49 Code16K Ultra code	汉信码
2	矩阵式二维码	QR 码 Code One 汉信码 Aztec Data Matrix Maxi code 龙贝码 矽感网格矩阵(GM) 矽感紧密矩阵(CM)	GM 码

3)二维码的技术特点

与一维码相比,二维码具有如下优点:

(1)存储密度大。二维码可以在纵横两个方向存储信息,大大提高了存储密度。如果使用标准状态下的一维码与二维码相比较,相同面积下的二维码所表示的信息约为一维码的 80 倍。

（2）拥有纠错能力。一维码只有一个或数个校验位，并不能纠错。二维码信息密集，受到污损时损失也较大，因此二维码一般都具有很强的纠错机制，不同的二维码具有不同的纠错算法，同一种二维码也会有不同的纠错等级，用于不同的应用需求。

（3）应用广泛。二维码可与其他技术广泛结合。与加密技术的结合，可以用于很多保密的信息传递；与防伪技术结合，可用于证件的防伪。二维码在图像领域、文献传递领域也有着广泛的应用空间。

（4）能存储多种信息。一维码只能表示 ASCⅡ表中的 128 个字符。二维码都具有自己的字符表，可以表示数字、字母、8 位字节、各种语言文字以及特殊字符等。很多二维码也提供了扩展字符集，可以自由扩展编码。

4）二维码的应用

二维码的移动应用前景广阔，魅力无限。除了在物流、金融等商务领域应用外，也越来越多地走进了普通老百姓。而对于一般的用户而言，目前最主要的就是二维码在手机上的应用。只要你拥有一款高像素的照相手机，上网下载适配机型的识别软件，你的手机就可以充当一个二维码扫描器的角色。而通常这些识别软件都是免费的，你只需要支付上网费用即可。

（1）足不出户，轻松购票。常看电影预告也许会注意到这个词："手机拍码"。是的，这就是二维码的一个移动应用。买到的"二维码"电子票虽小，但其中包含了极为丰富的信息：日期、场次、时间、座号、票价及介绍，应有尽有，而且也免却了排队的烦恼。

（2）跨媒体服务。通过手机对着报纸上的二维码进行"拍照"，便可轻松获得报纸上的新闻。目前，国内不仅有部分报纸和杂志推出这样的业务，更有电视媒体可直接在屏幕下方进行扫描，快速便捷。

（3）涉足证件领域。通过对出入人员身份证的扫描生成二维码信息，姓名、单位、地址、电话等一一在录，只要开启手机中的个人条码，对着扫描机的镜头轻轻一扫，个人信息就会出现在屏幕中了。

另外还有很多其他的应用，比如在商品防伪、银行领域等都有很好的应用前景。

9.2.4 无线传感器网络技术

无线传感器网络（wireless sensor network，WSN）简称为无线传感网，它是由大量的静止或移动的传感器以自组织和多跳的方式构成的无线网络，以协作地感知、采集、处理和传输网络覆盖地理区域内被感知对象的信息，并最终把这些信息发送给网络的所有者。

无线传感器具有众多不同类型的传感器，可以探测包括地震、电磁、温度、湿度、噪声、光强度、压力、土壤成分、移动物体地大小、速度和方向等周边环境中多种多样的物理现象。潜在的应用领域可以归纳为军事、航空、防爆、救灾、环境、医疗、保健、家居、工业、商业等领域。

1）无线传感器的定义

无线传感网是由部署在监测区域内大量的廉价微型传感器结点组成的，通过无线通信方式形成的一个多跳的自组织的网络系统，其目的是协作得感知、采集和处理网络覆盖区域中被感知对象的信息，并发送给观察者。传感器、感知对象和观察者构成了无线传感器网络的 3 个要素。

近年来,微机电系统、片上系统、无线通信和低功耗嵌入式技术的飞速发展,孕育出无线传感器网络,并以其低功耗、低成本、分布式和自组织的特点带来了信息感知的一场变革。无线传感网就是由部署在监测区域内大量的廉价微型传感器结点组成,通过无线通信方式形成的一个多跳自组织网络。

正如互联网使计算机能够访问各种数字信息,而可以不管其保存在什么地方,传感器网络将能扩展人们与现实世界进行远程交互的能力。它甚至被人称为一种全新类型的计算机系统,这就是因为它区别于过去硬件的可到处散步的特点以及集体分析能力。

2)无线传感器的结构

无线传感器的结构如图 9-2 所示。

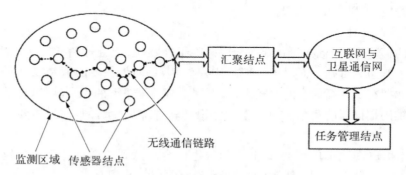

图 9-2 无线传感网的结构

无线传感器系统通常包括传感器结点、汇聚结点和任务管理结点。大量传感器结点随机部署在监测区域内部或附近,能够通过自组织方式构成网络。传感器结点监测的数据沿着其他传感器结点逐跳地进行传输,在传输过程中监测数据可能被多个结点处理,经过多跳后路由到汇聚结点,最后通过互联网或卫星到达管理结点。用户通过管理结点对传感器网络进行配置和管理,发布监测任务以及收集监测数据。

(1)传感器结点。传感器结点的处理能力、存储能力和通信能力相对较弱,通过小容量电池供电。传感器结点由部署在感知对象附近大量的廉价微型传感器模块组成,其目的是协作地感知、采集和处理网络覆盖区域中感知对象的信息,并发送到汇聚结点。各模块通过无线通信方式形成一个多跳的自组织网络系统,传感器结点采集到的数据沿着其他传感器结点逐个传输到汇聚结点。一个 WSN 系统通常有数量众多的体积小、成本低的传感器结点。从网络功能上看,每个传感器结点除了进行本地信息收集和数据处理外,还要对其他结点转发来的数据进行存储、管理和融合,并与其他结点协作完成一些特定任务。

(2)汇聚结点。汇聚结点的处理能力、存储能力和通信能力相对较强,它是连接传感器网络与 Internet 等外部网络的网关,实现两种协议间的转换,同时向传感器结点发布来自管理结点的监测任务,并把 WSN 收集到的数据转发到外部网络上。汇聚结点既可以是一个具有增强功能的传感器结点,有足够的能量供给、更多的内存与计算资源,也可以是没有检测功能、仅带有无线通信接口的特殊网关设备。

(3)管理结点。管理结点用于动态地管理整个无线传感器网络。传感器网络的所有者通过管理结点访问无线传感器网络的资源。

9.2.5 实时定位技术

实时定位技术（real time location system，RTLS)是指在一个指定的空间内，通过采集目标物体的相关信息，按照约定的协议与后台或服务器进行信息交换或通信，并采用 AOA、A、TOA、TDOA 及 RSSI 等算法实现对目标物体的智能化识别、定位、跟踪和管理的一种无线实时定位技术。作为一门综合射频识别、计算、通信、信息处理、人工智能等众多学科交叉技术，无论是在军事还是在民用方面有着十分广泛的应用。在不同的应用环境下，RTLS 技术按照定位精度划分可分为区域性定位和精确定位两类，区域性定位仅要求确定目标物体的大致范围。精确定位精度一般要求在 1～3 m，有效范围大约在 1 000 m² 之内。

目前的 RTLS 有两种模式，一部分采用专用的 RFID 标签与读写器搭建实时定位系统，另一部分则使用现成的 WLAN，并将网络技术运用于 RTLS 中。

1) 基于 RFID 的 RTLS 系统

基于 RFID 的 RTLS 系统是一种特殊的 RFID 系统，它的电子标签信号被系统中至少 3个天线接收，并利用那些信号数据计算出标签的具体位置。RFID 和 RTLS 之间的差别是 RFID 标签是在移动经过固定的某点时被读出，而 RTLS 标签被自动连续地不断读出，不论标签是否移动，连续读取的间隔时间由用户确定，RTLS 在确定货物的位置时，不需要进行干涉或处理。

（1）系统组成。基于 RFID 的实时定位系统由电子标签、读写器、中间件、应用系统 4 部分组成。系统模型如图 9-3 所示。

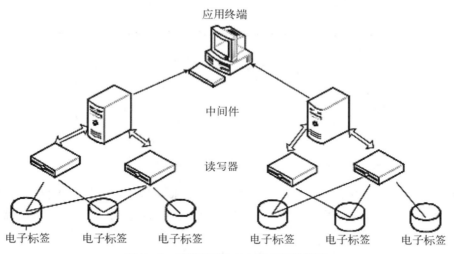

图 9-3 基于 RFID 的 RTLS 系统模型

（2）通信机制。基于 RFID 的 RTLS 中读写器与电子标签之间的通信机制需要兼顾空中协议、通信模式、数据帧结构以及数据传输安全 4 个方面的问题。空中协议：指读写器与电子标签间的通信协议，采用开发商自定义的私有协议能有效避免信息非法截获、冒名顶替；通信模式：处于主动发送态的电子标签按照预约数据帧格式向格式向外发送数据信息，当检测到有效信号，响应该命令，并与读写器进入通信状态，若未与其他电子标签发生信息碰撞，则进入监听状态，要求误差率在极小范围内；数据帧结构：包括前导码、数据长度、数据负荷和校验码四部分,前导码作用是让读写器作同步使用,接下来为数据部分,数据负荷对读写器而言是状态、命令和相应的参数,对电子标签而言是其存储的信息;数据传输安全:主要由外界干扰和多个电子标签同时占用信道发送数据造成碰撞引起,常用的应对方法有校验和多路存取法。

2) 基于 Wi-Fi 的 RTLS 系统

基于 Wi-Fi 的实时定位结合无线网络、射频技术和实时定位等技术,在 Wi-Fi 覆盖的范围,能够随时跟踪监控资产和人员,实现实时定位和监控管理,通过优化资产的能见度,实现利用率和投资回报率的最大化。基于 Wi-Fi 的 RTLS 系统主要应用在公共场所人员定位跟踪、智能安防、智能家居、环境安全检测以及重要物资监管等。

(1) 系统组成。基于 Wi-Fi 的实时定位系统由 Wi-Fi 终端程序、无线局域网接入点(AP)、定位服务器组成。网络拓扑结构如图 9-4 所示。

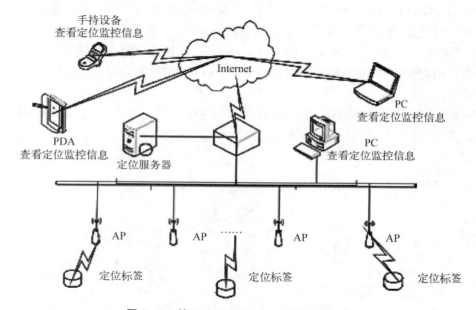

图 9-4　基于 Wi-Fi 的 RTLS 网络拓扑结构

终端包括移动智能设备、PC 或 Wi-Fi 定位标签,要求有 Wi-Fi 发射器并能安装软件或配置有浏览器的设备。Wi-Fi 接入点提供地址码信息,对传输数据进行加密。定位服务器保存 AP 注册的数据,各个移动终端的接入位置信息也要实时更新,定位计算也在服务器上进行。

(2) 工作原理。在 Wi-Fi 覆盖区,标签在工作时发出周期性信号,发射周期可由用户根据实际需要自行设置,每个定位标签具有与相应人员和物品信息相关联的电子编码。AP 接收到信号后,将信号传送至定位服务器。服务器识别 RSSI 值,根据信号的强弱或到达时差计算出定位标签的位置,并在二维电子地图上显示位置信息。定位标签可以佩戴在人员身上或安装在物品或车辆上,通常基于 Wi-Fi 的 RTLS 对资产和人员定位精度最高可达 1 m,视现场环境一般可到 3 m 左右。

9.2.6　智能制造系统中的物联网技术应用

制造物联网技术通过构建物联网络优化调度制造业全流程,实现制造物理过程与信息系统的深度融合,从而催生先进的制造业生产模式,增加产品附加值、加速转型升级、降低生产成本、减少能源消耗,推动制造业向全球化、信息化、智能化、绿色化方向发展。

目前传统制造业正面临劳动力成本过高、生产效率偏低、原材料利用率低、能耗较大、服务水平相对落后等严峻挑战,严重影响制造企业的市场竞争力和影响力。作为制造业信息化的一种新兴技术,制造物联技术是现代制造工业中出现的一种新型的制造模式和信息服务模式的技术,它能够催生先进的制造业生产模式,增加产品附加值,加速转型升级、降低生产成本、减少能源消耗,推动制造业向全球化、信息化、智能化、绿色化方向发展。制造物联网技术也是增强企业自主创新能力,提升企业经营管理和服务水平的重要途径,能促进制造业由生产型制造向服务型制造转变,为企业抢占价值链高端提供了重要的技术支撑,极大地增强了企业的竞争力。

我们面向制造全流程提出了一种集可靠感知、实时传输、普适计算、精准控制、可信服务为一体的复杂过程制造物联网体系架构,实现制造全流程源对象(人、装备、物料、生产过程、产品、服务)的自动动态获取;异构多跳网络动态制造信息的可靠传输;大规模多源动态数据流海量智能处理;制造业生产全流程精准控制;面向多样性应用需求的可信高效服务,最终达到多目标过程优化与系统节能。

在制造业领域,利用物联网可以建立一个涵盖制造全过程的网络,将工厂环境向智能化转换,建设成智能工厂,实现从自动化生产到智能生产的转变升级。生产线上的所有产品都将集成动态数字存储器,承载整个供应链和生命周期中的各种必需信息,具备感知和通信能力,从而进一步打通生产与消费的通道。

9.3　大数据技术

9.3.1　大数据技术的发展

当前,学术界对于大数据概念还没有一个完整统一的定义。全球知名咨询公司麦肯锡在《大数据:创新、竞争和生产力的下一个新领域》报告中认为,大数据是一种数据集,它的数据量超越了传统数据库技术的采集、存储、管理和分析能力。权威咨询公司则认为,大数据指的是一种新的数据资产,是高数据、高容量、种类繁多的信息价值,这种数据资产需要由新的处理模式来应对,以便优化处理和正确判断。信息专家涂子沛在其著作《大数据》中认为,大数据之大绝不只是指容量之大,更在于通过对大量数据的分析而发现新知识,从而创造新的价值,获得大发展。尽管目前学界和产业界对大数据概念尚缺乏统一的定义,但对大数据的基本特征还是达成了一定共识,即大数据具有 5 个基本特征:数据规模大、种类多、速度快、真实性和数据价值密度稀疏。大数据技术的兴起虽然是近年的事情,但追本溯源则是从 20 世纪发端的 1989 年,首次提出商业智能,它是一种能够把数据转化为信息与知识从而帮助企业进行决策从而提升企业竞争力的工具,其核心就在于对大量数据的处理。随着 20 世纪互联网的飞速发展,数据量越来越大,复杂性越来越高,对此,传统的数据技术已经不能满足当前处理海量数据的需要,因而对海量数据的收集和处理的技术变得尤为重要,"大数据"这一概念诞生。1997 年,考克斯和埃尔斯沃思在第八届美国电气和电子工程师协会学术年会上发表了《为外存模型可视化而应用控制程序请求页面调度》的文章,提出了大数据问题,这是在美国计算机学会的数字图书馆中第一篇使用"大数据"这一术语的文章。2008 年,随着互联网产业的迅速发展,雅虎、谷歌等大型互联网或数据处理公司发现传统的数据处理技术不能解决问题时,大数据的思考理念和技术标准被首先应用于实际。2010 年 2 月,肯尼斯·库克尔在《经济学人》上发表了长达 14 页的大数据专题报告《数据,无所不在的数据》,认为从经济界到科学界,从政府到平民,"大数据"概念广为人知。微博、微信等社交网络兴起将人类带入了自媒体时代;智能手机的普及,移动互联网时代的到来,这一时期里,大数据技术逐渐得到空前重视。2011 年,麦肯锡战略咨询公司的全球研究院发布了名为《大数据:创新、竞争和生产力的下一个新领域》研究报告,认为大数据从技术领域进入商业领域的时机已经到来,大数据的运用将融入政治、经济、社会等领域的各个方面。2014 年 4 月,世界经济论坛以"大数据的回报与风险"主题发布了《全球信息技术报告》,认为在未来几年中针对各种信息通信技术的政策甚至会显得更加重要,各国政府逐渐认识到大数据在推动经济发展、改善公共服务、增进人民的福祉,乃至保障国家安全方面的重大意义。在国内外大数据技术的发展日新月异,对大数据技术研究的需要也日益重要。虽然当前学界对大数据技术概念的定义尚未统一,不同机构、公司、企业都对大数据技术有着自身的认识和看法,但对大数据技术的基本内涵还是可以通过研究和分析而达到一个基本的共识和标准,而对大数据技术的内涵、内容、特点等基本问题做出研究和界定,又有利于大数据技术与其研究的进一步发展。

9.3.2　大数据技术架构

各种各样的大数据应用迫切需要新的工具和技术来存储、管理和实现商业价值。新的工具、流程和方法支撑起了新的技术架构,使企业能够建立、操作和管理这些超大规模的数据集和数据存储环境。

企业逐渐认识到必须在数据驻留的位置进行分析,提升计算能力,以便为分析工具提供实时响应。考虑到数据速度和数据量。来回移动数据进行处理是不现实的。相反,计算和分析工具可以移到数据附近。因此,云计算模式对大数据的成功至关重要。

云模型在从大数据中提取商业价值的同时也在驯服它。这种交付模型能为企业提供一种灵活的选择,以实现大数据分析所需的效率、可扩展性、数据便携性和经济性,但仅存储和提供数据还不够,必须以新方式合成、分析和关联数据,才能提供商业价值。部分大数据方法要求处理未经建模的数据,因此,可以用毫不相干的数据源比较不同类型的数据和进行模式匹配,从而使大数据的分析能以新视角挖掘企业传统数据,并带来传统上未曾分析过的数据洞察力。基于上述考虑,一般可以构建适合大数据的四层堆栈式技术架构,如图 9-5 所示。

1) 基础层

第一层作为整个大数据技术架构基础的最底层,也是基础层。要实现大数据规模的应用,企业需要一个高度自动化的、可横向扩展的存储和计算平台。这个基础设施需要从以前的存储孤岛发展为具有共享能力的高容量存储池。容量、性能和吞吐量必须可以线性扩展。

云模型鼓励访问数据并通过提供弹性资源池来应对大规模问题,解决了如何存储大量数据及如何积聚所需的计算资源来操作数据的问题。在云中,数据跨多个结点调配和分布,

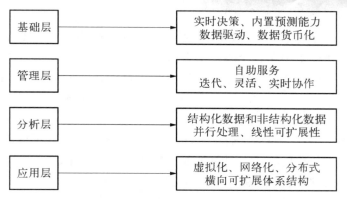

图 9 - 5　四层堆栈式技术架构

使数据更接近需要它的用户，从而缩短响应时间，提高效率。

2）管理层

大数据要支持在多源数据上做深层次的分析，在技术架构中需要一个管理平台，即管理层使结构化和非结构化数据管理为一体，具备实时传送和查询、计算功能。本层既包括数据的存储和管理，也涉及数据的计算。并行化和分布式是大数据管理平台所必须考虑的要素。

3）分析层

大数据应用需要大数据分析。分析层提供基于统计学的数据挖掘和机器学习算法，用于分析和解释数据集，帮助企业获得深入的数据价值领悟。可扩展性强、使用灵活的大数据分析平台更可能成为数据科学家的利器，起到事半功倍的效果。

4）应用层

大数据的价值体现在帮助企业进行决策和为终端用户提供服务的应用上。不同的新型商业需求驱动了大数据的应用。反之，大数据应用为企业提供的竞争优势使企业更加重视大数据的价值。新型大数据应用不断对大数据技术提出新的要求，大数据技术也因此在不断的发展变化中更趋成熟。

9.3.3　常用的大数据分析方法

大数据分析是指对规模巨大的数据进行分析。通过多个学科技术的融合实现数据的采集、管理和分析，从而发现新的知识和规律。大数据时代的数据分析首先要解决的是海量、结构多变、动态实时的数据存储与计算问题，这些问题在大数据解决方案中至关重要，决定大数据分析的最终结果。

通过美国福特公司利用大数据分析促进汽车销售的案例，可以初步认识大数据分析。分析过程如图 9 - 6 所示。

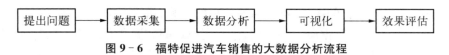

图 9 - 6　福特促进汽车销售的大数据分析流程

大数据分析可以分为以下 5 种基本方法。

1）预测性分析

大数据分析最普遍的应用就是预测性分析，从大数据中挖掘出有价值的知识和规则，通过科学建模的手段呈现结果,然后可以将新的数据代入模型从而预测未来的情况。例如,麻省理工学院的研究者创建了一个计算机预测模型来分析心脏病患者丢弃的心电图数据。他们利用数据挖掘和机器学习在海量的数据中筛选,发现心电图中出现三类异常者一年内死于第二次心脏病发作的概率比未发现者高 1～2 倍。这种新方法能够预测更多的、无法通过现有的风险筛查被探查出的高危患者。

2) 可视化分析

不管是对数据分析专家还是普通用户,他们两者对于大数据分析最基本的要求就是可视化分析。因为可视化分析能够直观地呈现大数据特点,同时能够非常容易地被地用户所接受。可视化可以直观地展示数据,让数据自己说话,让观众听到结果。数据可视化是数据分析最基本的要求。

3) 大数据挖掘算法

可视化分析结果是给用户看的,而数据挖掘算法是给计算机看的,通过让机器学习算法,按人的指令工作,从而呈现给用户隐藏在数据之中的有价值的结果。大数据分析的理论核心就是数据挖掘算法,算法不仅要考虑数据的量,也要考虑处理的速度,目前在许多领域的研究都是在分布式计算框架上对现有的数据挖掘理论加以改进,进行并行化、分布式处理。

常用的数据挖掘方法有分类、预测、关联规则、聚类、决策树、描述和可视化、复杂数据类型挖掘(Text、Web、图形图像、视频、音频)等,有很多学者对大数据挖掘算法进行了研究和文献发表。

4) 语义引擎

数据的含义就是语义。语义技术是从同语所表达的语义层次上来认识和处理用户的检索请求。

语义引擎是通过对网络中的资源对象进行语义上的标注以及对用户的查询表达进行语义处理,使得自然语言具备语义上的逻辑关系,能够在网络环境下进行广泛有效的语义推理,从而更加准确、全面地实现用户的检索。大数据分析广泛应用于网络数据挖掘,可从用户的搜索关键词来分析和判断用户的需求,从而实现更好的用户体验。

例如,一个语义搜索引擎试图通过上下文来解读搜索结果,它可以自动识别文本的概念结构。如有人搜索"选举",语义搜索引擎可能会获取包含"投票""竞选"和"选票"的文本信息,但是"选举"这个词可能根本没有出现在这些信息来源中,也就是说语义搜索可以对关键词的相关词和类似词进行解读,从而扩大搜索信息的准确性和相关性。

5) 数据质量和数据管理

数据质量和数据管理是指为了满足信息利用的需要,而对信息系统的各个信息采集点进行规范,包括建立模式化的操作规程、原始信息的校验、错误信息的反馈、矫正等一系列的过程。大数据分析离不开数据质量和数据管理,高质量的数据和有效的数据管理,无论是在学术研究还是在商业应用领域,都能够保证分析结果的真实和有价值。

9.3.4 制造大数据的特点

通常所说的大数据 3V 特性包括大规模、多样性和高速度,制造大数据除了同样具备明显的大数据 3V 特性之外,还具备制造领域所特有的特征。

1) 制造大数据具备的明显的大数据 3V 特性

(1) 数据规模大。以半导体制造为例,单片晶圆质量检测时每个站点能生成数 MB 数据,一台快速自动检测设备每年就可以收集将近 2 TB 的数据。据麦肯锡统计,2009 年美国员工数量超过 1 000 人的制造企业平均产生了至少 200 TB 的数据,而这个数量每隔 1.2 年就将递增一倍。GE 报告显示,未来 10 年工业数据增速将是其他大数据领域的两倍。

(2) 数据结构多样。制造过程中涉及的产品 BOM 结构表、工艺文档、数控程序、三维模型、设备运行参数等制造数据往往来自不同的系统,具有完全不同的数据结构。随着图像处理设备和声学传感器等检测装置已逐步适应恶劣的生产环境,记录大量生产过程中重要的图像、声音等资料更是具备典型的非结构化数据特征。

(3) 数据增长快速。以国内某知名晶圆制造企业的单个生产区域为例,2014 年 4 月增加了控制图约 137 000 幅、晶圆 move 记录次数约 19 780 000 次,参数数据约为 361 579 000 条,OO 报警参数约为 7 500 000 条,数据增量达 0.17 TB。

2) 制造大数据所具备的制造领域特有的一些特征

(1) 时许特性。制造企业产生的大量数据来自 PLC 控制器、传感器和其他智能感知设备对制造过程的不断采样,这些数据通常都是时间序列,具有典型的时许特性。

(2) 高维特性。以零件加工为例,由于智能感知设备的广泛应用,加工过程中涉及的刀具进给量、切削速率、加工区域温度、加工时间、装备健康状态等数据都能被实时采集,可从多个不同维度来更精确地加以描述。

(3) 多尺度特性。制造过程往往需要不同尺度数据的相互配合描述,例如,晶圆刻蚀过程中反应腔温度会影响最终的腔槽刻蚀深度,现有的温度传感器通常数秒采集一次,而刻蚀深度则只有在一批晶圆加工完成后才能通过检测获取到,这个时间尺度通常为数小时。

(4) 高噪特性。工业生产中的电磁干扰和恶劣生产环境使测量结果不可避免地带有噪声,低信噪比的测量信号会严重影响数据分析的准确性,在某些环境中甚至会使得数据完全失效。

9.3.5 智能制造系统中的大数据技术应用

未来的工业若要在全球市场中发挥竞争优势,工业大数据分析是关键领域。随着物联网和信息时代的来临,更多的数据被收集、分析,用于帮助管理者做出更明智的决策。智能制造时代的到来使得云计算、大数据不断地融入我们的生活中。按《中国制造 2025》中第一个十年纲领的规划,未来十年中,中国制造业将以两化融合为主,朝着智能制造方向跨步前行。但无论是智能制造抑或是两化融合,工业大数据都是不可忽视的重点。

制造业企业在实际生产过程中,总是努力降低生产过程的消耗,同时努力提高制造业环保水平,保证安全生产。生产的过程,实质上也是不断自我调整、自我更新的过程,同时还是实现全面服务个性化需求的过程。在这个过程中,会实时产生大量数据。依托大数据系统,采集现有工厂设计、工艺、制造、管理、监测、物流等环节的信息,实现生产的快速、高效及精准分析决策。这些数据综合起来,能够帮助发现问题,查找原因,预测类似问题重复发生的概率,帮助完成安全生产,提升服务水平,改进生产水平,提高产品附加值。

智能制造需要高性能的计算机和网络基础设施,传统的设备控制和信息处理方式已经不能满足需要。应用大数据分析系统,可以对生产过程自动进行数据采集并分析处理。鉴于制造业已经进入大数据时代，智能制造还需要高性能计算机系统和相应网络设施。云计算系统提供计算资源专家库，通过现场数据采集系统和监控系统，将数据上传云端进行处理、存储和计算，计算后能够发出云指令，对现场设备进行控制，如控制工业机器人。

智能制造是未来的制造业发展方向，近些年得到不断的研究和发展，受到世界各国的高度重视。智能制造为制造业提供了很多全新的概念观点和理论，是对传统生产制造业的根本性变革。实现传统制造到智能制造的转变，核心在于几个关键技术的掌握：智能化工业装备应用技术、柔性制造和虚拟仿真技术、物联网应用技术、大数据系统及云计算技术。

9.4 云计算和云服务技术

9.4.1 云计算和云服务技术的发展

云计算（cloud computing）是由分布式计算（distributed computing）、并行处理（parallel computing）、网格计算（grid computing）发展来的，是一种新兴的商业计算模型。目前，对于云计算的认识在不断的发展变化，云计算仍没有普遍一致的定义。

中国网格计算、云计算专家刘鹏给出如下定义："云计算将计算任务分布在大量计算机构成的资源池上，使各种应用系统能够根据需要获取计算力、存储空间和各种软件服务。"

狭义的云计算指的是厂商通过分布式计算和虚拟化技术搭建数据中心或超级计算机，以免费或按需租用方式向技术开发者或者企业客户提供数据存储、分析以及科学计算等服务，比如亚马逊数据仓库出租生意。

广义的云计算是指厂商通过建立网络服务器集群，向各种不同类型客户提供在线软件服务、硬件租借、数据存储、计算分析等不同类型的服务。广义的云计算包括了更多的厂商和服务类型，如国内用友、金蝶等管理软件厂商推出的在线财务软件，谷歌发布的 Google 应用程序套装等。

通俗的理解是，云计算的"云"就是存在于互联网上的服务器集群上的资源，它包括硬件资源（服务器、存储器、中央处理器等）和软件资源（如应用软件、集成开发环境等），本地计算机只需要通过互联网发送一个需求信息，远端就会有成千上万的计算机为你提供需要的资源并将结果返回到本地计算机，这样本地计算机几乎不需要做什么，所有的处理都在云计算提供商所提供的计算机群来完成。

9.4.2 虚拟化技术

虚拟化是指计算在虚拟的基础上运行。虚拟化技术是指把有限的、固定的资源根据不同需求进行重新规划以达到最大利用率的技术。

云计算基础架构广泛采用包括计算虚拟化、存储虚拟化、网络虚拟化等虚拟化技术，并通过虚拟化层，屏蔽硬件层自身的差异和复杂度，向上呈现为标准化、可灵活扩展和收缩、弹性的虚拟化资源池，如图 9－7 所示。

相对于传统 IT 基础架构，云计算通过虚拟化整合与自动化，应用系统共享基础架构资源池，实现高利用率、高可用性、低成本与低能耗。并通过云平台层的自动化管理，构建易于扩展、智能管理的云服务模式。云计算的虚拟化技术按应用可分为如下几类。

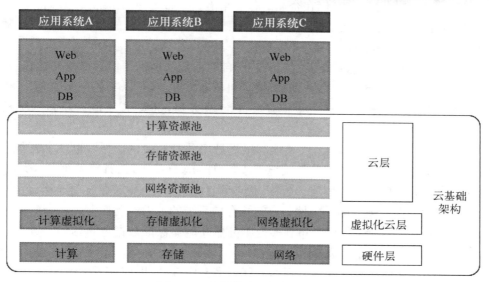

图 9 - 7 云计算虚拟化部署架构

1）服务器虚拟化

服务器虚拟化是指将虚拟化技术应用于服务器上，将一台或多台服务器虚拟化为若干服务器使用。通常，一台服务器只能执行一个任务，导致服务器利用率低下。采用服务器虚拟化技术，可以在一台服务器上虚拟出多个虚拟服务器，每个虚拟服务器运行不同的服务，这样便可提高服务器的利用率，节省物理存储空间及电能。

2）桌面虚拟化

桌面虚拟化是指将计算机的终端系统（也称为桌面）进行虚拟化，以达到桌面使用的安全性和灵活性。桌面虚拟化可以使用户运用任何设备，在任何地点、任何时间通过网络访问属于个人的桌面系统，获得与传统 PC 一致的用户体验。

3）应用虚拟化

应用虚拟化是指将各种应用发布在服务器上，客户通过授权之后就可以通过网络直接使用，获得如同在本地运行应用程序一样的体验。

4）存储虚拟化

存储虚拟化是将整个云系统的存储资源进行统一整合管理，为用户提供一个统一的存储空间。存储虚拟化可以以最高的效率、最低的成本来满足各类不同应用在性能和容量等方面的需求。

5）网络虚拟化

网络虚拟化是指让一个物理网络支持多个逻辑网络，虚拟化保留了网络设计中原有的层次结构、数据通道和所能提供的服务，使得最终用户的体验和独享物理网络一样，同时网络虚拟化技术还可以高效地利用如空间、能源、设备容量等网络资源。

9.4.3 分布式存储与计算技术

与集中式存储技术不同，分布式存储技术并不是将数据存储在某个或多个特定的结点上，而是通过网络使用企业中的每台机器上的磁盘空间，并将这些分散的存储资源构成一个虚拟的存储设备,数据分散的存储在企业的各个角落。分布式存储系统具有如下几个特性。

(1) 可扩展。分布式存储系统可以扩展到几百台甚至几千台的集群规模,而且随着集群规模的增长,系统整体性能表现为线性增长。

(2) 低成本。分布式存储系统的自动容错、自动负载均衡机制使其可以构建在普通 PC 机之上。另外,线性扩展能力也使得增加、减少机器非常方便,可以实现自动运维。

(3) 高性能。无论是针对整个集群还是单台服务器,都要求分布式存储系统具备高性能。

(4) 易用性。分布式存储系统需要能够提供易用的对外接口,另外,也要求具备完善的监控、运维工具,并能够方便地与其他系统集成,例如,从 Hadoop 云计算系统导入数据。

分布式存储系统的挑战主要在于数据、状态信息的持久化,要求在自动迁移、自动容错、并发读写的过程中保证数据的一致性。分布式存储系统的关键问题如下。

(1) 数据分布。如何将数据分布到多台服务器才能够保证数据分布均匀?数据分布到多台服务器后如何实现跨服务器读写操作?

(2) 一致性。如何将数据的多个副本复制到多台服务器,即使在异常情况下,也能够保证不同副本之间的数据一致性?

(3) 容错。如何检测到服务器故障?如何自动地将出现故障的服务器上的数据和服务迁移到集群中其他服务器?

(4) 负载均衡。新增服务器和集群正常运行过程中如何实现自动负载均衡?数据迁移的过程中如何保证不影响已有服务?

(5) 事务与并发控制。如何实现分布式事务?如何实现多版本并发控制?

(6) 易用性。如何设计对外接口使得系统容易使用?如何设计监控系统并将系统的内部状态以方便的形式暴露给运维人员?

(7) 压缩/解压缩。如何根据数据的特点设计合理的压缩/解压缩算法?如何平衡压缩算法节省的存储空间和消耗的 CPU 计算资源?

按照结构化程度来划分,数据大致分为结构化数据、非结构化数据和半结构化数据。下面分别介绍这 3 种数据如何分布式存储。

1) 结构化数据

结构化数据是一种用户定义的数据类型,它包含了一系列的属性,每一个属性都有一个数据类型,存储在关系数据库里,可以用二维表结构来表达实现的数据。大多数系统都有大量的结构化数据,一般存储在 Oracle 或 SQL Server 等关系型数据库中。当系统规模大到单一结点的数据库无法支撑时,一般有两种方法:垂直扩展与水平扩展。

(1) 垂直扩展。垂直扩展比较好理解,简单地说,就是按照功能切分数据库,将不同功能的数据存储在不同的数据库中,这样一个大数据库就被切分成多个小数据库,从而达到了数据库的扩展。一个架构设计良好的应用系统,其总体功能一般是由很多个松耦合的功能模块所组成的,而每一个功能模块所需要的数据对应到数据库中就是一张或多张表。各个功能模块之间交互越少、越统一,系统的耦合度越低,这样的系统就越容易实现垂直切分。

(2) 水平扩展。简单地说,可以将数据的水平切分理解为按照数据行来切分,就是将表中的某些行切分到一个数据库中,而另外的某些行又切分到其他的数据库中。为了能够比较容易地判断各行数据切分到了哪个数据库中，切分总是需要按照某种特定的规则来进行的，如按照某个数字字段的范围，某个时间类型字段的范围，或者某个字段的 hash 值。垂直扩展与水平扩展各有优缺点，一般一个大型系统会将水平与垂直扩展结合使用。

2）非结构化数据

相对于结构化数据而言，不方便用数据库二维逻辑表来表现的数据即称为非结构化数据，包括所有格式的办公文档、文本、图片、XML、HTML、各类报表、图像和音频/视频信等。分布式文件系统是实现非结构化数据存储的主要技术，谷歌文件系统（Google file systems，GFS）是最常见的分布式文件系统之一。GFS 将整个系统分为三类角色：客户端、主服务器和数据块服务器。

3）半结构化数据

半结构化数据是包含完全结构化数据（如关系型数据库、面向对象数据库中的数据）和完全无结构的数据（如声音、图像文件等）之间的数据，半结构化数据模型具有一定的结构性，但较之传统的关系和面向对象的模型更为灵活。半结构数据模型完全不基于传统数库模式的严格概念，这些模型中的数据都是自描述的。由于半结构化数据没有严格的 schema 定义，所以不适合用传统的关系型数据库进行存储，适合存储这类数据的数据库被称为 NoSQL 数据库。

9.4.4 云服务平台技术

云计算技术有力地促进了云服务及云计算产品的发展，并使传统 IT 产业格局在技术、商业模式及服务等方面得到明显改变。云服务主要是指基于云计算的服务模式，由服务提供商将信息技术服务提供给用户，也就是利用网络得到资源及服务。云服务基于传统 IT 服务，并对其创新，关键在于持续改进、融合商务模式及创新服务运营。

云服务主要分为基础设施即服务、平台即服务及软件即服务 3 个层次，其部署形式有公有云、私有云及混合云服务 3 种。基础设施即服务层关键技术包含计算虚拟化技术、网络虚拟化技术、云存储技术。平台即服务层关键技术包含分布式技术、隔离与安全技术、数据处理技术。软件及服务层关键技术包含自动部署技术、元数据技术和多租户技术。基于互联网的公有云服务对社会开放，私有云服务提供服务主要基于企业内网的互联网入口，不开放外部用户。私有云将 IT 资源整合使企业 IT 成本降低，资源利用率有效提高，实现企业运行效率的提升。混合云服务整合公有云与私有云，并为内外部用户同时提供服务，通常采用 VPN 等技术打通公有云与私有云环境，利用安全技术措施为云环境提供安全保障。混合云充分利用公有云与私有云优势，尤其是对外及对内业务都存在的应用场合更为适合。

云服务的服务模型主要形式还是多租户服务模式，服务范围涉及上述 3 个层次。不仅呈现负载多样性，而且对计算、网络、存储及管理系统产生资源隔离、动态分配等不同需求。云服务平台组件也较多，其构建主要采用宽带网络、存储、效用计算、并行计算等组成先进的 IT 技术，并结合应用实际整合技术，从而建立可交付的服务平台。

9.4.5 智能制造系统中的云技术应用

在智能制造领域，云计算有广泛的应用场景。具体如下：

（1）在智能研发领域，可以构建仿真云平台，支持高性能计算，实现计算资源的有效利用和可伸缩，还可以通过基于软件即服务（software as a service，SAAS）的三维零件库，提高产品研发效率。

（2）在智能营销方面，可以构建基于云的客户关系管理（customer relationship management，CRM）应用服务，对营销业务和营销人员进行有效管理，实现移动应用。

（3）在智能物流和供应链方面，可以构建运输云，实现制造企业、第三方物流和客户三方的信息共享，提高车辆往返的载货率，实现对冷链物流的全程监控，还可以构建供应链协同平台，使主机厂和供应商、经销商通过电子数据互换（electronic data interchange，EDI）实现供应链协同。

（4）在智能服务方面，企业可以利用物联网云平台，通过对设备的准确定位来开展服务电商，如湖南星邦重工有限公司就利用树根互联的根云平台，实现了高空作业车的在线租赁服务。

工业物联网是智能制造的基础。一方面，在智能工厂建设领域，通过物联网可以采集设备、生产、能耗、质量等方面的实时信息，实现对工厂的实时监控；另一方面，设备制造商可以通过物联网采集设备状态，对设备进行远程监控和故障诊断，避免设备非计划性停机，进而实现预测性维护，提供增值服务，并促进备品备件销售。工业物联网应用采集的海量数据的存储与分析，需要工业云平台的支撑，不论是通过机器学习还是认知计算，都需要工业云平台这个载体。2017年3月，美国GE公司与中国电信签订战略合作协议，其核心就是实现将GE的Predix工业互联网平台，通过中国电信的通信网络和云平台在我国落地运营，为企业提供多种云服务，如设备运行数据的可视化、分析、预测与优化等。

9.5 人工智能技术

9.5.1 人工智能技术的发展

物联网从物物相联开始，最终要达到智慧地感知世界的目的，而人工智能就是实现智慧物联网最终目标的技术。人工智能（AI）是计算机科学、控制论、信息论、神经生理学、心理学、语言学等多种学科高度发展、紧密结合、互相渗透而发展起来的一门交叉学科，其诞生的时间可追溯到20世纪50年代中期。人工智能研究的目标是如何使计算机能够学会运用知识，像人类一样完成富有智慧的工作。当前，人工智能技术的研究与应用主要集中在如下几个方面。

1）自然语言理解

自然语言理解的研究开始于20世纪60年代初，它研究用计算机模拟人的语言交互过程，使计算机能理解和运用人类社会的自然语言（如汉语、英语等），实现人机之间通过自然语言的通信，以帮助人类查询资料、解答问题、摘录文献、汇编资料以及对一切有关自然语言信息的加工处理。自然语言理解的研究涉及计算机科学、语言学、心理学、逻辑学、声学、数学等学科。自然语言理解分为语音理解和书面理解两个方面，分述如下。

（1）语音理解是指用语音输入，使计算机"听懂"人类的语言，用文字或语音合成方式输出应答。由于理解自然语言涉及对上下文背景知识的处理，同时需要根据这些知识进行一定的推理，因此实现功能较强的语音理解系统仍是一个比较艰巨的任务。目前，在人工智能研究中，在理解有限范围的自然语言对话和理解用自然语言表达的小段文章或故事方面的软件,已经取得了较大进展。

(2) 书面语言理解是指将文字输入到计算机,使计算机"看懂",文字符号,并用文字输出应答。书面语言理解又称为光学字符识别(optical character recognition, OCR)技术。OCR技术是指用扫描仪等电子设备获取纸上打印的字符,通过检测和字符比对的方法,翻译并显示在计算机屏幕上。书面语言理解的对象可以是印刷体或手写体。目前已经进入广泛应用的阶段,包括手机在内的很多电子设备都成功地使用了OCR技术。

2) 数据库的智能检索

数据库系统是存储某个学科大量事实的计算机系统。随着应用的进一步发展,存储信息量越来越庞大,因此解决智能检索的问题便具有实际意义。将人工智能技术与数据库技术结合起来,建立演绎推理机制,变传统的深度优先搜索为启发式搜索,从而有效地提高了系统的效率,实现数据库智能检索。智能信息检索系统应具有一些功能:能理解自然语言,允许用自然语言提出各种询问;具有推理能力,能根据存储的事实,演绎出所需的答案;系统具有一定常识性知识,以补充学科范围的专业知识。系统根据这些常识,能够演绎出更一般的答案来。

3) 专家系统

专家系统是人工智能中最重要的也是最活跃的一个应用领域,它实现了人工智能从理论研究走向实际应用。从一般推理策略探讨转向运用专门知识的重大突破。专家系统是一个智能计算机程序系统,该系统存储有大量的、按某种格式表示的特定领域专家知识构成的知识库,并且具有类似于专家解决实际问题的推理机制,能够利用人类专家的知识和解决问题的方法,模拟人类专家来处理该领域问题。同时,专家系统具有自学习能力。

专家系统的开发和研究是人工智能研究中面向实际应用的课题,在多个领域受到了极大重视,已经开发的系统涉及医疗、地质、气象、交通、教育、军事等。目前的专家系统主要采用基于规则的演绎技术,开发专家系统的关键问题是知识表示、应用和获取技术,困难在于许多领域中专家的知识往往是琐碎的、不精确的或不确定的。因此目前的研究仍集中在这一核心课题上。

此外,对专家系统开发工具的研制发展也很迅速,这对扩大专家系统应用范围,加快专家系统的开发过程,起到了积极的作用。

4) 机器定理证明

将人工证明数学定理和日常生活中的推理变成一系列能在计算机上自动实现的符号演算的过程和技术称为机器定理证明和自动演绎。机器定理证明是人工智能的重要研究领域,它的成果可应用于问题求解、程序验证、自动程序设计等方面。数学定理证明的过程尽管每一步都很严格,但决定采取什么样的证明步骤,却依赖于经验、直觉、想象力和洞察力,需要人的智能。因此,在数学定理的机器证明和其他类型的问题求解,就成为人工智能研究的起点。

5) 计算机博弈

计算机博弈(或称为机器博弈)是指让计算机学会人类的思考过程,能够像人一样有思想意识。计算机博弈有两种方式:一是计算机和计算机之间对抗;二是计算机和人之间对抗。

20世纪60年代就出现了西洋跳棋和国际象棋的程序,并达到了大师级的水平。进入20世纪90年代后,IBM公司以其雄厚的硬件基础,支持开发后来被称为"深蓝"的国际象棋系统，并为此开发了专用的芯片，以提高计算机的搜索速度。IBM 公司负责"深蓝"研制开发项目的是两位华裔科学家谭崇仁博士和许峰雄博士。1996 年 2 月，"深蓝"与国际象棋世界冠军卡斯帕罗大进行了第一次比赛，经过 6 个回合的比赛之后，"深蓝"以 2∶4 告负。

博弈问题也为搜索策略、机器学习等问题的研究提供了很好的实际应用背景，它所产生的概念和方法对人工智能其他问题的研究也有重要的借鉴意义。

6）自动程序设计

自动程序设计是指采用自动化手段进行程序设计的技术和过程，也是实现软件自动化的技术。研究自动程序设计的目的是提高软件生产效率和软件产品质。

自动程序设计的任务是设计一个程序系统。它将关于所设计的程序要求实现某个目标的非常高级的描述作为其输入，然后自动生成一个能完成这个目标的个体程序。自动程序设计具有多种含义按广义的理解，自动程序设计是尽可能借助计算机系统，特别是自动程序设计系统完成软件开发的过程。软件开发是指从问题的描述、软件功能说明、设计说明，到可执行的程序代码生成、调试、交付使用的全过程。按狭义的理解，自动程序设计是从形式的软件功能规格说明到可执行程序子代码这一过程的自动化。因而自动程序设计所涉及的基本问题与定理证明和机器人学有关，要用到人工智能的方法来实现，它也是软件工程和人工智能相结合的课题。

7）组合调度问题

许多实际问题都属于确定最佳调度或最佳组合的问题，如互联网中的路由优化问题、物流公司要为物流确定一条最短的运输路线问题等。这类问题的实质是对由几个节点组成的一个图的各条边，寻找一条最小耗费的路径，使得这条路径只对每一个节点经过一次。在大多数这类问题中，随着求解节点规模的增大，求解程序所面临的困难程度按指数方式增长。人工智能研究者研究过多种组合调度方法，使"时间—问题大小"曲线的变化尽可能缓慢，为很多类似的路径优化问题找出最佳的解决方法。

8）感知问题

视觉与听觉都是感知问题。计算机对摄像机输入的视频信息以及话筒输入的声音信息处理的最有效方法应该建立在"理解"（即能力）的基础上，使得计算机只有视觉和听觉。视觉是感知问题之一。机器视觉的前沿研究领域包括实时并行处理、主动式定性视觉、动态和时变视觉、三维景物的建模与识别、实时图像压缩传输和复原、多光谱和彩色图像的处理与解释等。机器视觉已在机器人装配、卫星图像处理、工业过程监控、飞行器跟踪和制导以及电视实况转播等领域获得极为广泛的应用。

9.5.2　机器学习技术

1）基本概念

所谓机器学习，是指要让机器能够模拟人的学习行为，通过获取知识和技能不断对自身进行改进和完善。

机器学习在人工智能的研究中具有十分重要的地位。一个不具有学习能力的智能系统难以称得上是一个真正的智能系统，但是以往的智能系统都普遍缺少学习的能力。正是在这种情形下，机器学习逐渐成为人工智能研究的核心之一。它的应用已遍及人工智能的各个分支，如专家系统、自动推理自然语言理解、模式识别、计算机视觉、智能机器人等领域。

电子标签　　电子标签　　电子标签　　　电子标签　　电子标签　　电子标签